21世纪普通高等职业教育机械电子系列规划教材

机械制图

主　编　艾小玲　耿海珍
副主编　姜　凌　江　华　孙玉芹
编　委　艾小玲　江　华　孙玉芹　张爱华
金　莹　姜　凌　郭佳俊　耿海珍
（编委排名不分先后）

同济大学出版社
TONGJI UNIVERSITY PRESS

内容简介

本书是根据教育部最新制定的《高职高专教育工程制图基本要求》，在总结“机械制图”课程教学经验及改革成果的基础上编写而成的。

全书除绪论和附录外，共分八章，其主要内容有：制图的基本知识，投影理论基础，组合体的投影，轴测投影图，机件常用表达方式，零件图，常用标准件和齿轮、弹簧的画法，装配图等。本书围绕制图课程的重点内容，适当降低了理论要求，以培养学生的空间想象能力和空间构思能力为主。书中机械图的举例都尽可能源于真实的机械产品实例，以增强教材的实用价值。

本书采用了国家最新发布的《技术制图》与《机械制图》等国家标准，可作为高职高专院校机类、近机类及成人大专等相关专业用教材，也可供其他专业及工程技术人员参阅。为了使教学工作能更好地开展，与本书配套的《机械制图习题集》由同济大学出版社同时出版，可供广大读者使用。

图书在版编目(CIP)数据

机械制图/艾小玲，耿海珍主编. —上海：同济大学出版社，2009.4（2014.1 重印）

ISBN 978-7-5608-3970-7

Ⅰ.机… Ⅱ.①艾…②耿… Ⅲ.机械制图—高等学校：技术学校—教材 Ⅳ.TH126

中国版本图书馆 CIP 数据核字(2009)第 041203 号

机械制图

主　编　艾小玲　耿海珍

责任编辑　缪临平　　**责任校对**　徐春莲　　**封面设计**　晨　宇　潘向蓁

出版发行　同济大学出版社　www.tongjipress.com.cn

（地址：上海市四平路 1239 号　邮编：200092　电话：021－65985622）

经　　销　全国各地新华书店

印　　刷　常熟市大宏印刷有限公司

开　　本　787mm×1092mm　1/16

印　　张　13.5

印　　数　11301—12800

字　　数　379 000

版　　次　2009 年 4 月第 1 版　　2014 年 1 月第 4 次印刷

书　　号　ISBN 978-7-5608-3970-7

定　　价　29.00 元

21世纪普通高等职业教育机械电子系列规划教材
编审委员会(第一批)

暨“普通高等职业教育机电专业
课程改革研究专家委员会”

21 世纪普通高等职业教育机械电子系列规划教材
参编院校名录(第一批)

武汉职业技术学院(国家示范性高职院校)
兰州石化职业技术学院(国家示范性高职院校)
吉林工业职业技术学院(国家示范性高职院校)
大庆职业学院(国家示范性高职院校)
徐州建筑职业技术学院(国家示范性高职院校)
永州职业技术学院(国家示范性高职院校)
河南职业技术学院(国家示范性高职院校)
陕西工业职业技术学院(国家示范性高职院校)
常州机电职业技术学院(中国机械工业教育协会高职中专分会理事单位)
南京铁道职业技术学院(中国职教学会轨道交通专委会高职教育研究会理事单位)
台州职业技术学院
辽宁信息职业技术学院
德州科技职业学院
贵州电子信息职业技术学院
山东胜利职业学院
广州现代信息工程职业技术学院
济南工程职业技术学院
抚顺职业技术学院
连云港职业技术学院
咸阳职业技术学院
重庆城市职业学院
安徽新华学院
河南城建学院(原平顶山工学院)
重庆交通科技职业学院
济南职业学院
江西工程职业学院
盐城纺织职业技术学院
济源职业技术学院
咸宁职业技术学院
贵州航天职业技术学院
青岛滨海学院
辽宁石油化工大学职业技术学院
商丘科技职业学院
浙江工商职业技术学院
郑州工业安全职业学院
黑龙江工商职业技术学院
永城职业学院

前　言

本教材是依据国家教育部制定的《高等高专教育工程制图课程教学基本要求》，按照高职、高专教育的培养目标和特点，融合多年的教学经验编写而成的。

在教材编写过程中，注意到降低学习起点，理论以够用为度，增强知识的可用性和实用性，加强动手能力及思维能力的培养及训练。本教材全部采用我国最新颁布的《技术制图》和《机械制图》等国家标准。全书共8章，授课时数在100～120学时，主要适用于高职、高专的机类、近机类及成人大专等相关专业学生使用。

本书由武汉职业技术学院艾小玲老师为第一主编(并撰写绪论，第6章，附录四、五)，青岛滨海学院耿海珍老师为第二主编(并撰写第1章)。参加编写的还有贵州航天职业技术学院江华老师(第2章)，咸阳职业技术学院金莹老师(第3章)，贵州航天职业技术学院张爱华老师(第4章)，青岛滨海学院孙玉芹老师(第5章)，永州职业技术学院姜凌老师(第7章，附录一、二、三)，商丘科技职业学院郭佳俊老师(第8章)。全书由艾小玲老师统稿。

本教材配有由耿海珍、艾小玲老师主编的《机械制图习题集》。

本教材在编写过程中得到了同济大学出版社、武汉职业技术学院等各位同仁的关心和支持，在此表示衷心的感谢。

由于编者水平有限，编写时间仓促，书中缺点、错误在所难免，恳请使用本书的师生和广大读者批评指正。

编　者

2009年3月

Contents

目　录

绪 论

01 本课程研究对象和内容

机械制图是研究用投影法绘制和阅读机械图样及解决空间几何问题的理论和方法的课程。在工程技术上，按一定的投影方法，准确地表达物体的形状、大小、相对位置及技术要求的图形称为图样，机械图样是其中一种。

在现代工业生产中，各种机器、工具、车辆、船舶、电子仪器的设计、制造以及各种工程施工都要以图样为依据。图样和语言、文字等一样，是承载信息进行交流的重要媒体。

在生产和科学实验活动中，设计者需要通过图样表达设计对象；制造者需要通过图样了解设计要求，依照图样制造设计对象；使用者需要通过图样了解设计、制造对象的结构及性能。因此，图样是表达设计意图、交流技术思想与指导生产的重要工具，是工业生产中的重要技术文件，是工程界共同的技术语言。

机械制图是研究用投影法绘制和阅读机械图样及解决空间几何问题的理论和方法的课程，它既有系统的理论，又有较强的实践性。是学生学习后续课程和完成课程设计或毕业设计不可缺少的基础。

本课程的主要内容为：

正投影原理——投影法基本知识，点、线、面、体的投影规律和作图能力。

制图基础——国家标准《技术制图》和《机械制图》的介绍，制图基本知识与基本技能，机械形体的各种表达方法。

机械图——标准件、常用件的表达与标注，零件图、装配图的绘图、读图以及各种技术要求。

02 本课程的性质与任务

机械制图是高等职业技术教育和高等工程专科教育工程的一门实践性较强的技术基础课，是培养应用型人才的一门主干技术基础课。通过本课程的学习，使学生基本掌握绘制和阅读机械图样的基本理论和方法，掌握绘图技能，并具备相应的空间想象能力。

本课程的主要任务是：

(1) 学习投影法（主要是正投影法）的基本理论及其应用。

(2) 学习、贯彻《技术制图》和《机械制图》国家标准和其他有关规定。

(3) 培养用仪器、徒手绘制（含零、部件测绘）的能力。

(4) 阅读机械图样的基本能力。

(5) 培养空间想象能力。

(6) 培养学生认真负责的工作态度和严谨细致的工作作风。

03 本课程学习方法和要求

(1) 本课程既有理论又是实践性很强的课程。在学习投影理论时不要只在平面上研究理论,而首先要弄清空间几何关系,然后按投影规律作图。

(2) 当根据投影图想象空间时,要根据投影规律进行分析,注意培养和发展空间的思维能力。

(3) 在学习过程中,要始终注意理论联系实际,注意画图和看图相结合,物体和图样相结合,多画多看,才能掌握基本理论和基本方法,才能不断提高画图和看图能力。

(4) 机械图样既然是工程界的技术语言,就应遵循国家标准。因此,在学习过程中,应严格遵守国家标准,贯彻执行国家标准,掌握正确查阅和使用相关手册。

(5) 由于工程图样在生产实际中有着重要的作用,任何一点差错都会给生产带来不应有的损失。因此,在学习过程中应培养自己认真细致、严格要求的工作作风。

总之,通过本课程的学习和训练,应为学生进一步提高绘图和看图能力打下坚实的理论和实践基础,为后续课程的学习作准备。

第1章 制图的基本知识

为了绘制和阅读机械图样，要具备制图的一些基本知识，包括国家标准中的一般规定、绘图工具的使用方法、某些几何图形的作图方法和技能等。本章将对上述内容作扼要介绍。

1.1 机械 机械图国家标准

机械是人类在长期生产和生活实践中创造出来的重要劳动工具。它用以减轻人的劳动强度、改善劳动条件、提高劳动生产率和产品质量，帮助人们创造更多的社会财富，丰富人们的物质和文化生活。随着科学技术的进步和生产的发展，机械必将会达到更高的水平。

简单地说，机械是各种机器的通称。机器的基本组成要素是机械零件。

工程技术上根据投影原理，并遵照国家标准或有关规定绘制的表达工程对象的形状、大小及技术要求的图称为工程图样，简称图样。机械图样按表达对象来分，最常见的有零件图和装配图两种。表达零件的结构、大小及技术要求的图样称为零件图；表达产品及其组成部分的联接、装配关系的图样称为装配图。

机械图样是现代工业生产过程中设计和制造机器的重要技术资料，是交流技术思想的语言，因此对图样的画法、尺寸标注等均需作统一的规定，使读图和绘图都有共同的准则。这些统一规定由国家制定和颁布实施，每个工程技术人员都必须熟悉并严格遵守国家标准。

1.1.1 图纸幅面和格式（GB/T 14689—1993）

1. 图纸幅面

图纸幅面是指图纸宽度与长度组成的图面。绘制图样时，应优先采用表1-1中规定的基本幅面。基本幅面代号有A0、A1、A2、A3、A4五种。

表 1-1　　基本图纸幅面及图框尺寸　　(mm)

幅面代号	A0	A1	A2	A3	A4
B*×*L	841×1 189	594×841	420×594	297×420	210×297
e	20		10		
c	10			5	
a	25				

表 1-2　　加长幅面尺寸　　(mm)

幅面代号	A3×3	A3×4	A4×3	A4×4	A4×5
尺寸 ***B*×*L***	420×891	420×1 189	297×630	297×841	297×1 051

表 1-3　　加长幅面尺寸　　(mm)

幅面代号	A0×2	A0×3	A1×3	A1×4	A2×3	A2×4	A2×5
尺寸 ***B*×*L***	1 189×1 682	1 189×2 523	841×1 783	841×2 378	594×1 261	594×1 682	594×2 102
幅面代号	A3×5	A3×6	A3×7	A4×6	A4×7	A4×8	A4×9
尺寸 ***B*×*L***	420×1 486	420×1 783	420×2 080	297×1 261	297×1 471	297×1 682	297×1 892

必要时，也允许选用表 1-2 和表 1-3 所规定的加长幅面。这些幅面的尺寸是由基本幅面的短边成整数倍增加后得出。

图 1-1 中粗实线所示为基本幅面(第一选择)。细实线所示为表 1-2 所规定的加长幅面(第二选择)；虚线所示为表 1-3 所规定的加长幅面(第三选择)。

2. 图框格式

在图纸上必须用粗实线画出图框，用来限定绘图区域，其格式分为不留装订边(图 1-2)和留有装订边(图 1-3)两种，但同一产品的图样只能采用一种格式。加长幅面的图框尺寸，按所选用的基本幅面大一号的图框尺寸确定。

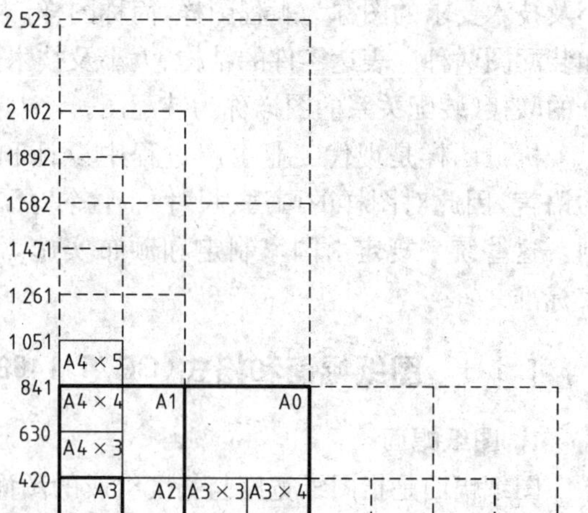

图 1-1　基本幅面及加长幅面的尺寸

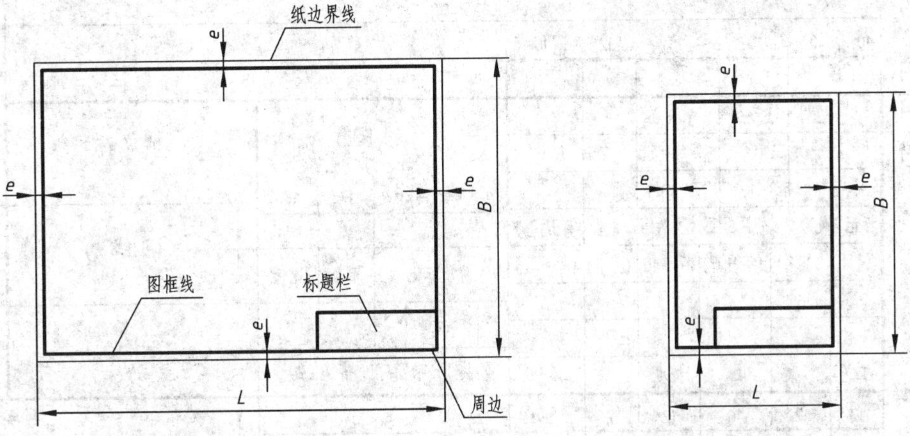

a)　　b)

图 1-2　不留装订边的图框格式

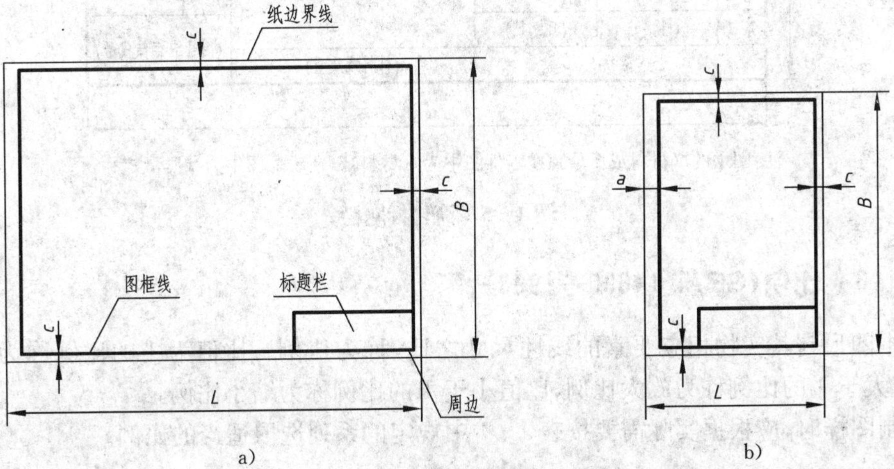

a)　　b)

图 1-3　留装订边的图框格式

1.1.2　标题栏(GB/T 10609.1—1989)

每张图纸上都必须画出标题栏。根据视图的布置需要，图纸可以横放(长边位于水平方向)或竖放(短边位于水平方向)。标题栏的长边置于水平方向并与图纸的长边平行时，则构成 X 型图纸，如图 1-2a)、图 1-3a)所示。若标题栏的长边与图纸的长边垂直时，则构成 Y 型图纸，如图 1-2b)、图 1-3b)所示。在此情况下，看图的方向与看标题栏的方向一致。

标题栏的格式和尺寸如图 1-4 所示。教学中推荐使用简化的零件图标题栏和装配图标题栏，如图 1-5 所示。标题栏位于图纸的右下角，与图框线连接。

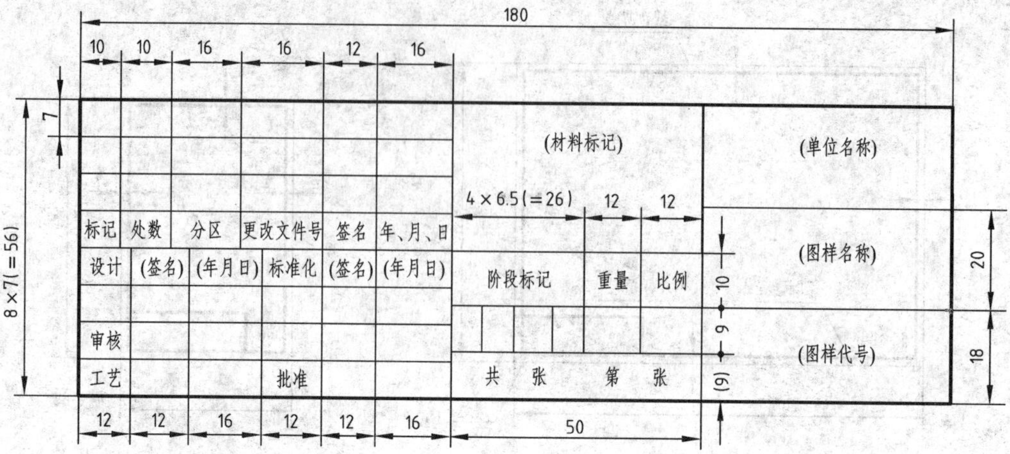

图 1-4 国家标准规定的标题栏格式

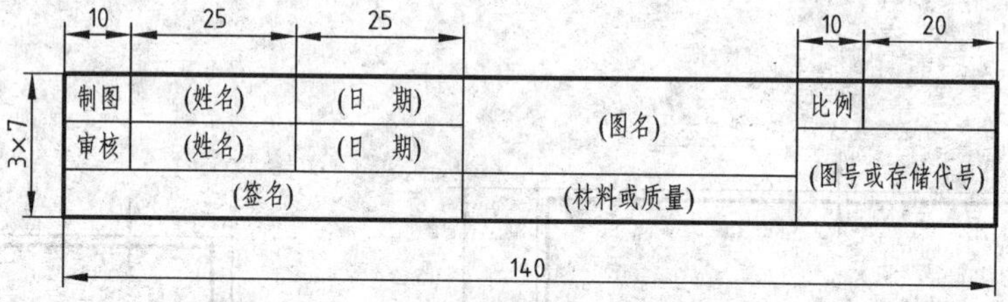

注:图中的"(材料或质量)"在零件图中为"(材料)",在装配图中为"(质量)"。

图 1-5 简化标题栏

1.1.3 比例(GB/T 14690—1993)

图中图形与其实物相应要素的线性尺寸之比,称为比例。比值为 1 的比例称为原值比例,比值大于 1 的比例称为放大比例,比值小于 1 的比例称为缩小比例。

绘制图样时,应根据实际需要按表 1-4 中规定的系列选取适当的比例。

表 1-4 标准比例系列

种 类	优先选用比例	允许选用比例
原值比例	1∶1	
放大比例	2∶1 5∶1 2×10^n∶1 5×10^n∶1 1×10^n∶1	2.5∶1 4∶1 2.5×10^n∶1 4×10^n∶1
缩小比例	1∶2 1∶5 1∶10 1∶2×10^n 1∶5×10^n 1∶1×10^n	1∶1.5 1∶2.5 1∶3 1∶4 1∶6 1∶1.5×10^n 1∶2.5×10^n 1∶3×10^n 1∶4×10^n 1∶6×10^n

注:n 为正整数。

绘制同一机件的各个视图应采用相同的比例,并标注在标题栏中的比例栏内。应注意,不论采用何种比例绘图,标注尺寸时,均按机件的实际尺寸注出,如图 1-6 所示。

图 1-6　用不同比例绘制的图形

1.1.4　字体(GB/T 14691—1993)

图样上除了机件图形外，还需用文字、数字和字母说明机件的大小、技术要求等内容。图样中书写的字体必须做到：字体工整、笔画清楚、间隔均匀、排列整齐。

字体高度(用 h 表示，单位为 mm)的公称尺寸系列为：1.8，2.5，3.5，5，7，10，14，20。如需书写更大的字，其字体高度应按$\sqrt{2}$的比率递增。字体高度代表字体的号数。

1. 汉字

汉字应写成长仿宋体，并应采用中华人民共和国国务院正式公布推行的《汉字简化方案》中规定的简化字。汉字的高度 h 不应小于 3.5 mm，其字宽一般为 $h/\sqrt{2}$。

书写长仿宋体汉字的要领是：横平竖直、注意起落、结构均匀、填满方格。字体示例如图 1-7 所示。

10号字

字体工整　笔画清楚　间隔均匀　排列整齐

7号字

横平竖直注意起落结构均匀填满方格

5号字

技术制图机械电子汽车航空船舶土木建筑矿山纺织服装

3.5号字

螺纹齿轮端子接线飞行指导驾驶舱位挖填施工引水通风闸阀坝棉麻化纤

图 1-7　长仿宋体汉字示例

2. 数字和字母

数字和字母分为 A 型和 B 型。A 型字体的笔画宽度(d)为字高(h)的 1/14，B 型字体的笔画宽度(d)为字高(h)的 1/10。在同一图样上，只允许选用一种型式的字体。数字和字母可写成斜体和直体，斜体字字头向右倾斜，与水平基准线成 75°角。数字和字母示例如图 1-8 所示。

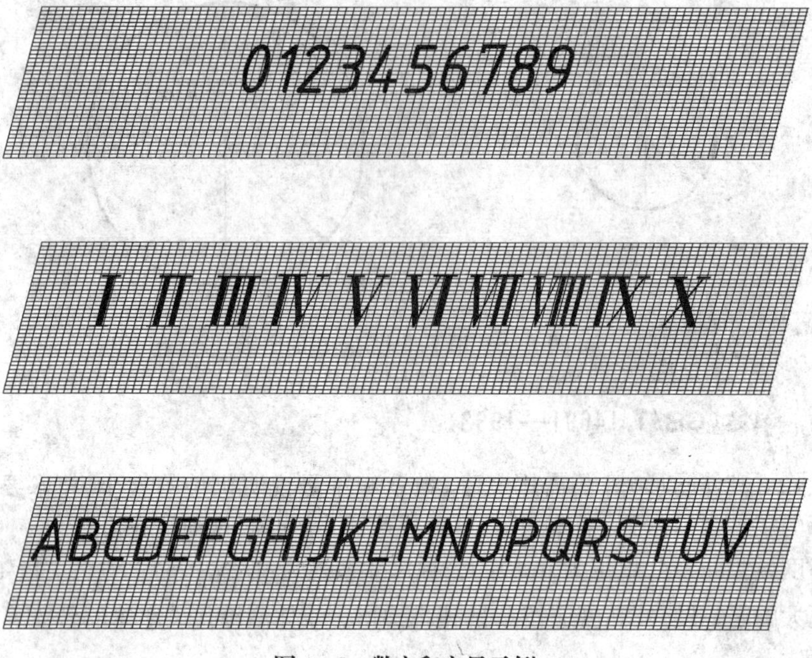

图 1-8　数字和字母示例

1.1.5　图线(GB/T 4457.4—2002)

国家标准规定绘制机械图样使用 9 种基本线型,如表 1-5 所示,即:粗实线、细实线、细虚线、细点画线、波浪线、双折线、细双点画线、粗虚线、粗点画线。

表 1-5　线型及应用

图线名称	图线型式	图线宽度/mm	主要用途
粗实线		d	可见轮廓线、可见棱边线、相贯线、螺纹牙顶线、螺纹终止线、齿顶圆(线)
细实线		$0.5d$	尺寸线、尺寸界线、指引线和基准线、剖面线、重合断面的轮廓线、螺纹牙底线、过渡线
细虚线		$0.5d$	不可见轮廓线
细点画线		$0.5d$	轴线、对称中心线、分度圆(线)
波浪线		$0.5d$	断裂处边界线、视图与剖视图的分界线;在一张图样上一般采用一种线型,即采用波浪线或双折线
双折线		$0.5d$	
细双点画线		$0.5d$	相邻辅助零件的轮廓线、可动零件的极限位置的轮廓线、轨迹线、中断线
粗虚线		d	允许表面处理的表示线
粗点画线		d	限定范围表示线

图线宽度(d)应根据图样的类型、尺寸、比例和缩微复制的要求,在下列数系中选择:0.13 mm、0.18 mm、0.25 mm、0.35 mm、0.5 mm、0.7 mm、1 mm、1.4 mm、2 mm。在同一图样中,同类图线的线,宽度应一致。

在机械图样中采用粗细两种线宽,它们之间的比例为 2∶1,粗线线宽优先采用 0.5 mm、0.7 mm。

图 1-9 所示为线型的应用示例。

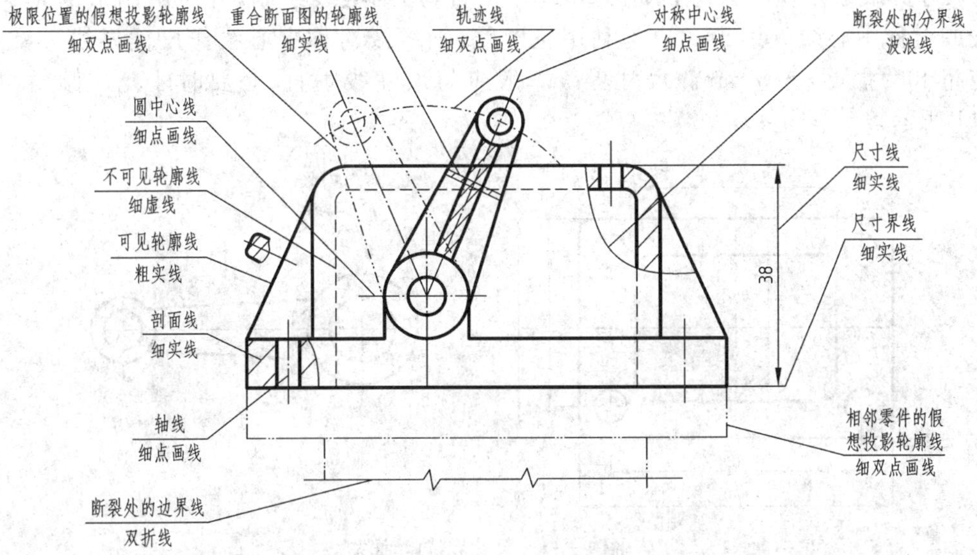

图 1-9　线型应用示例

绘制图线时应注意以下几点:

(1) 各种图线相交时,应是线段相交,不应在间隙处相交,如图 1-10 所示。

(2) 当虚线在粗实线的延长线上时,在虚线和粗实线的分界处,虚线应留出间隙。

(3) 点画线和双点画线的首末两端应是长画而不是点。

(4) 画圆的对称中心线时,圆心应是长画的交点;点画线两端应超出轮廓 2～5 mm。

(5) 在较小的图中画点画线或双点画线有困难时,可用细实线代替。

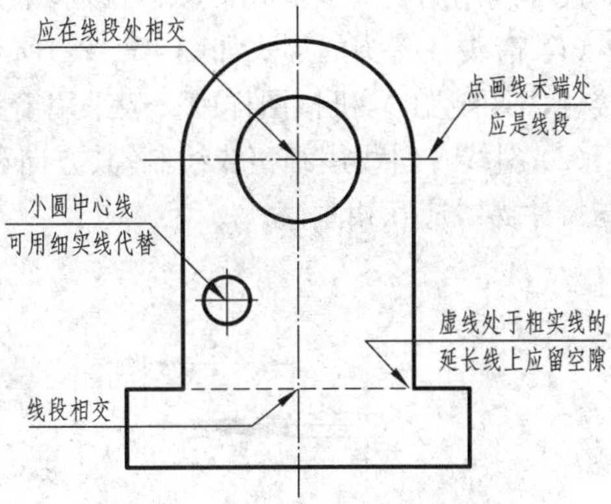

图 1-10　图线画法示例

1.1.6　尺寸注法(GB/T 4458.4—2003)

1. 基本规则

(1) 机件的真实大小应以图样上所注的尺寸数值为依据,与图形的大小及绘图的准确度无关。

(2) 图样中(包括技术要求和其他说明)的尺寸,以毫米为单位时,不需标注单位符号或名称，如采用其他单位时，则必须注明相应的计量单位的符号或名称。

(3) 图样中所标注的尺寸，为该图样所示机件的最后完工尺寸，否则应另加说明。

(4) 机件的每一尺寸，一般只标注一次，并应标注在反映该结构最清晰的图形上。

2. 尺寸的组成

图样上标注的每一个尺寸，一般由尺寸界线、尺寸线、尺寸数字及相关符号组成。

1) 尺寸界线

尺寸界线表示所注尺寸的起始和终止位置，用细实线绘制，并应由图形的轮廓线、轴线或对称中心线处引出。也可利用轮廓线、轴线或对称中心线作尺寸界线。尺寸界线应超出尺寸线 2～5 mm。尺寸界线一般应与尺寸线垂直，必要时才允许倾斜，如图 1-11 所示。

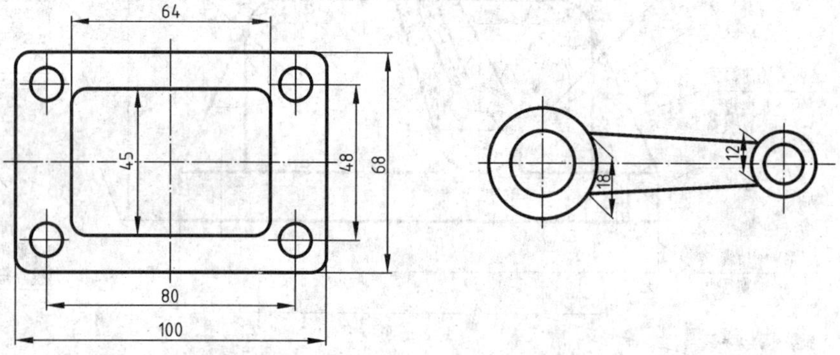

图 1-11　尺寸界线的画法

2) 尺寸线

尺寸线用细实线绘制，其终端可以有下列两种形式：

(1) 箭头　箭头的形式如图 1-12a)所示，适用于各种类型的图样。箭头尖端与尺寸界线接触，不得超出。机械图样中一般采用箭头作为尺寸线的终端。

(2) 斜线　斜线用细实线绘制，其方向和画法如图 1-12b)所示。采用这种形式时，尺寸线与尺寸界线应互相垂直。

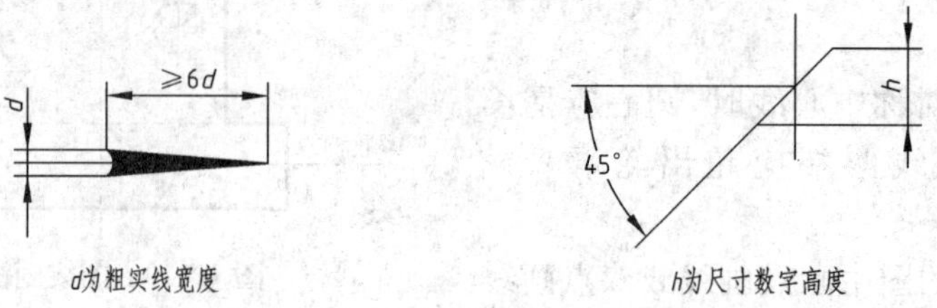

a) 箭头　　b) 斜线

图 1-12　尺寸线终端形式

当尺寸线与尺寸界线相互垂直时，同一张图样中只能采用一种尺寸线终端的形式。

标注线性尺寸时，尺寸线应与所标注的线段平行。当几个尺寸线相互平行时，大尺寸线画在小尺寸线之外，以免尺寸线与尺寸界线相交。尺寸线不能用其他图线代替，一般也不得与其他图线重合或画在其延长线上。

3）尺寸数字及相关符号

线性尺寸的数字一般应注写在尺寸线的上方，也允许注写在尺寸线的中断处。标注参考尺寸时，应将尺寸数字加上圆括弧，如图 1－13 所示。

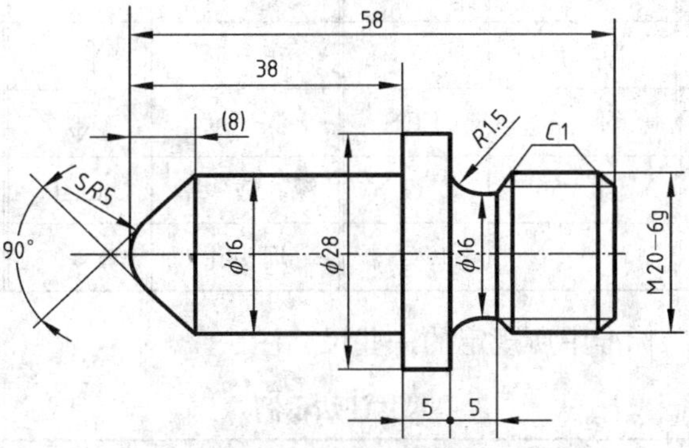

图 1－13　尺寸数字的注写位置

线性尺寸数字的方向，一般应按图 1－14 所示的方向注写，并尽可能避免在图示 30°范围内标注尺寸。当无法避免时可按图 1－15 的形式标注。

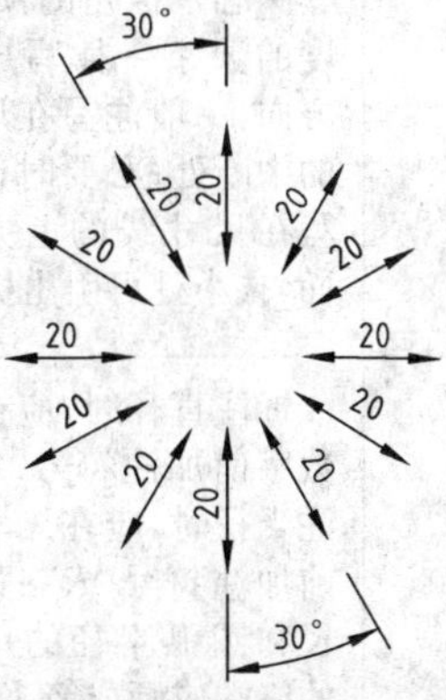

图 1－14　尺寸数字的注写方向

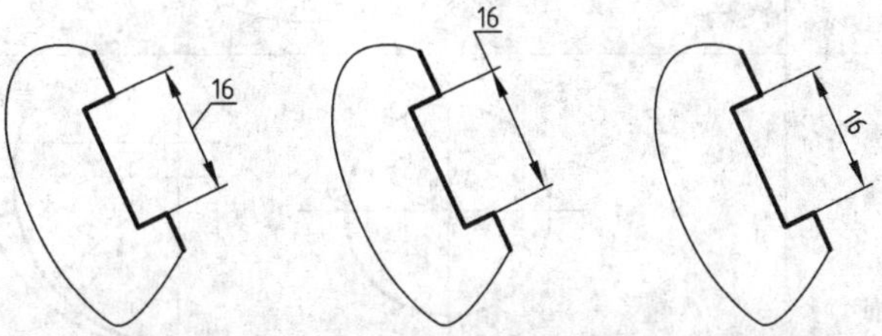

图 1－15　向左倾斜 30°范围内的尺寸数字的注写

在不致引起误解时，对于非水平方向的尺寸，其数字可水平地注写在尺寸线的中断处，如图 1－16 所示。但在同一张图样中，应尽可能采用同一种标注形式。

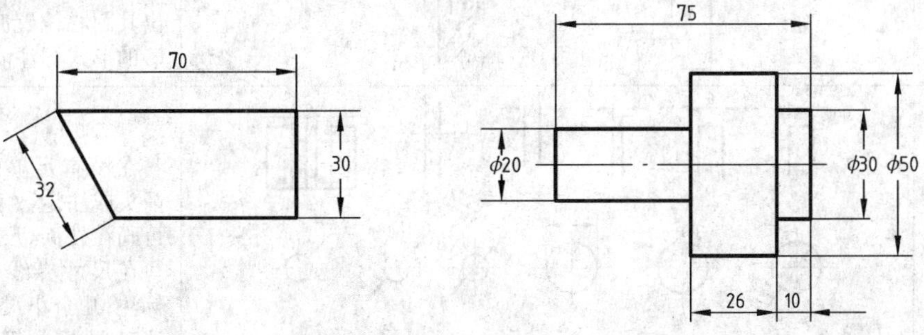

注法(一)　　注法(二)

图 1－16　非水平方向的尺寸注法

表 1－6 列出了标注尺寸时常用的符号。

表 1－6　　标注尺寸的符号及缩写词

含　义	符号	含　义	符号	含　义	符号	含　义	符号
直　径	ϕ	厚　度	t	正方形	□	弧　长	⌒
半　径	R	均　布	EQS	深　度	↧	斜　度	∠
球直径	$S\phi$	倒　角	C	深孔或锪平	⌴	锥　度	▷
球半径	SR			埋头孔	⌵		

表 1－7 列出了国家标准中所规定的一些尺寸注法。

表 1－7　　尺寸注法示例

标注内容	图　　例	说　　明
角度	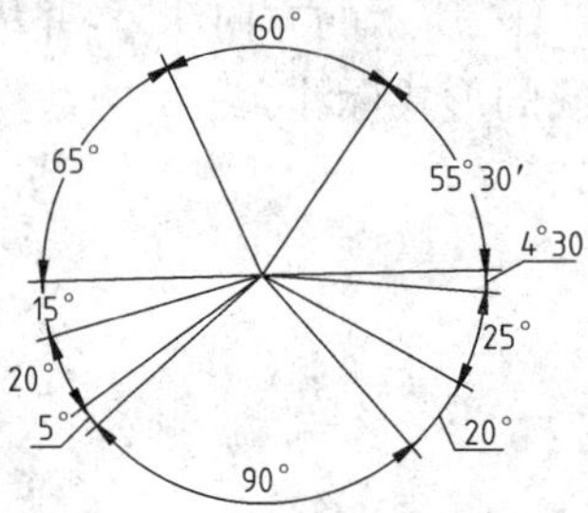	尺寸界线应沿径向引出，尺寸线应画成圆弧，其圆心是该角的顶点；角度的数字一律写成水平方向，一般注写在尺寸线的中断处；必要时也可注写在尺寸线的上方或外面，狭小处可引出标注
圆和圆弧	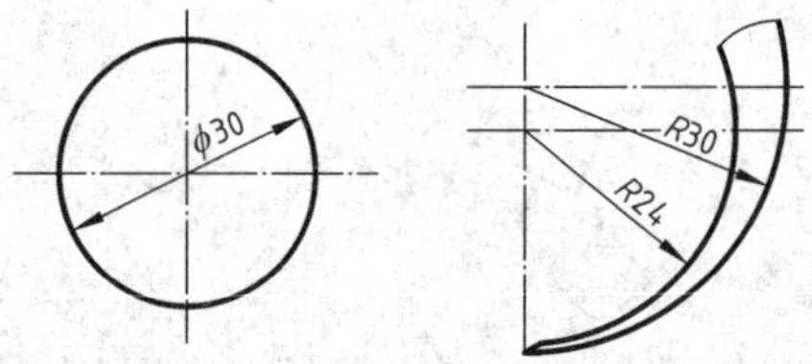	标注直径时，应在尺寸数字前加注符号“ϕ”；标注半径时，应在尺寸数字前加注符号“R”；圆的直径和圆弧半径的尺寸线的终端应画成箭头
	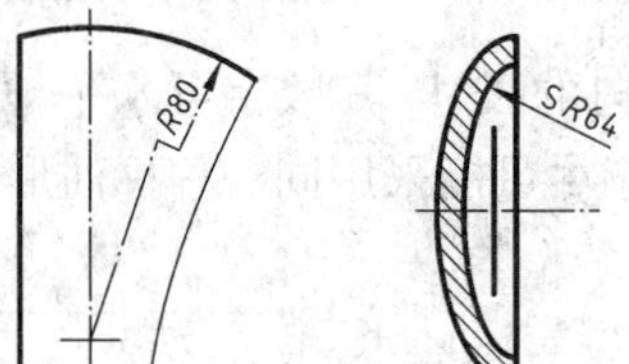 a)　b)	当圆弧的半径过大或在图纸范围内无法标出其圆心位置时，可按图 a) 的形式标注；若不需要标出其圆心位置时，可按图 b) 的形式标注
小尺寸	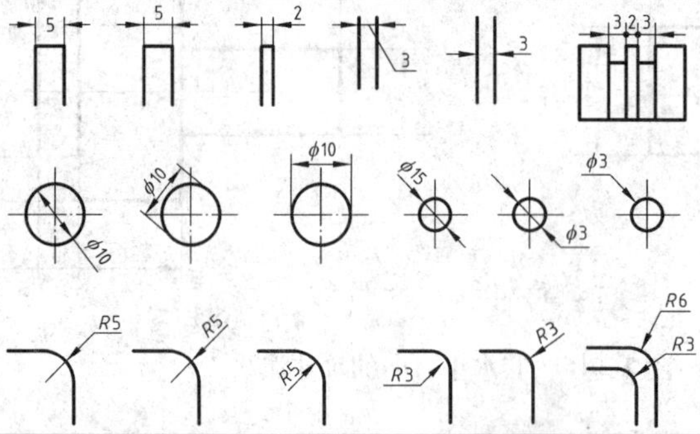	在没有足够的位置画箭头或注定数字时，箭头可画在外面，尺寸数字可写在尺寸界线外或引出标注；几个小尺寸连续标注时，中间的箭头允许用小圆点或斜线代替

续 表

标注内容	图 例	说 明
球面	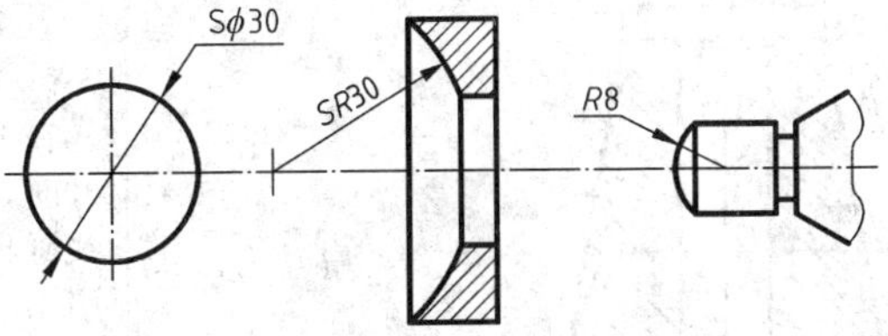	标注球面的直径或半径时,应在符号前“φ”或“R”前再加注符号“S”;对于轴、螺杆、铆钉以及手柄等的端部,在不致引起误解时可省略符号“S”
弦长与弧长	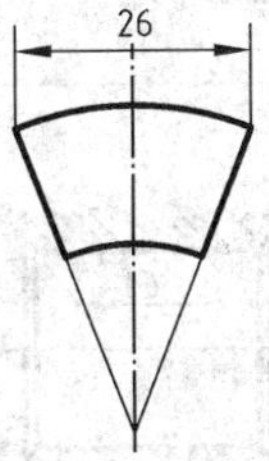	尺寸界线应平行于该弦的垂直平分线
	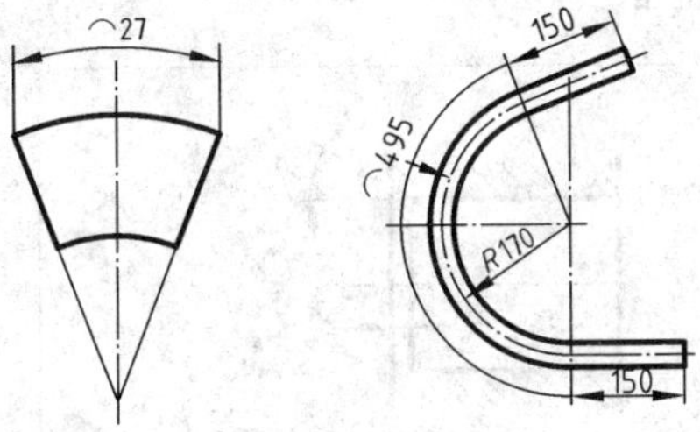	尺寸界线应平行于该弧所对圆心角的角平分线,但当圆弧较大时可沿径向引出,尺寸线用圆弧,尺寸数字左方加注符号“⌒”
对称机件	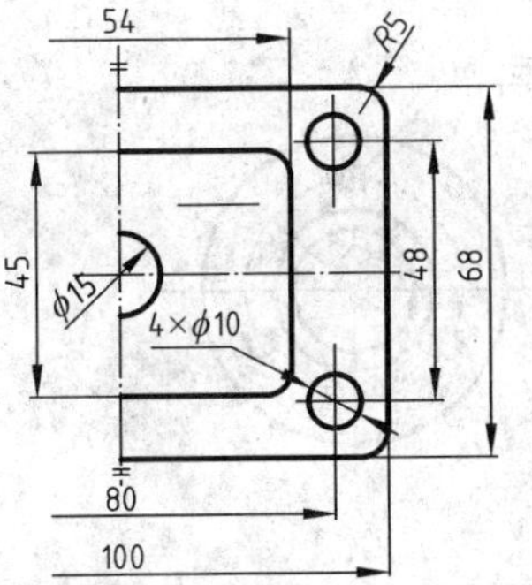	当对称机件的图形只画一半或略大于一半时,尺寸线应略超过对称中心线或断裂处的边界,此时仅在尺寸线的一端画出箭头
板状零件	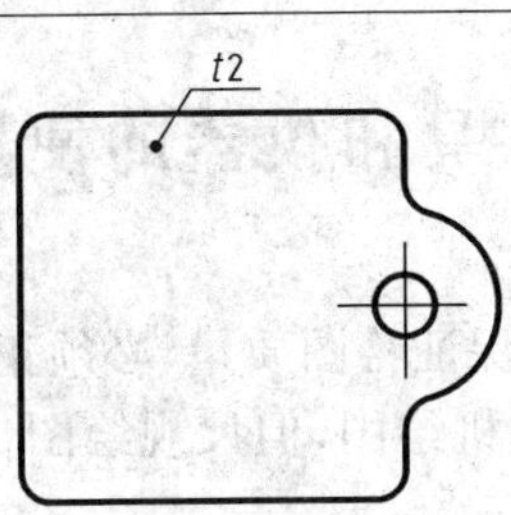	标注板状零件的厚度时,在尺寸数字前加注符号“t”

续　表

标注内容	图　　例	说　　明
光滑过渡处	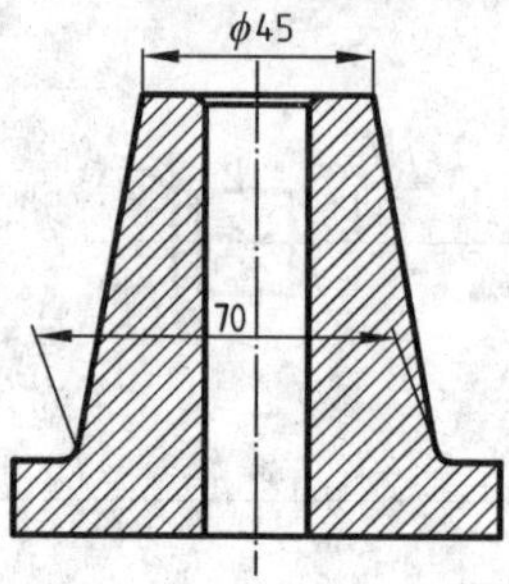	在光滑过渡处标注尺寸时，应用细实线将轮廓线延长，从它们的交点处引出尺寸界线
倒角	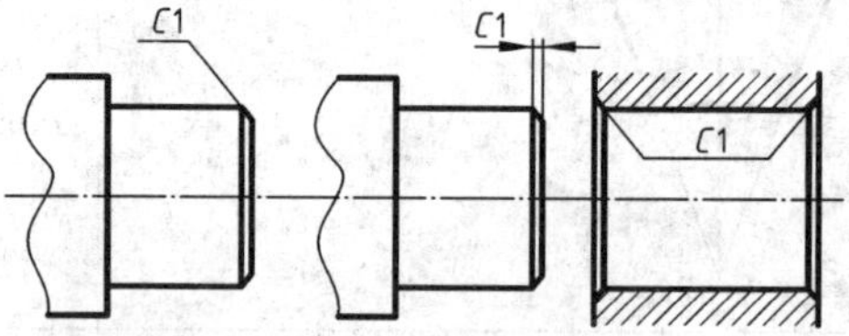 45°倒角的注法 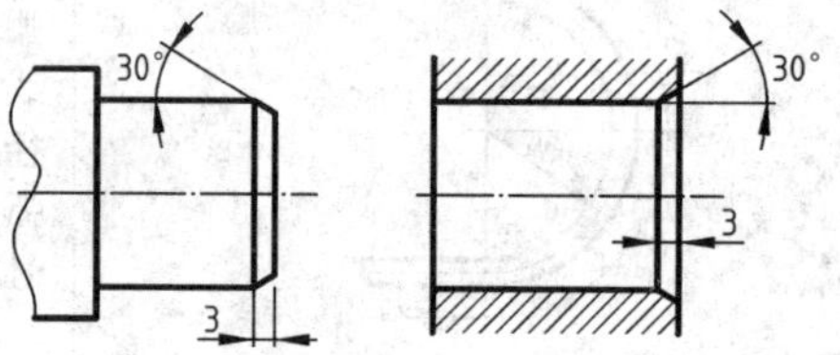 非 45°倒角的注法	45°倒角和非 45°倒角的注法如左图所示
图线通过尺寸数字	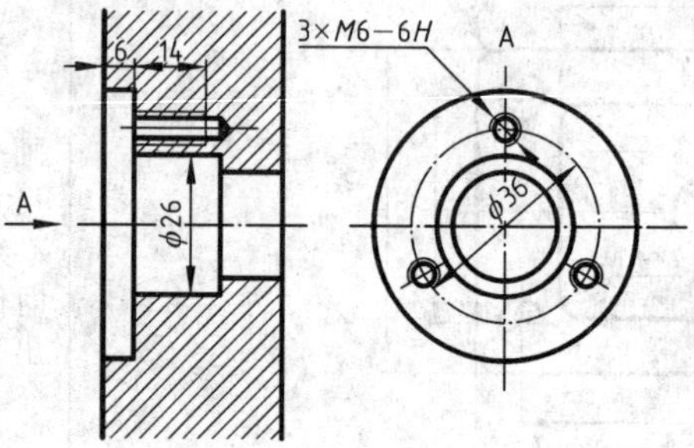	尺寸数字不可被任何图线所通过，否则应在注写尺寸数字处将图线断开

1.2 绘图工具和仪器的使用

工程技术人员要想提高绘图的速度和保证绘图质量，必须正确、熟练地使用绘图工具和仪器。虽然目前机械图样已广泛采用计算机绘图，但尺规绘图仍然是工程技术人员应掌握的基本技能。

常用的绘图工具和仪器有铅笔、图板、丁字尺、三角板、圆规、分规等。

1.2.1 铅笔

绘图时应采用绘图铅笔。其铅芯的软硬程度分别以字母B、H前的数值来表示。B前数字越大,表示铅芯越软(黑),字母H前的数字越大,表示铅芯越硬。标号HB表示铅芯软硬适中。

绘图应根据不同的需求使用不同的铅笔。画底稿时一般用H或2H铅笔,铅芯磨削成锥状;写字与画细线时一般用HB或H铅笔,铅芯也为锥状;粗实线一般用B或HB铅笔,铅芯磨削成四棱柱形,如图1-17所示。

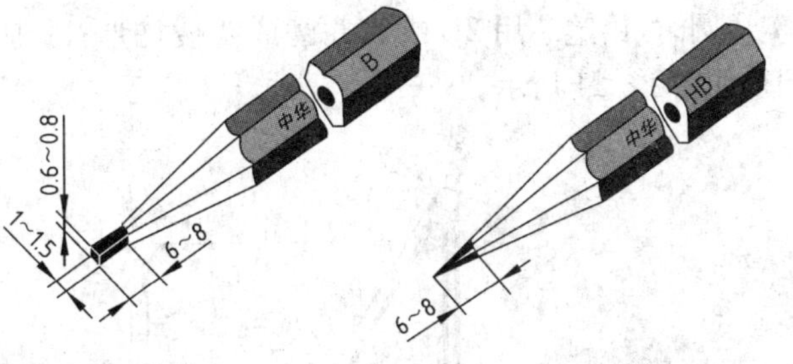

a) 四棱柱形　　b) 锥形

图1-17　铅芯磨削形状

削铅笔时应从没有标号的一端开始,铅芯以露出6~8 mm为宜。画图时,圆规的铅芯应比画直线用铅芯软一级。

1.2.2 图板、丁字尺、三角板

1. 图板

图板是用来铺放和固定图纸的,要求表面平整光滑,其左侧边为导向边,也必须平直光滑。绘图时,用胶带纸将图纸固定在图板的左下部。不能使用图钉固定图纸,以免损坏板面。

2. 丁字尺

丁字尺由尺头和尺身组成,尺头的内侧边和尺身的上边为工作边,绘图时必须使尺头的内侧边紧贴图板左侧导向边,上下移动丁字尺,沿尺身工作边自左向右画一系列水平线,如图1-18所示。

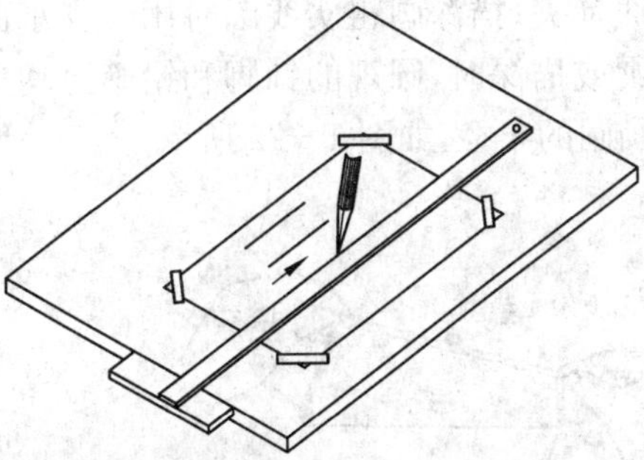

图1-18　用丁字尺画水平线

3. 三角板

一副三角板分45°和30°-60°两块,与丁字尺配合可画垂直线15°倍数角的斜线。画垂直线时应自下向上画出,如图1-19所示。

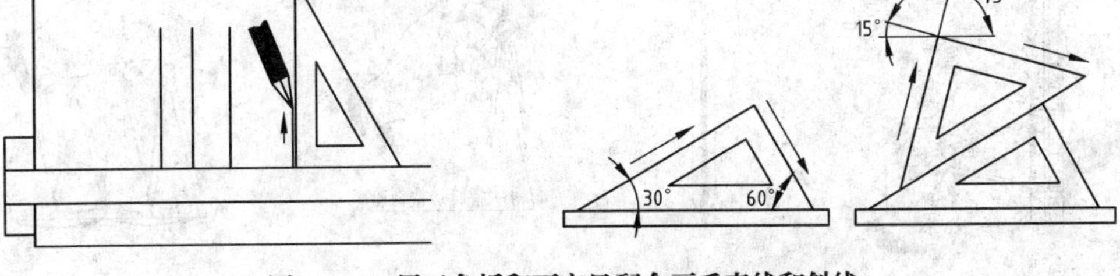

图1-19　用三角板和丁字尺配合画垂直线和斜线

1.2.3 圆规和分规

圆规用来画圆和圆弧。附件有钢针插腿、铅芯插腿和接长杆等，如图 1－20 所示。画粗实线圆时，铅笔芯用 2B 或 B 并磨成四棱柱形；画细实线圆时，用 H 或 HB 的铅芯并磨成铲形，如图 1－21 所示。

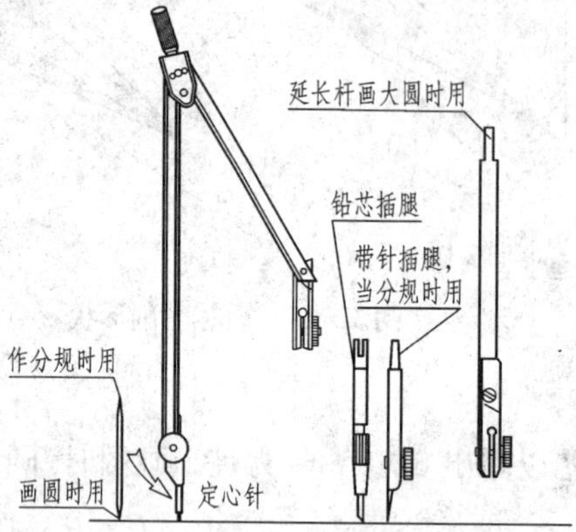

图 1－20 圆规及其附件

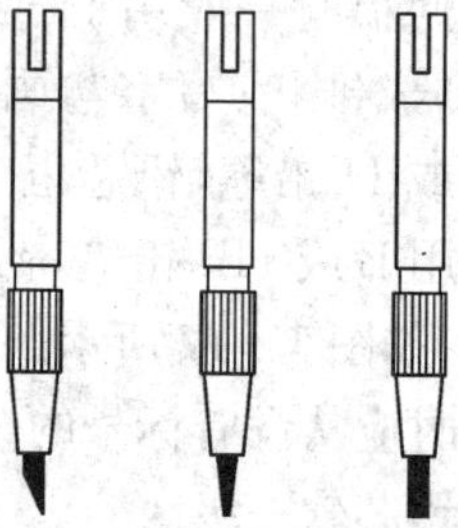

图 1－21 圆规中的铅芯

圆规使用前应先调整针脚，使针尖略长于铅芯。画图时，圆规应按顺时针方向旋转并向前进方向稍微倾斜。它的针脚上的针，画底稿时用普通针尖；描深画粗实线圆时用带支承面的小针尖，以避免针尖插入图板过深。当画大直径的圆或描深时，圆规的针脚和铅笔脚均应保持与纸面垂直。当画大圆时，可用延长杆来扩大所画圆的半径，如图 1－22 所示。

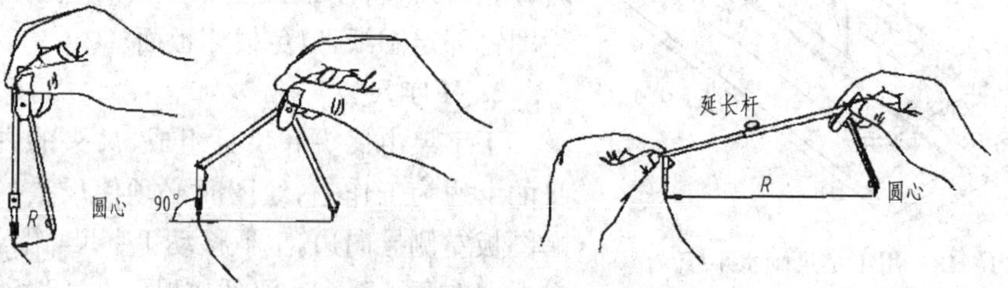

图 1－22 圆规的使用方法

分规用来量取线段的长度和等分线段。分规的两腿端部均为钢针，当两腿合拢时，两针尖应对齐，其使用方法如图 1－23 所示。

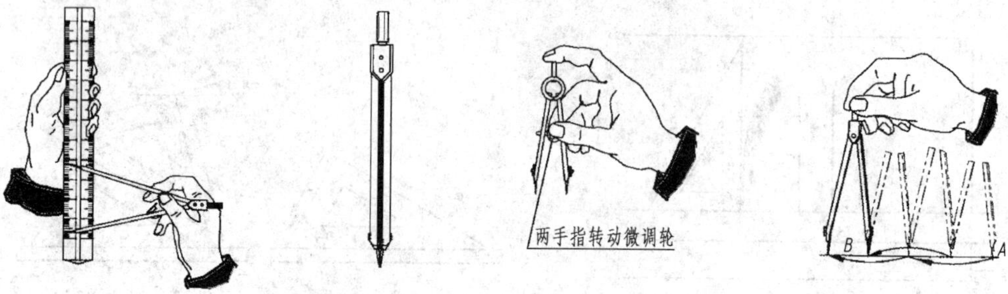

a) 量取长度　b) 两针尖对齐　c) 用弹簧分规量精确距离　d) 分割线段

图 1－23 分规的用法

1.2.4 比例尺

比例尺供绘制不同比例的图样时量取尺寸用，其形状常为三棱柱体，见图 1－24 所示。尺面上刻有 6 种不同比例的刻度。但要注意每一种刻度，常可用作几种不同的比例。例如：对于标明 1∶100 刻度的比例尺，它的每 10 小格(真实长度为 10 mm)代表 10 mm 时，是 1∶1 的比例；若代表 1 m 时，是 1∶100 的比例；若代表 1 mm 时，是 10∶1 的比例。

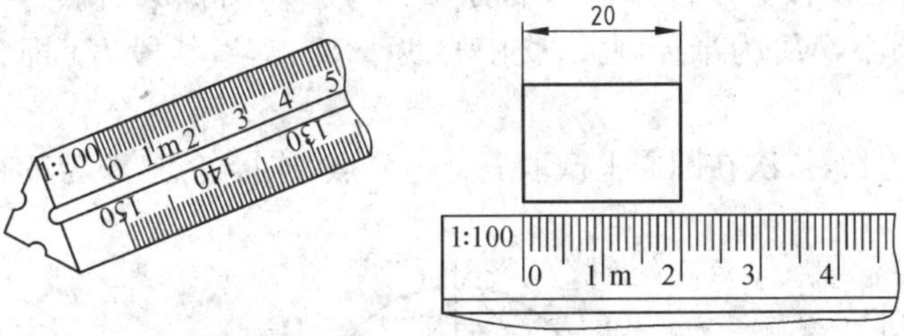

图 1－24　比例尺

比例尺只能用来度量尺寸，不可用来画线。当用分规从比例尺上量取尺寸时，应注意避免在尺面上扎眼，以保持刻度的清晰和准确。

1.2.5 曲线板

曲线板是用来绘制非圆曲线的。画图时，先将需要连接的各点徒手用铅笔轻轻地连成一条光滑的曲线轮廓，然后从一端开始，选择曲线板上与所画曲线曲率相吻合的部位逐段描绘，直到最后一段连成曲线。每段吻合的点至少要有四个。为保证所描绘的曲线圆滑，应注意留出各段曲线末端的一小段不画，用于连接下一段曲线，如图 1－25 所示。

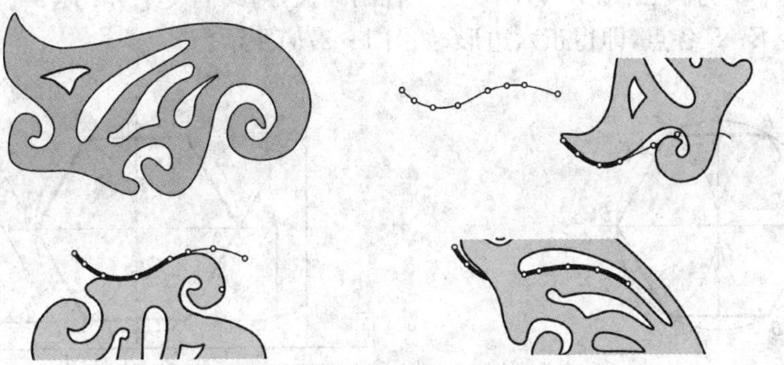

图 1－25　曲线板及其用法

1.3 几何作图与圆弧连接

机件的轮廓形状虽多种多样，但表达它们的平面图形却都是由一些基本的几何图形组成的，因此，熟练地掌握几何图形的画法是正确绘制平面图形的前提。本节重点介绍机械图样中常见的正多边形、椭圆、圆弧连接以及斜度和锥度的作图方法。

1.3.1 正多边形的画法

正多边形一般采用等分其外接圆,连接各等分点的方法作图。下面介绍正五边形与正六边形的作图方法。

1. 正五边形

已知正五边形的外接圆,其作图方法如图 1-26 所示。

(1) 以 A 为圆心,OA 为半径,画弧交圆于 B、C,连 BC 得 OA 中点 M。

(2) 以 M 为圆心,$M1$ 为半径画弧,交中心线于 K 点,直线段 $K1$ 即为内接正五边形的边长。

(3) 以 $K1$ 为边长,依次在圆周上截取五个等分点,连接各点,即为正五边形。

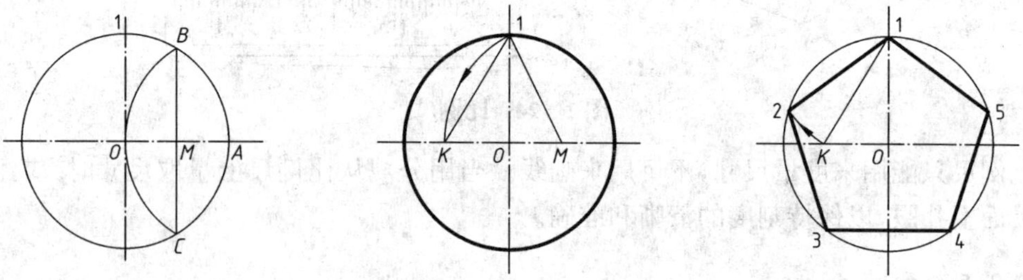

图 1-26 内接正五边形

2. 正六边形

1) 根据外接圆的直径作图

(1) 用圆规作图 正六边形的边长等于其外接圆的半径。分别以已知圆在水平直径上的两处交点 A、D 为圆心,以 $R = D/2$ 为半径画圆弧,与圆周交于 B、F、C、E 点,依次连接 A、B、C、D、E、F 各点,即得正六边形,如图 1-27a)所示。

a) 利用外接圆半径作图　　b) 利用三角板和丁字尺配合作图

图 1-27 已知 D 画正六边形

(2) 用三角板作图 用 30°- 60°三角板配合丁字尺作平行线,画出四条斜边,再以丁字尺作上、下水平边,即得正六边形,如图 1-27b)所示。

2) 根据对边的距离作图

以已知的对边距 S 画出一对平行边,用 30°- 60°三角板配合丁字尺,使三角板的斜边通过正六边形的中心，就可在对边上得到四个顶点，然后完成正六边形，如图 1－28 所示。

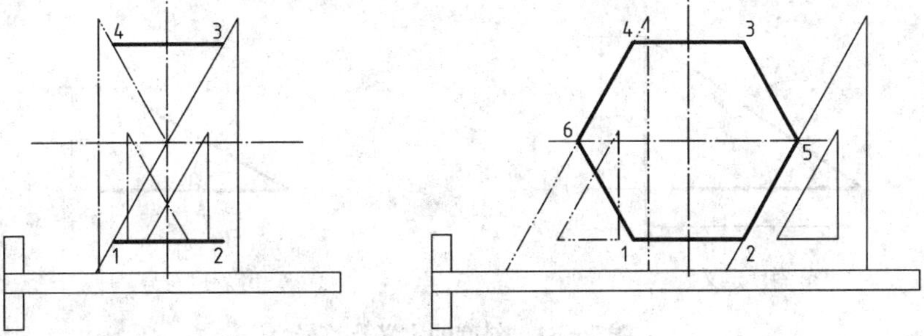

图 1－28　已知 S 画正六边形

1.3.2　椭圆的画法

椭圆是一种常见的非圆曲线，常用的绘制方法有同心圆法和四心圆弧近似画法。

1. 同心圆法

如图 1－29 所示，以 O 为圆心，分别以长轴 AB 和短轴 CD 为直径作两同心圆。过圆心 O 作一系列射线与两圆相交，过大圆上的各交点作平行于短轴的竖直线，过小圆上的各交点引平行于长轴的水平线，对应同一条射线的竖直线和水平线交于一点，即得一系列交点，然后用曲线板光滑连接成椭圆。

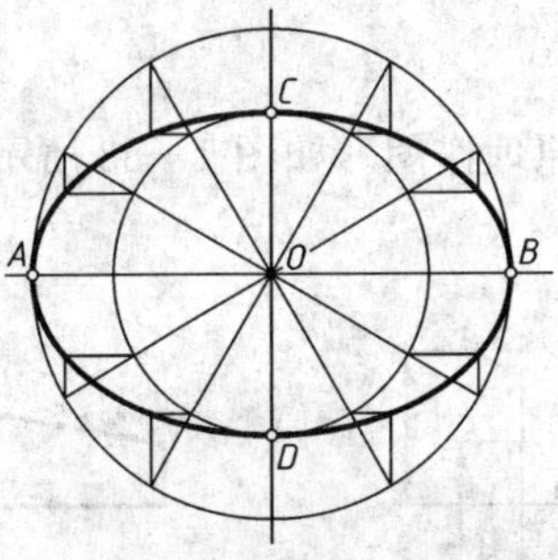

图 1－29　同心圆法作椭圆

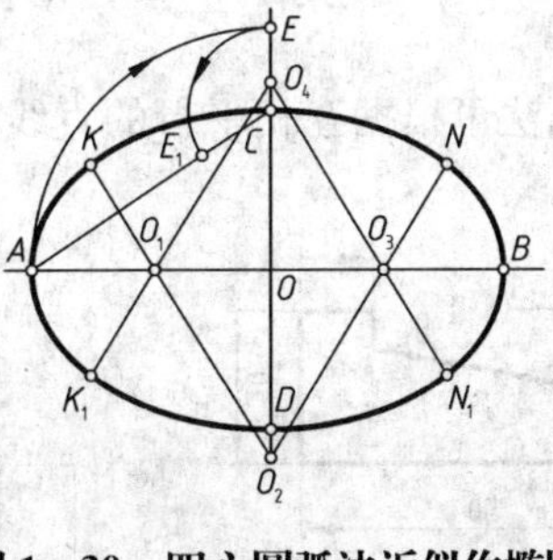

图 1－30　四心圆弧法近似作椭圆

2. 四心圆弧近似画法

如图 1－30 所示，连接 A、C，以 O 为圆心、OA 为半径画弧与 OC 延长线交于点 E，再以 C 为圆心、CE 为半径画弧与 AC 交于点 E_1，作 AE_1 的垂直平分线与长短轴分别交于点 O_1、O_2，再作对称点 O_3、O_4，即得四个圆心。分别以 O_1、O_2、O_3、O_4 为圆心，O_1A、O_2C、O_3B、O_4D 为半径画圆弧，它们相切于 K、K_1、N、N_1 点而连接成一个近似椭圆。

1.3.3　斜度和锥度

1. 斜度

1）定义

斜度是指一直线（或平面）相对于另一直线（或平面）的倾斜程度，其大小用它们之间夹角的正切值来表示，并将比值化成 1∶n 的形式。如图 1－31a）所示。

$$斜度 = \tan\alpha = \frac{H}{L} = 1:n$$

a) 斜度定义　　b) 斜度符号

图 1-31　斜度的定义及符号

2）标注

斜度采用符号标注。斜度符号如图 1-31b)所示。斜度应标注在指向具有斜度的轮廓线的引出线上，斜度符号所示的方向应与图形的斜度方向一致。标注方法如图 1-32 所示。

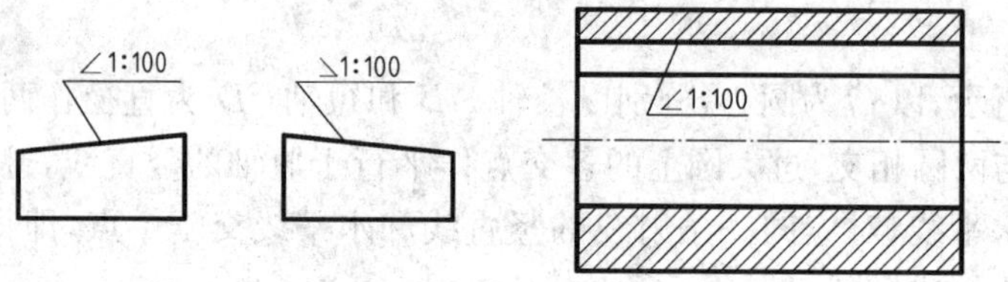

图 1-32　斜度的标注

3）画法

斜度的画法可根据互相平行的直线斜度相同的原理作图。如图 1-33 所示。

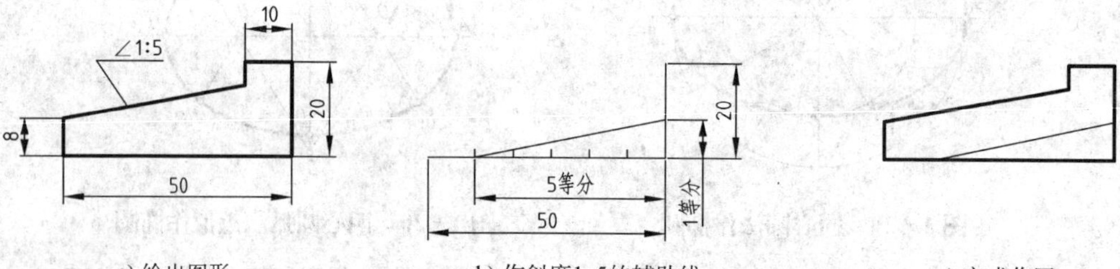

a) 给出图形　　b) 作斜度1:5的辅助线　　c) 完成作图

图 1-33　楔形铁斜度的画法

2. 锥度

1）定义

锥度是指正圆锥体的底圆直径与圆锥高度之比或正圆锥台的两底圆直径之差与圆锥台高度之比，并将比值化成 $1:n$ 的形式。如图 1-34a)所示。

$$锥度 = \frac{D}{L} = \frac{D-d}{l} = 1:n$$

2）标注

锥度也采用符号标注。锥度符号如图 1-34b)所示。标注时，锥度符号应对称地配置在基准线(用细实线绘制)上，基准线应与圆锥的轴线平行，锥度符号的方向应与图中圆锥的方向一致。标注方法,如图 1-35 所示。

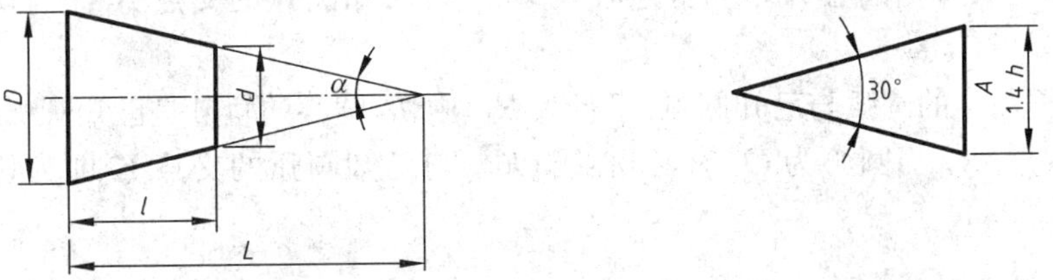

a) 锥度定义　　　　b) 锥度符号

图 1-34　锥度的定义及符号

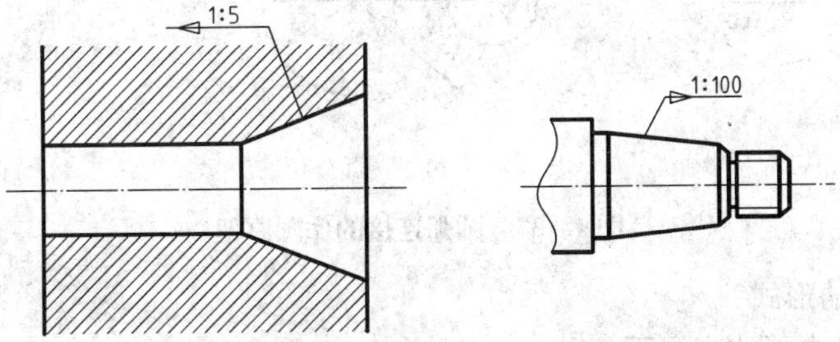

图 1-35　锥度的标注

3）画法

锥度的画法可根据平行线的原理作图,如图 1-36 所示。

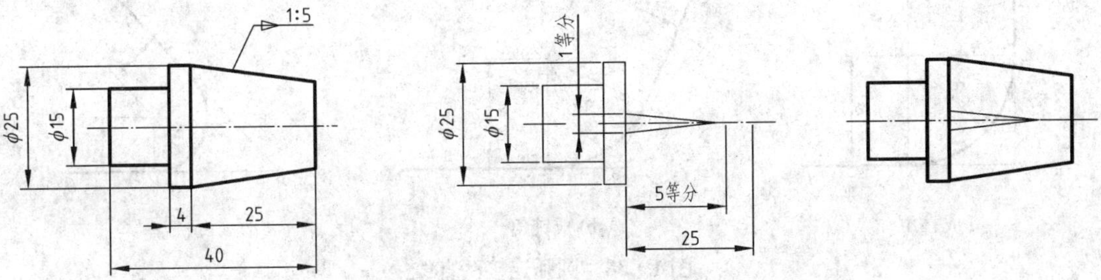

a) 给出图形　　　　b) 作锥度1:5的辅助线　　　　c) 完成作图

图 1-36　锥度的画法

1.3.4　圆弧连接

用已知半径的圆弧光滑连接(即相切)两已知线段(直线或圆弧),称为圆弧连接。该已知半径的圆弧称为连接弧。圆弧连接作图的要点是根据已知条件,准确地定出连接圆弧的圆心与切点。

1. 圆弧连接的作图原理

下面介绍已知半径的圆弧与一条已知线段相切时,该圆弧圆心的轨迹和切点的求法:

(1) 半径为 R 的圆弧与已知直线相切时,圆心的轨迹是与已知直线相距为 R 的两条平行线。当圆心为 O_1 时,由 O_1 向已知直线所作垂线的垂足 K 即为切点,如图 1-37a)所示。

(2) 半径为 R 的圆弧与已知圆弧(半径为 R_1)外切,圆心的轨迹是已知圆弧的同心圆,其半径 $R_2=R+R_1$。当圆心为 O_1 时,连心线 OO_1 与已知圆弧的交点 K 即为切点,如图 1-37b)所示。

(3) 半径为 R 的圆弧与已知圆弧(半径为 R_1)内切,圆心的轨迹是已知圆弧的同心圆,其半径 $R_2=R_1-R$。当圆心为 O_1 时,连心线 OO_1 与已知圆弧的交点 K 即为切点,如图 1-37c)所示。

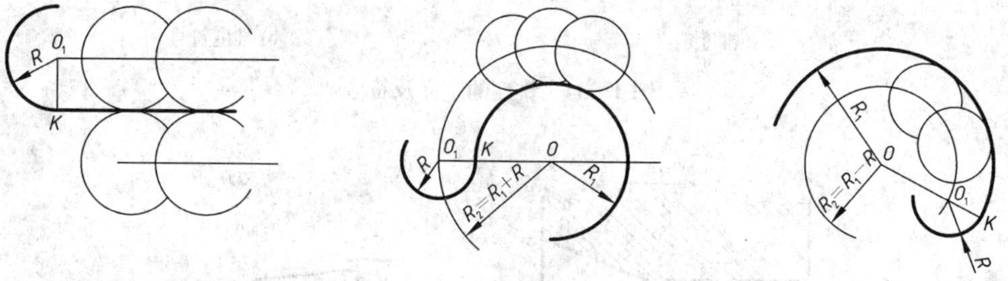

a) 与直线相切　　b) 两圆弧外切　　c) 两圆弧内切

图 1-37　圆弧连接的作图原理

2. 圆弧连接的形式

圆弧连接的基本形式有以下三种:

1) 圆弧连接两直线

两直线的连接,如图 1-38 所示。

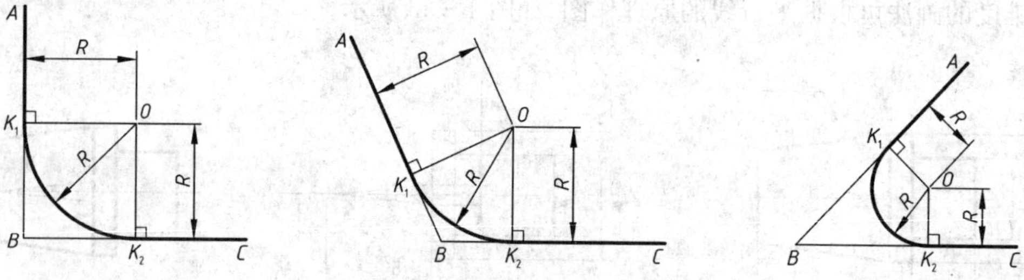

a) 成直角　　b) 成钝角　　c) 成锐角

图 1-38　圆弧连接两直线

2) 圆弧连接直线和圆弧

直线与圆弧间的连接,如图 1-39 所示。

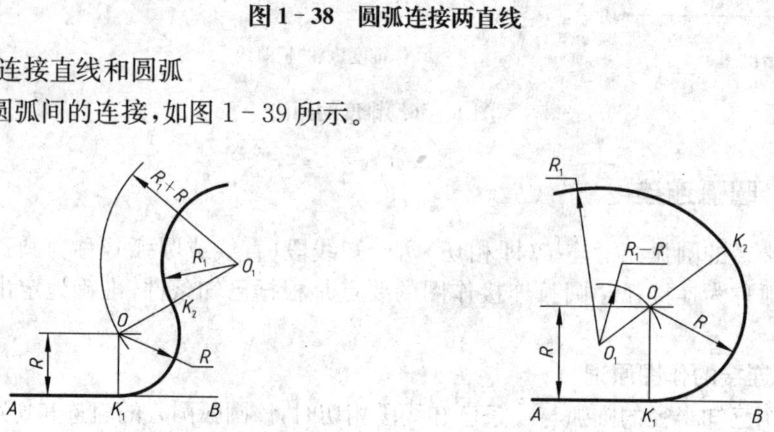

a) 外切　　b) 内切

图 1-39　圆弧连接直线和圆弧

3）圆弧连接两已知圆弧

两圆弧间的连接，如图 1－40 所示。

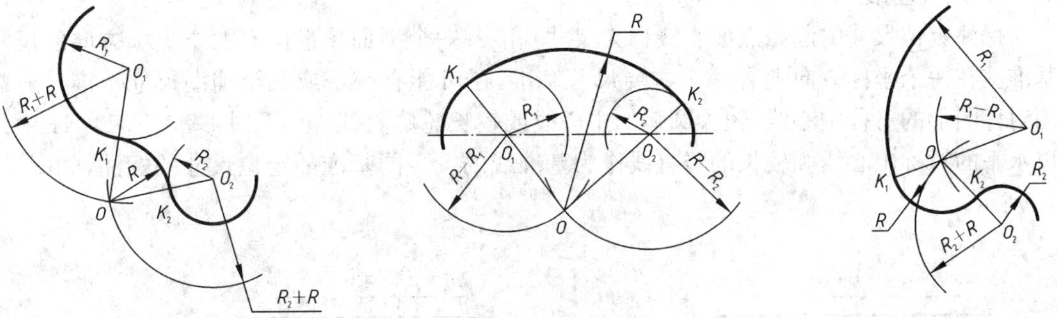

a) 外切　　b) 内切　　c) 内、外切

图 1－40　圆弧连接两已知圆弧

1.4 平面图形的尺寸分析及画法

平面图形是由各种线段连接而成的，这些线段之间的相对位置和连接关系靠给定的尺寸来确定。平面图形中的尺寸不仅确定了图形各部分的形状和相对位置，还影响着绘图的先后顺序，所以在绘图前必须进行尺寸分析。

1.4.1 平面图形的尺寸分析

平面图形中的尺寸按其作用可分为定形尺寸和定位尺寸两类。

1. 定形尺寸

确定平面图形中各组成部分的形状和大小的尺寸，称为定形尺寸。如圆的直径、圆弧的半径、线段的长度、角度的大小等。图 1－41 中的 $\phi10$、$\phi3$、$R6$、$R7.5$、$R40$、$R5$、10 均为定形尺寸。

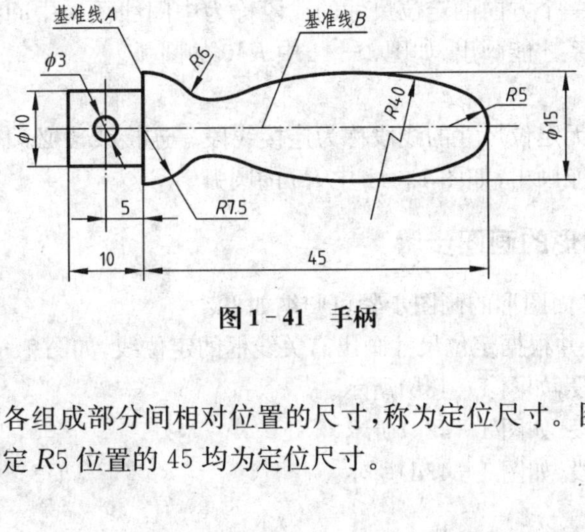

图 1－41　手柄

2. 定位尺寸

确定平面图形中各组成部分间相对位置的尺寸，称为定位尺寸。图 1－41 中确定 $\phi3$ 小圆位置的尺寸 5 和确定 $R5$ 位置的 45 均为定位尺寸。

应当指出，有时某个尺寸具有双重作用，既是定形尺寸也是定位尺寸。如图 1-41 中的 45 既是确定手柄长度的定形尺寸，也是间接确定 $R5$ 圆弧圆心的定位尺寸。

3. 尺寸基准

标注定位尺寸的起始点或直线称为尺寸基准。一个平面图形应有两个坐标方向的尺寸基准。在一个坐标方向上有一个主要尺寸基准，还可能有一个或几个辅助尺寸基准。通常用对称图形的对称中心线、较大圆弧的中心线或较长轮廓直线作为尺寸基准，图 1-41 中是以水平的对称中心线和较长的竖直线作为基准线的。不同基准的定位尺寸的标注，如图 1-42 所示。

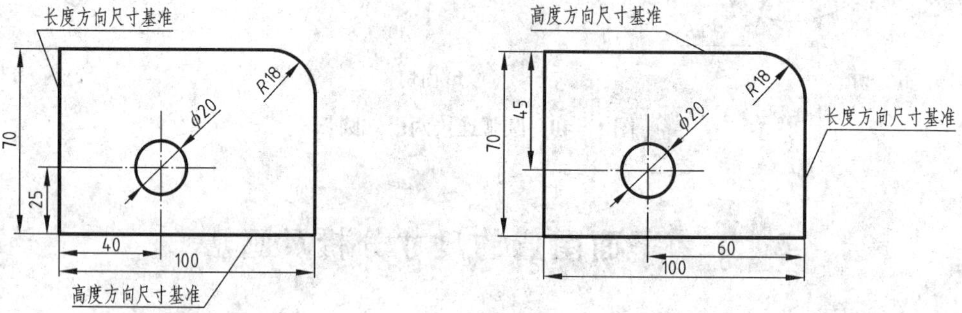

图 1-42　不同基准的定位尺寸的标注

1.4.2　平面图形的线段分析

平面图形的线段（直线段、圆及圆弧）按其所给定位尺寸的数量可分为已知线段、中间线段和连接线段三类。

1. 已知线段

注有定形尺寸和两个方向定位尺寸的线段称为已知线段。已知线段根据图形中所注的尺寸就可以直接画出。如图 1-41 中的矩形、$\phi3$ 的圆、$R5$ 和 $R7.5$ 的圆弧均为已知线段。

2. 中间线段

注有定形尺寸和一个方向的定位尺寸的线段称为中间线段。中间线段需根据与相邻已知线段的一个连接关系才能画出，如图 1-41 中 $R40$ 的圆弧。

3. 连接线段

只有定形尺寸而无定位尺寸的线段称为连接线段。连接线段必须依据与其两端相邻线段的两个连接关系才能画出，如图 1-41 中 $R6$ 的圆弧。

1.4.3　平面图形的画图步骤

根据线段分析，平面图形的画图步骤可归纳如下：

（1）画出基准线，并根据定位尺寸画出有关线框的定位线，如图 1-43a）所示。

（2）画出已知线段，如图 1-43b）所示。

（3）画出中间线段，如图 1-43c）所示。

（4）画出连接线段，如图 1-43d）所示。

(5) 检查图线，擦去多余线条，描深，如图 1－43e)所示。

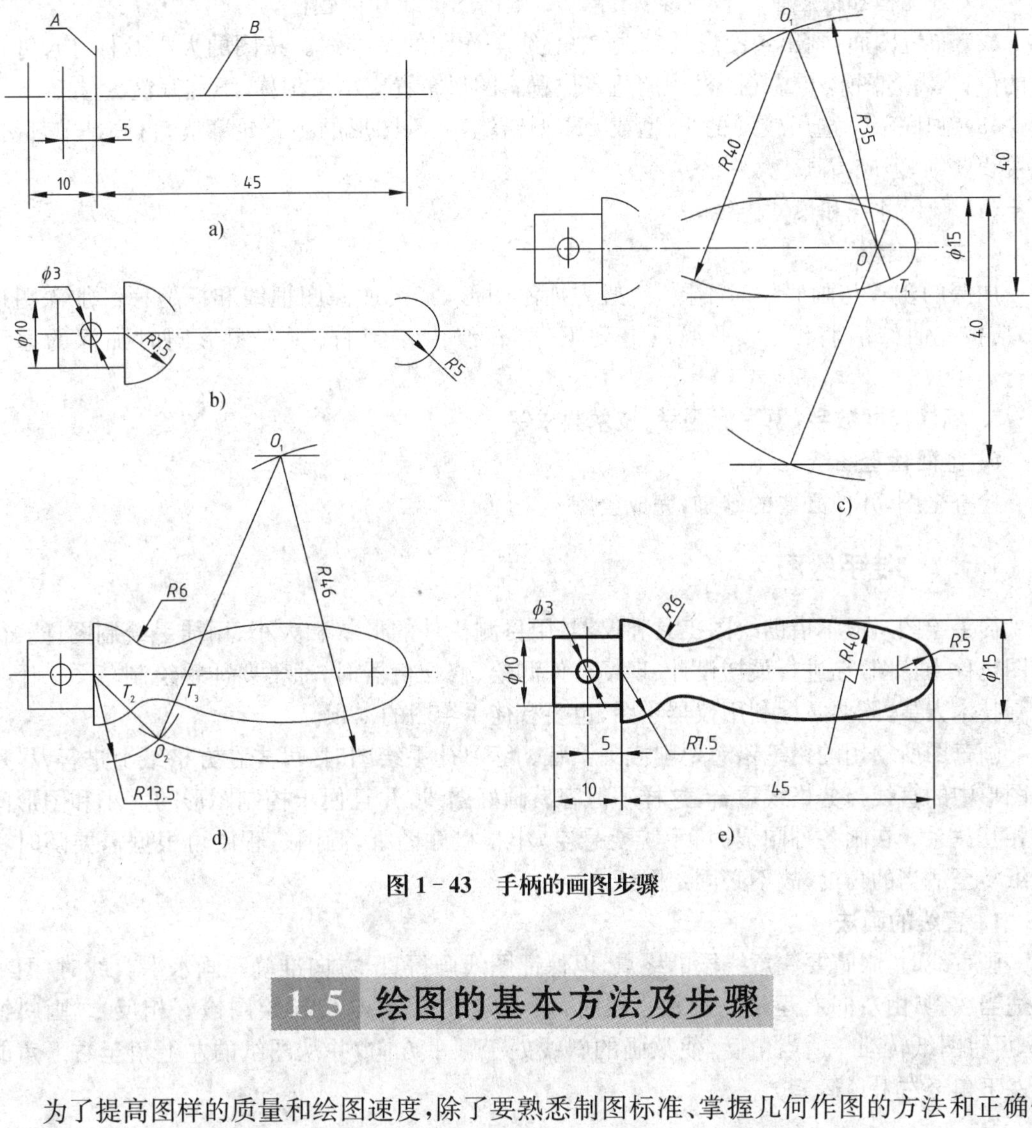

图 1－43　手柄的画图步骤

1.5 绘图的基本方法及步骤

为了提高图样的质量和绘图速度，除了要熟悉制图标准、掌握几何作图的方法和正确使用绘图工具外，还应按一定的步骤进行绘图，使绘图工作有条不紊地进行。

1.5.1 仪器绘图

1. 准备工作

画图前应先了解所画图样的内容和要求，削磨好绘制不同图线的铅笔，图板、丁字尺、三角板等擦拭干净，圆规安装好铅芯等。

2. 选定图幅，固定图纸

根据所绘图形的大小和比例，选取合适的图纸幅面，然后用丁字尺找正后用胶带纸固定在图板的左下方，注意图纸下边与图板的底边之间空出的距离要能放置丁字尺，以便操作。

3. 画底稿

(1) 画图框和标题栏。按国家标准要求，画出图框线和标题栏。

(2) 布置图面，画出各图形的轴线、中心线等作图的基准线。按图的大小及标注尺寸所需的位置，将各图形布置在图框中的适当位置。图形布置应尽量匀称，不宜偏置、过挤。

(3) 画底稿。选用较硬的 H 型或 2H 型铅笔，先画图形的主要轮廓线，再画细节部分。底稿线要细，但应清晰。

(4) 画尺寸线和尺寸界线。

4. 加深描粗

加深的步骤与画底稿时不同，一般先加深图形，其次加深图框线和标题栏。加深图形时，应按先曲线后直线、水平线由上到下、竖直线由左到右、所有图形同时加深的原则进行。

5. 标注尺寸数字，填写标题栏、技术要求等

6. 全面检查图纸

检查全图，并作必要的修饰，完成全图。

1.5.2 徒手绘图

徒手绘图一般不借助绘图工具和仪器，用目测机件的形状和大小，用徒手绘制图样。徒手图也称为草图，在进行最初设计、现场零件测绘、修配机器时，通常要徒手绘制草图。作为工程技术人员，既要掌握利用仪器绘图，也要有徒手绘图的本领。

画草图所使用的铅笔铅芯要削成圆锥状。练习徒手绘图时，可先在方格纸上进行，尽量使图形中的直线与分格线重合，这样不但容易画好图线，并且便于控制图形的大小和图形间的相互关系。在画各种图线时，手腕要悬空，小指接触图纸，画图过程中可根据需要随时将图纸转至适当的角度，故不必固定图纸。

1. 直线的画法

画直线时，眼睛要注意线段的终点，以保证图线画得直，方向准确。画水平直线时，图纸可适当放斜，由左向右运笔。画垂直直线时，由上向下运笔(与仪器绘图恰好相反)。画斜线时，可将图纸转动一适当角度，使欲画的斜线处于顺手方向，并从图纸的左上角至右下角或从左下角至右上角运笔。

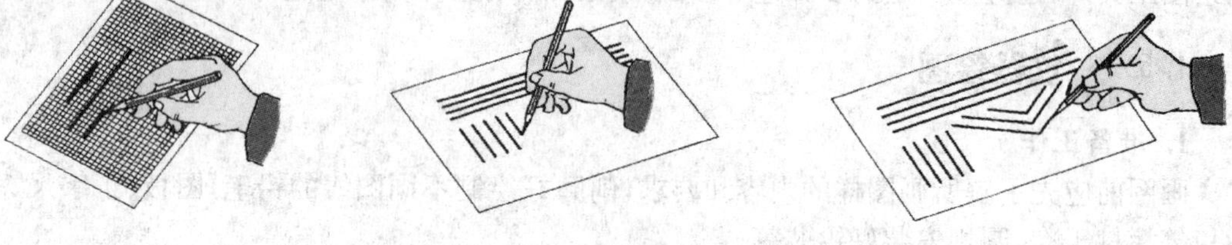

图 1-44 徒手画直线的方法

对于具有 30°、45°、60°等特殊角度的斜线时，可根据其近似正切值$\frac{3}{5}$、1、$\frac{5}{3}$作为直角三角形的斜边来画出。

2. 圆的画法

先画出两条互相垂直的中心线。画直径较小的圆时，按半径目测在中心线上定出四点，然后徒手连成圆，如图 1－45a)所示。画直径较大的圆时，除中心线上四点外，再通过圆心画两条 45°的斜线，按半径目测在斜线上再定出四个点，然后过这八个点徒手连成圆，如图 1－45b)所示。

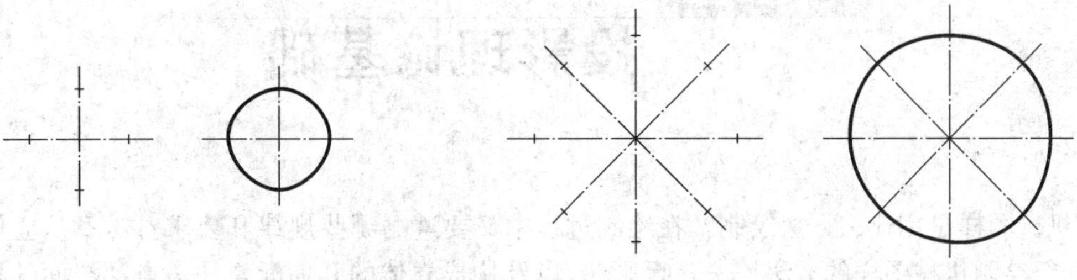

a) 画小圆　　b) 画大圆

图 1－45　徒手画圆的方法

第2章 投影理论基础

机械图样是用什么方法绘制？在绘制过程中又要遵循哪些规律和要求？本章从立体出发，介绍绘制机械图样的方法——正投影法，以及构成立体的几何元素——点、线、面的投影规律和作图问题，为学习后面的内容奠定基础。

2.1 投影法及三面投影的形成

2.1.1 投影法的基本知识

1. 投影法的概念

在日常生活中，用灯光或日光照射物体，在地面和墙面上就会出现物体的影子，这就是一种投影现象。人们在长期的生产实践中，积累了丰富的经验，找出了物和影子的几何关系，建立了投影法。我们把光线称为投影线，地面和墙面称为投影面，影子就称为物体在投影面上的投影。

投影法是指投射线通过物体向选定的面投射，并在该面上得到图形的方法，如图 2-1 所示。

2. 投影法的种类

1）中心投影法

投影中心距离投影面在有限远的地方，投影时投影线汇交于投影中心的投影称为中心投影法，如图 2-2 所示。

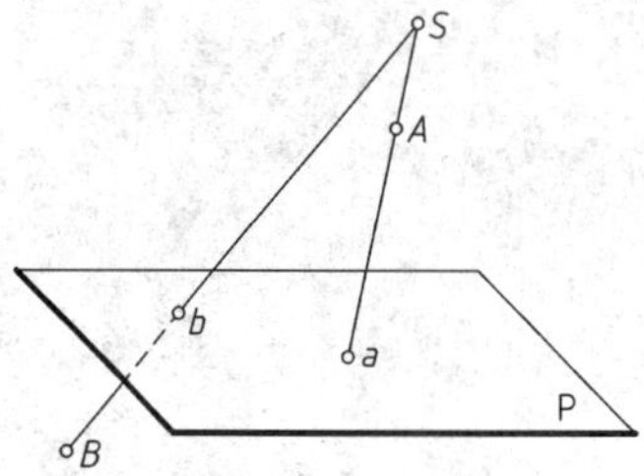

图 2-1　投影

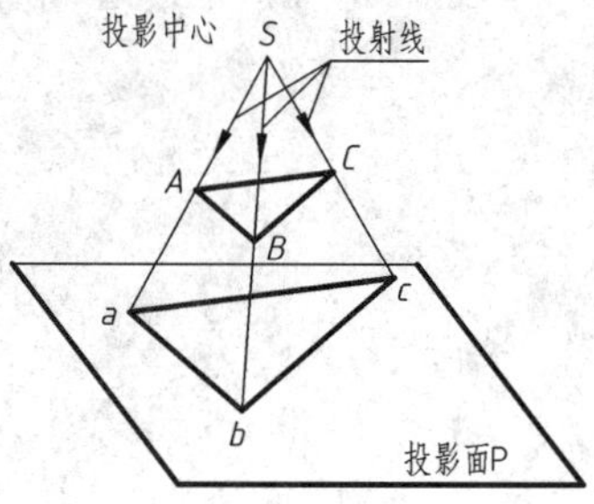

图 2-2　中心投影法

该投影法的特点是：当物体距离投影面的距离不同时，得到的投影大小也不同。因此，中心投影法不能够真实地反映物体的形状和大小，所以机械制图不采用这种投影法绘制。但中心投影法具有物体感强的特点，常用于绘制建筑物的外观图，也称为透视图。

2) 平行投影法

投影中心距离投影面在无限远的地方，投影时投影线相互平行的投影法称为平行投影法，如图 2 - 3 所示。

根据投影线与投影面垂直与否，平行投影法又分为两种：

(1) 正投影法——投影线与投影面垂直的平行投影法，如图 2 - 3a)所示。

(2) 斜投影法——投影线与投影面倾斜的平行投影法，如图 2 - 3b)所示。

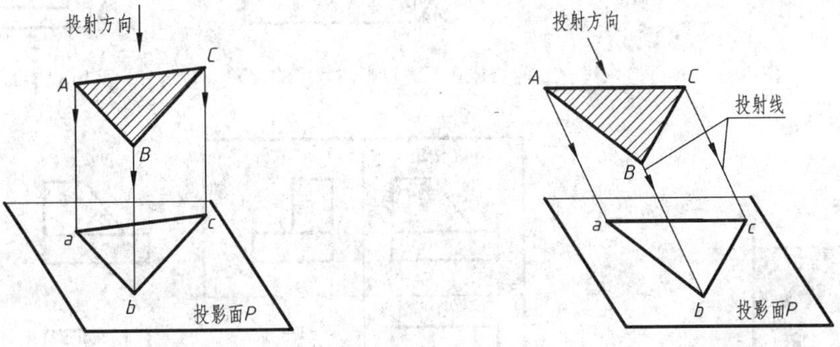

a) 正投影法　　b) 斜投影法

图 2 - 3　平行投影法

正投影因其度量性好，作图方便，在工程中得到了广泛应用。机械制图就是用正投影法绘制的，正投影的基本理论是机械制图的基础，是我们学习中的一个重点。为了叙述简单，本书所述的“投影”均指“正投影”。

2.1.2　三视图的形成与投影规律

在正投影中只用一个视图是不能确定物体的形状与大小的，如图 2 - 4 所示三个形状不同的物体，由于它们的某些尺寸相等，因而在投影面 V 上的投影完全相同。为了确切表示物体的总体形状，需要在另外的方向再进行投影。在实际绘图中，常用的是三视图。

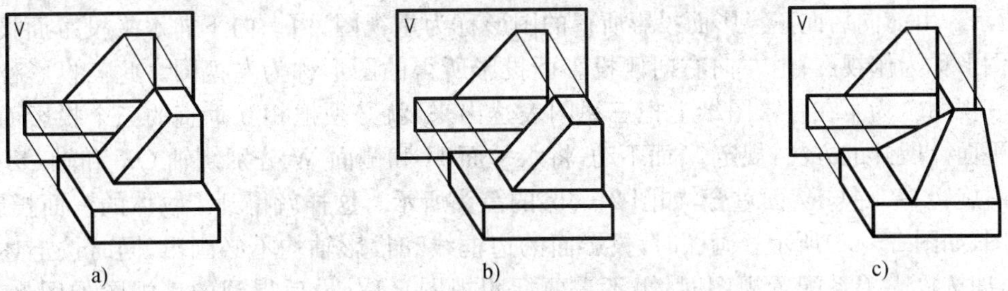

a)　　b)　　c)

图 2 - 4　不同物体在一个投影面上的视图相同

1. 三视图的形成

为了表达物体的形状，通常采用互相垂直的三个投影面，建立一个三投影面体系。如

图 2－5所示。正对着我们的投影面叫正投影面，用字母 V 表示；水平位置的投影面叫水平投影面，用字母 H 表示；物体侧向位置的投影面叫侧投影面，用字母 W 表示。

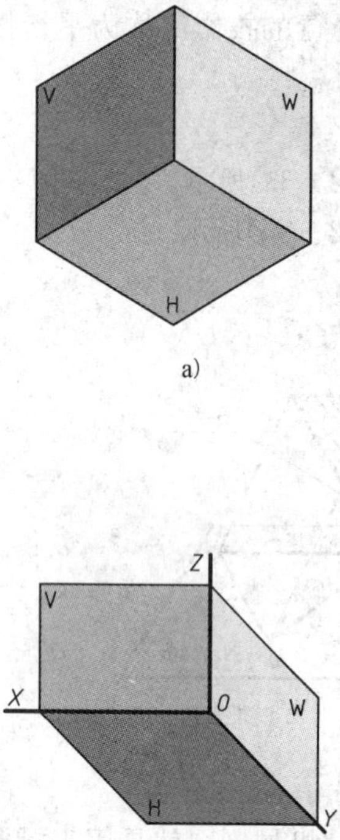

a)

b)

图 2－5　三个相互垂直的投影面

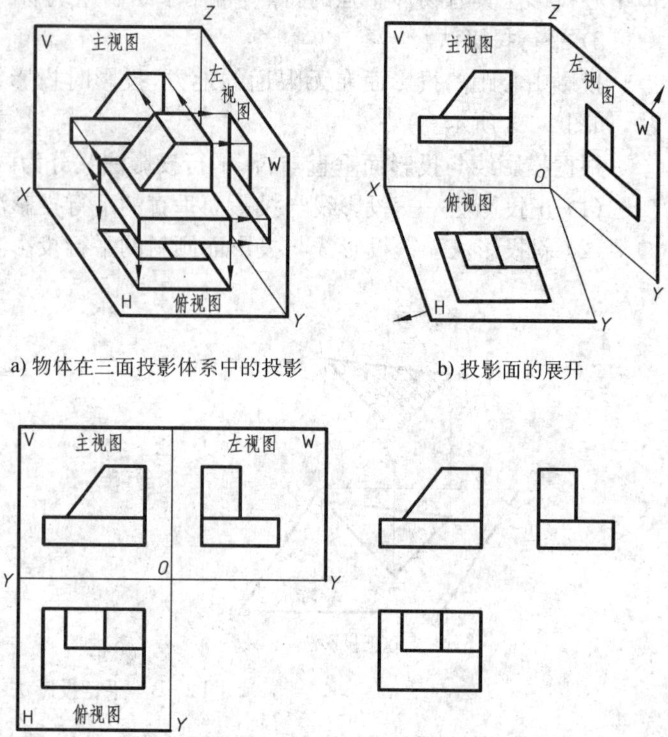

a) 物体在三面投影体系中的投影

b) 投影面的展开

c) 投影面展开后的三面投影

d) 三视图

图 2－6　三视图的形成

投影面的交线称为投影轴。正投影面(V)与水平投影面(H)的交线称为 X 轴；水平投影面(H)与侧投影面(W)的交线称为 Y 轴；正投影面(V) 与侧投影面(W)的交线称为 Z 轴。X、Y、Z 三轴的交点称为原点，用 O 表示。

为了准确地反映物体长、宽、高三个方向的形状大小，且便于度量与作图简便，将物体正放在三投影面体系中，用正投影法向三个投影面投影，就得到了物体的三面投影，如图 2－6a)所示。由前向后向正投影面投影所得的图形称为主视图；由上向下向水平投影面投影所得的图形称为俯视图；由左向右向侧投影面投影所得的图形称为左视图。此三投影称为物体的三视图。为了在一张图纸上把三视图表达出来，就必须把相互垂直的三个投影面展成一个平面。展开的方法：规定 V 面不动，将水平面 H 和侧面 W 分别绕轴 OX 和轴 OZ 向下和向右旋转 90°并与 V 面重合，如图 2－6b)的箭头所示。这样就得到了物体的三面投影，即三视图，如图 2－6c)所示。画图时，投影面的边框线和投影轴均不必画出，同时按上述方法展开，即按投影关系配置视图时，也不需要标明视图名称，最后得到的三视图如图 2－6d)所示。

2. 三视图的投影规律

从图 2－7 可以看出，主视图反映物体的长和高，俯视图反映物体的长和宽，左视图反映物体的高和宽。三个视图都是反映同一个物体，它们之间有如下“三等”关系，即：

主视图与俯视图等长；

主视图与左视图等高；

俯视图与左视图等宽。

由此得出物体三视图的投影规律：

主视图与俯视图长对正；

主视图与左视图高平齐；

俯视图与左视图宽相等。

简称“长对正、高平齐、宽相等”。

“三等”关系中，尤其要注意俯视图与左视图宽相等的关系。

对于物体来讲，不仅整个物体的三视图符合上述投影关系，而且物体上的每一组成部分的三个投影也符合上述投影规律。

投影规律是三视图的重要特性，也是画图和看图的主要依据。

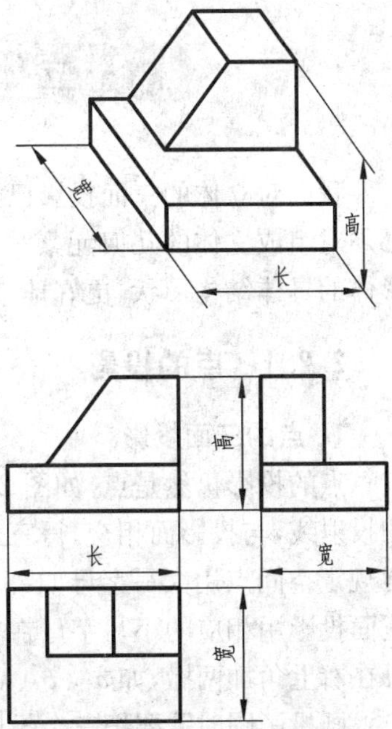

图 2-7　三视图的三等对应关系

3. 物体的六个方位在三视图中的对应关系

物体上有上下、左右、前后六个方向的位置关系，如图 2-8a)所示。而每一个视图只反映四个方向的方位关系，如图 2-8b)所示。其中，主视图反映了物体的左右、上下之间的方位关系，即反映了物体上的长度和高度；俯视图反映了物体的前后、左右之间的位置关系，即反映物体上的宽度和长度；左视图反映了物体的前后、上下之间的位置关系，即反映了物体上的宽度和高度。

实践证明，物体的上、下、左、右容易判断，关键在于判断前后。在画图或看图时，往往容易把俯视与左视之间的前、后对应关系弄错，这一点应特别注意。

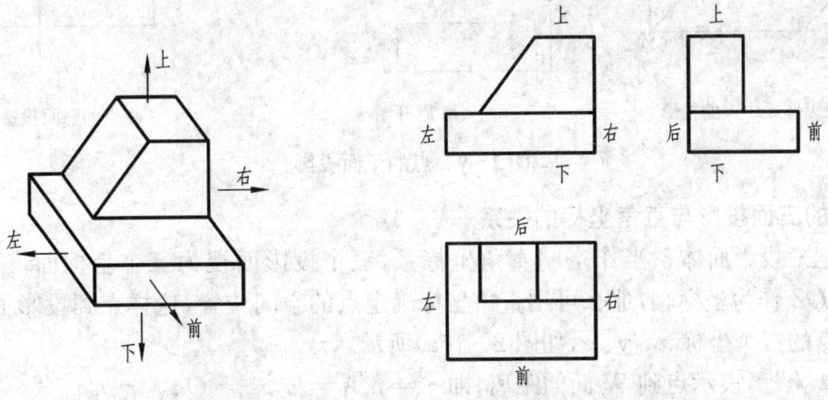

a) 物体上的位置关系　　b) 三视图所反映的位置关系

图 2-8　三视图与物体方位的对应关系

2.2 立体表面上的点、线、面的投影分析

我们对立体的三面投影已经有了初步认识，为了进一步弄清立体在三面投影中的规律，必须对组成立体的几何元素——点、线、面的投影进行分析，才能透彻理解机械图样所表示形体的具体结构形状，更好地掌握画图和看图的方法。

2.2.1 点的投影

1. 点的三面投影

点的投影仍然是点，如图 2－9a)所示，由空间点 A 分别引垂直于三个投影面 H、V、W 的投射线，与投影面相交，得三个垂足 a 、a'、a''，便是空间点 A 在三个投影面上的投影。通常规定空间点用大写字母如 A、B、C 等表示；水平投影用相应的小写字母如 a、b、c 等表示；正面投影用相应的小写字母在右上角加一撇，如 a'、b'、c'等表示；侧面投影用相应的小写字母在右上角加两撇，如 a''、b''、c''等表示。

画投影图时需要把三个投影面展开到同一个平面上。展开的方法与前述的一样：规定 V 面不动，将水平面 H 和侧面 W 分别绕轴 OX 和轴 OZ 向下和向右旋转 90°并与 V 面重合，这样就得到了 A 点的三面投影，如图 2－9b)所示。去掉投影面的边框，便成为图 2－9c)的形式。

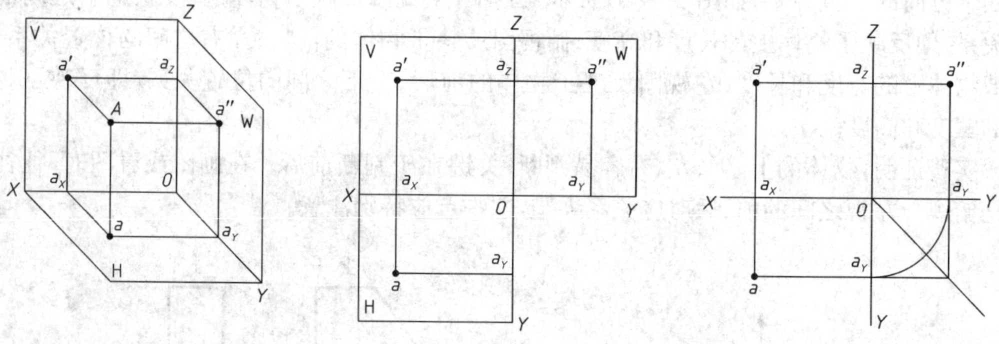

a) 三投影体系中点的投影　　b) 展开图　　c) 点的三面投影图

图 2－9　点的三面投影

2. 点的三面投影与直角坐标的关系

如果把三投影面体系当作空间直角坐标系，三个投影面视为三个坐标面，三条投影轴 OX、OY、OZ 作为坐标轴，那么可用直角坐标确定点的空间位置，这样点到投影面的距离可以认为是点的三个坐标 x、y、z，如图 2－10a)所示。

点的 x 坐标，表示点到 W 面的距离，即 $x = a''A = a_Za' = Oa_X = a_Ya$；

点的 y 坐标，表示点到 V 面的距离，即 $y = a'A = a_Za'' = Oa_Y = a_Xa$；

点的 z 坐标，表示点到 H 面的距离，即 $z = aA = a_Xa' = Oa_Z = a_Ya''$。

用坐标来表示空间点的位置比较简单，可以写成 $A(x, y, z)$，则空间点的三投影为 $a(x, y)$、$a'(x, z)$、$a''(y, z)$。

因此，有了点 A 的一组坐标(x, y, z)，就能唯一确定该点的三面投影(a, a', a'')。

3. 点的三面投影规律

如图 2－10a)所示，投射线 Aa 和 Aa' 所决定的平面必垂直于 H 面和 V 面，也必垂直于 H 面和 V 面的交线 OX 轴，故平面 Aaa_Xa' 上的直线 aa_X 和 $a'a_X$ 必垂直 OX 轴，即 $aa_X \perp OX$，$a'a_X \perp OX$。当 a 随 H 面绕 OX 轴旋转与 V 面平齐后，$aa_X \perp OX$ 的关系不变，因而 a、a_X、a' 三点共线，且 $aa' \perp OX$。同理可得，点 A 的正面投影与侧面投影的连线垂直于 OZ 轴，即 $a'a'' \perp OZ$。由图 2－10b)所示，空间点 A 的水平投影到 OX 轴的距离和侧面投影到 OZ 轴的距离均反映该点的 y 坐标，即 $aa_X = a''a_Z = y$。

综上所述，点的三面投影规律为：

(1) 点的正面投影与水平投影的连线垂直于 OX 轴，即 $a'a \perp OX$ 轴；

(2) 点的正面投影与侧面投影的连线垂直于 OZ 轴，即 $a'a'' \perp OZ$ 轴；

(3) 点的水平投影与侧面投影具有相同的 y 坐标。

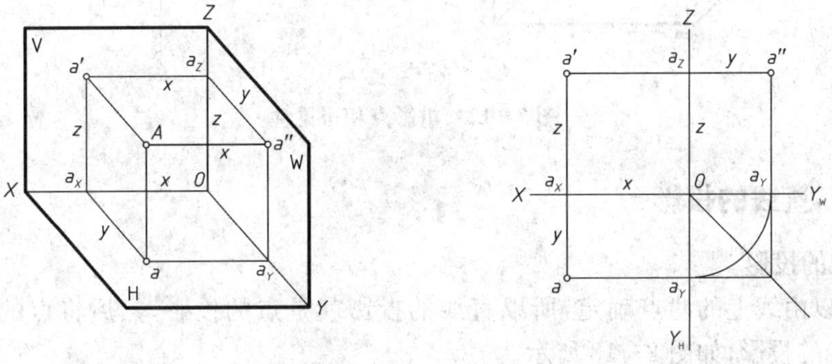

a)　　b)

图 2－10　点的三面投影与直角坐标

4. 两点的相对位置

空间两点的相对位置在投影图中是由它们同面投影的坐标差来判别的，即左、右由 x 坐标判别，前、后由 y 坐标判别，上、下由 z 坐标判别。

如图 2－11 所示，已知两点 $A(x_a, y_a, z_a)$ 和 $B(x_b, y_b, z_b)$ 的三面投影，就可判定两点的相对位置。因为 $x_a > x_b$，则 B 点在 A 点的右方；因为 $y_a > y_b$，则 A 点在 B 点的前方；因为 $z_a < z_b$，则 B 点在 A 点的上方。也就是说，B 点在 A 点的右、后、上方。

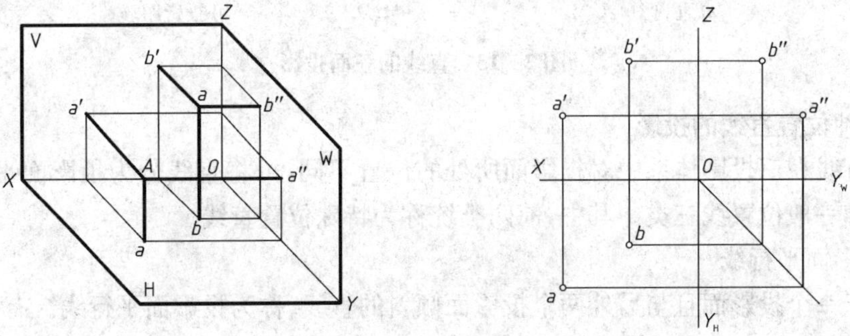

图 2－11　两点的相对位置

5. 重影点及其可见性

属于同一条投射线上的点，在该投射线所垂直的投影面上的投影重合为一点。空间的这些点，称为该投影面的重影点。判断重影点的可见性根据它们不等的那个坐标值来确定，即坐标值大的可见，坐标值小的不可见（点的不可见投影加括号表示）。如图 2－12 所示，a'与 b'在 V 面上重影且空间点 A 在前，B 在后；c''与 a''在 W 面上重影且空间点 C 在左，B 在右。

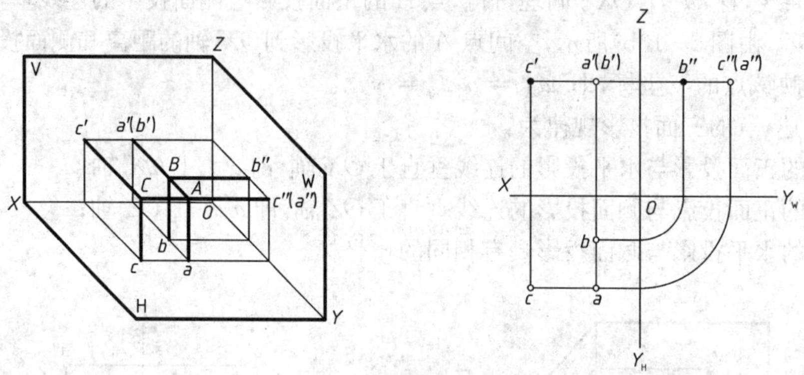

图 2－12　重影点和可见性

2.2.2　直线的投影

1. 直线的投影

直线可以由线上的两点确定，所以直线的投影就是点的投影，然后将点的同面投影连接，即为直线的投影，如图 2－13 所示。

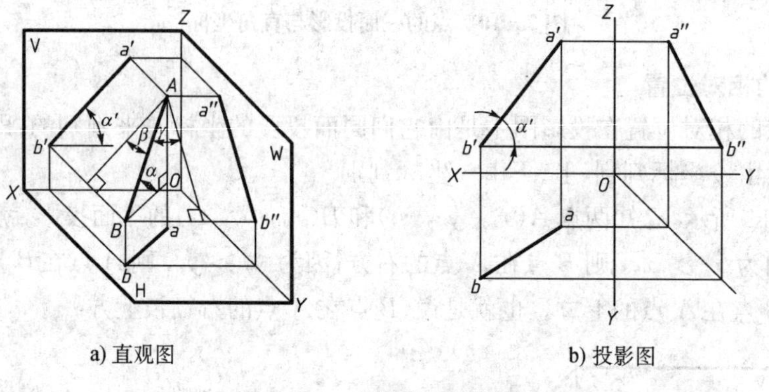

图 2－13　直线的三面投影

2. 各种位置直线的投影

根据直线在三投影体系中对投影面所处的位置不同，可将直线分为投影面平行线、投影面垂直线和一般位置线三类。其中，前两类统称为特殊位置直线。

1）投影面平行线

平行于一个投影面且与另外两个投影面倾斜的直线，称为投影面平行线。有三个位置：

正平线——平行于 V 面倾斜于 H、W 面；

水平线——平行于 H 面倾斜于 V、W 面；

侧平线——平行于 W 面倾斜于 H、V 面。

投影面平行线的投影特性，详见表 2－1 所示。

表 2－1　　　　投影面平行线的投影特性

名称	轴测图	投影图	投影特性
正平线	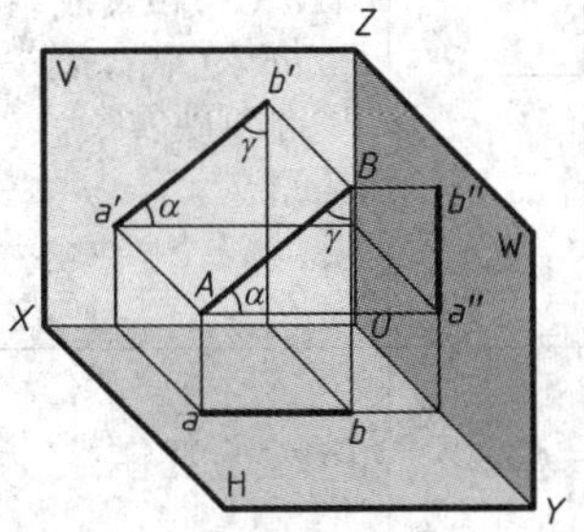	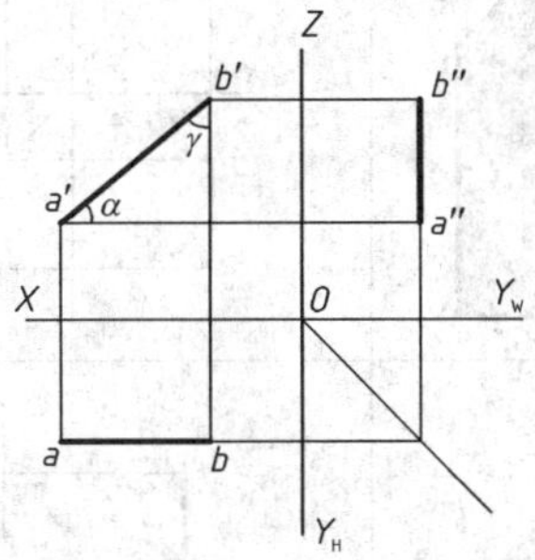	① $a'b'$ 反映实长和实际倾角 α、γ； ② ab // OX，$a''b''$ // OZ，长度缩短
水平线	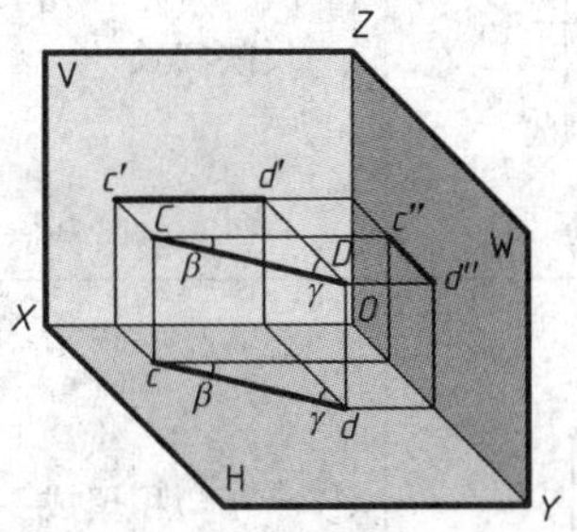	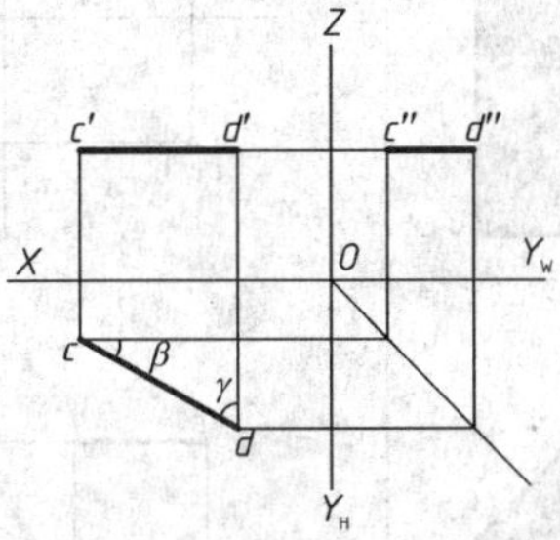	① cd 反映实长和实际倾角 β、γ； ② $c'd'$ // OX，$c''d''$ // OY_W，长度缩短
侧平线	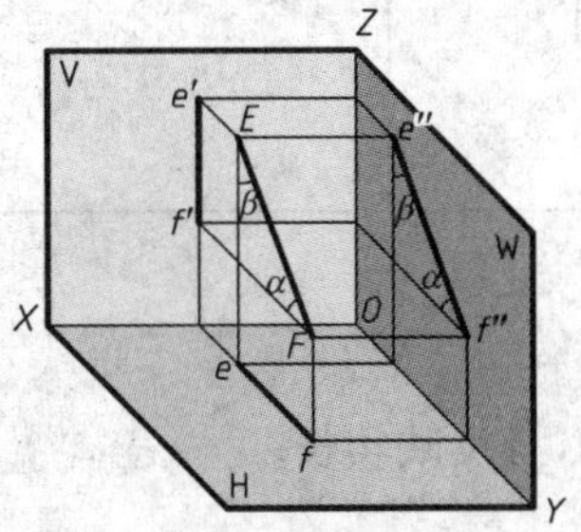	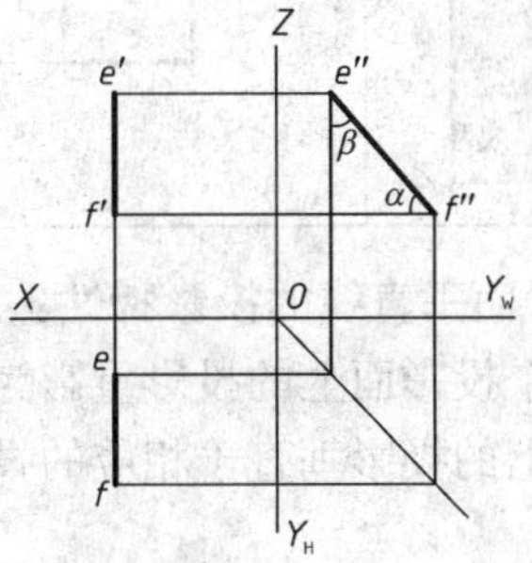	① $e''f''$ 反映实长和实际倾角 α、β； ② $e'f'$ // OZ，ef // OY_H，长度缩短

由表 2－1 可概括出投影面平行线的投影特性：

(1) 在直线所平行的那个投影面上的投影反映该直线的实长。

(2) 反映实长的投影与投影轴的夹角，也反映了该直线对另两个投影面的真实夹角。

(3) 在另外两个投影面上的投影平行于相应的投影轴，且长度小于实长。

2) 投影面垂直线

垂直于一个投影面且与另外两个投影面平行的直线，称为投影面垂直线。有三个位置：

正垂线——垂直于 V 面平行于 H、W 面；

铅垂线——垂直于 H 面平行于 V、W 面；

侧垂线——垂直于 W 面平行于 V、H 面。

投影面垂直线的投影特性，详见表 2－2 所示。

表 2－2　　　　投影面垂直线的投影特性

名称	轴测图	投影图	投影特性
正垂线	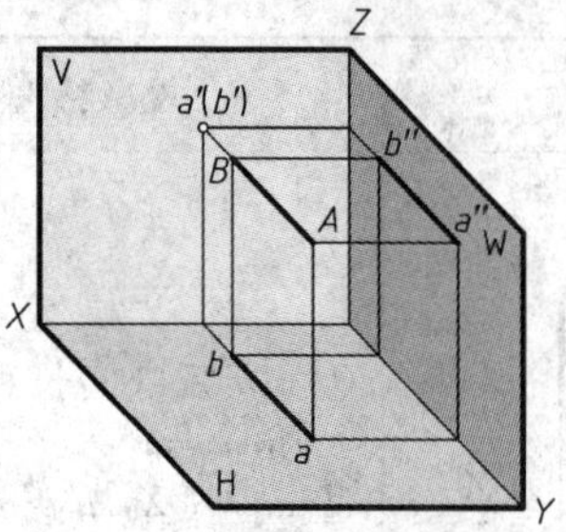	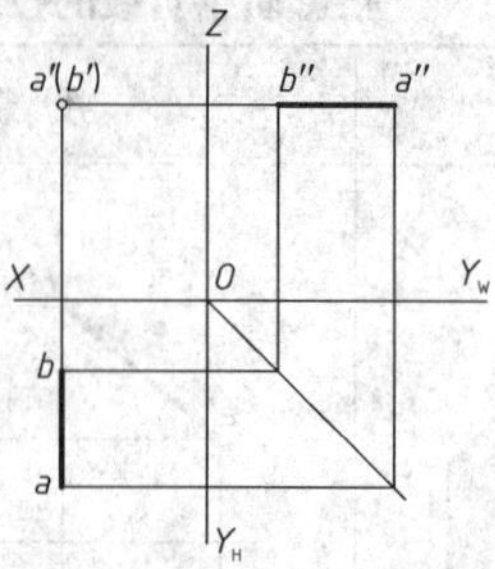	① $a'(b')$积聚成一点； ② $ab \parallel OY_H$，$a''b'' \parallel OY_W$，都反映实长
铅垂线	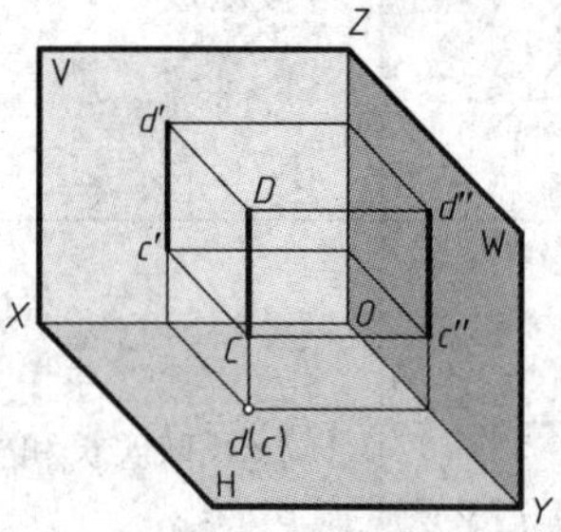	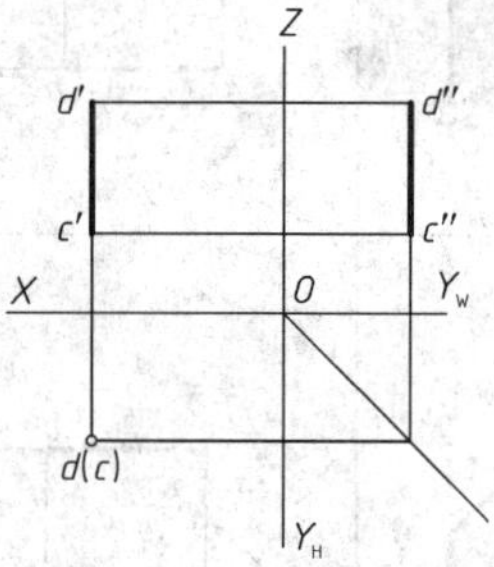	① $c(d)$积聚成一点； ② $c'd' \parallel OZ$，$c''d'' \parallel OZ$，都反映实长
侧垂线	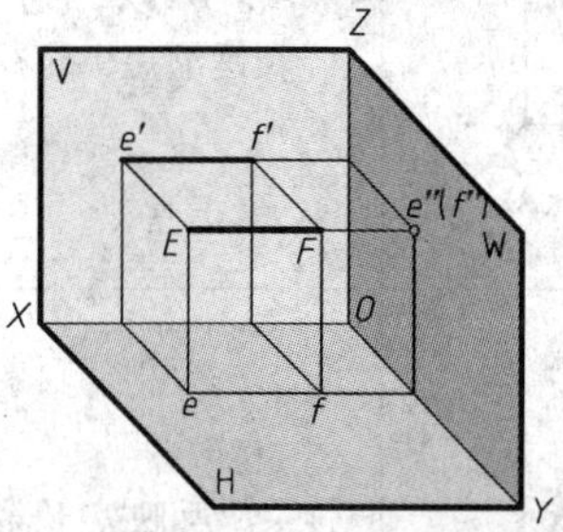	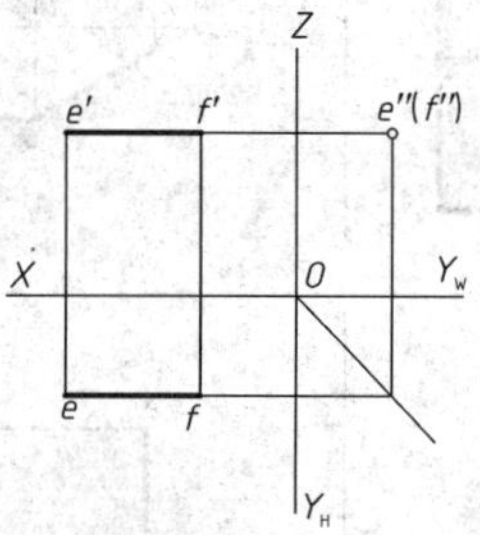	① $e''(f'')$积聚成一点； ② $ef \parallel OX$，$e'f' \parallel OX$，都反映实长

由表 2－2 可概括出投影面垂直线的投影特性：

(1) 在直线所垂直的那个投影面上的投影重影为一点。

(2) 在另外两个投影面上的投影垂直于相应的投影轴，且反映实长。

3）一般位置直线

与三个投影面都倾斜的直线，称为一般位置直线。如图 2－14 所示。

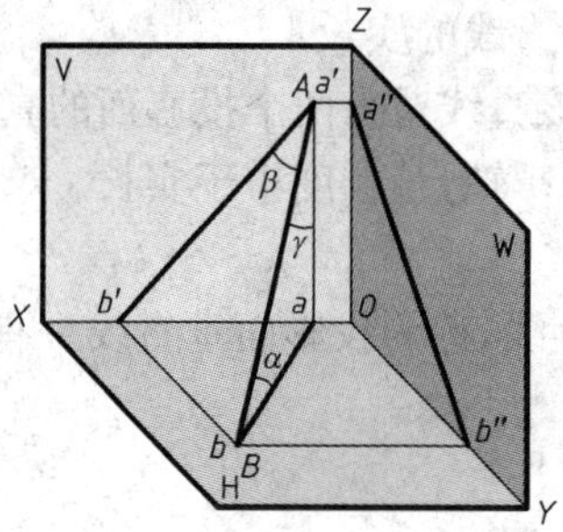

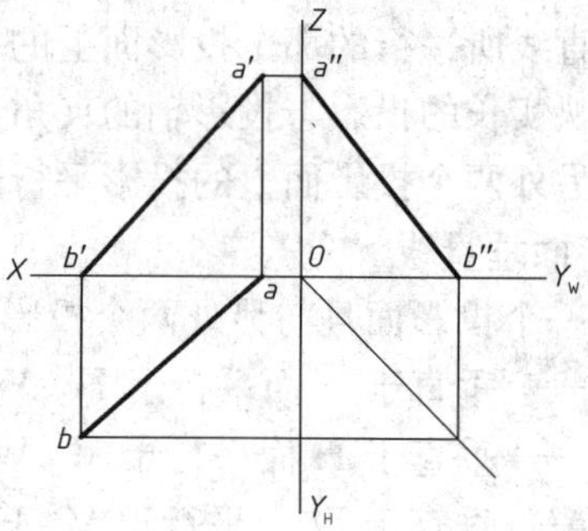

图 2－14　一般位置直线的投影

其投影特性为：

(1) 直线的三面投影都倾斜于投影轴，它们与投影轴的夹角，均不反映直线对投影面的倾角。

(2) 直线的三面投影的长度都短于实长，其投影长度与直线对各投影面的倾角有关，即 $ab = AB\cos\alpha$，$a'b' = AB\cos\beta$，$a''b'' = AB\cos\gamma$。

3. 直线上的点

1) 直线上点的投影

点在直线上，则点的各个投影必在该直线的同面投影上，反之，若一个点的各个投影都在直线的同面投影上，则该点必定在直线上。如图 2-15 所示，直线 AB 上有一点 C，则 C 点的三面投影 c、c'、c'' 必定分别在直线 AB 的同面投影 ab、$a'b'$、$a''b''$ 上。

2) 直线投影的定比性

直线上的点分割线段之比等于其投影之比，称为直线投影的定比性。

在图 2-15 中，点 C 在线段 AB 上，它把线段 AB 分成 AC 和 CB 两段。根据直线投影的定比性，有 $AC : CB = ac : cb = a'c' : c'b' = a''c'' : c''b''$。

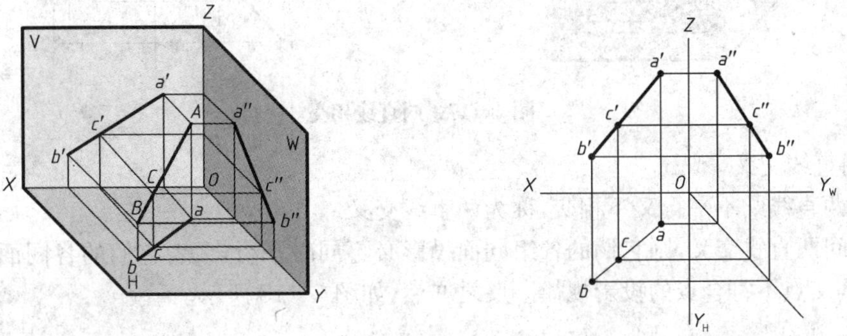

图 2-15 直线上点的投影

4. 两直线的相对位置

两直线的相对位置有平行、相交、交叉三种情况。

1) 两直线平行

若空间两直线平行，则它们的各同面投影必定相互平行。如图 2-16 所示，由于 AB //

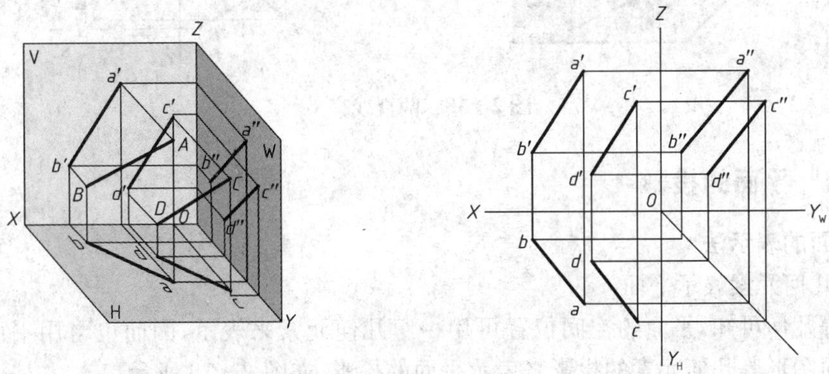

图 2-16 两直线平行

CD，则必定 $ab \parallel cd$，$a'b' \parallel c'd'$，$a''b'' \parallel c''d''$。反之，若两直线的各同面投影相互平行，则此两直线必定平行。

2）两直线相交

若空间两直线相交，则它们的各同面投影必定相交，且交点符合点的投影规律。如图 2－17 所示，两直线 AB、CD 相交于 K 点，因为 K 点是两直线的共有点，则此两直线的各组同面投影的交点 k、k'、k''必定是空间交点 K 的投影。反之，若两直线的各同面投影相交，且各组同面投影的交点符合点的投影规律，则此两直线在空间也必定相交。

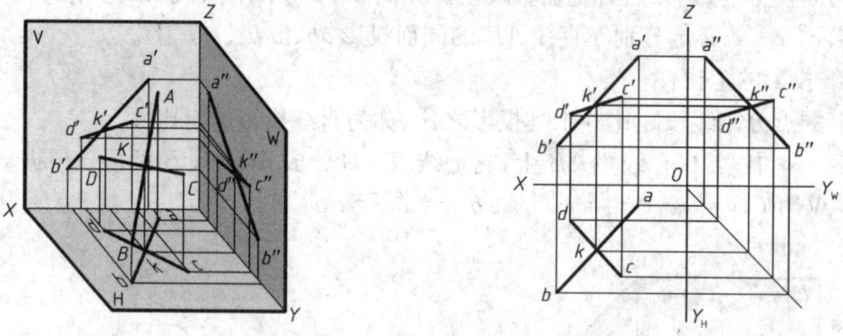

图 2－17　两直线相交

3）两直线交叉

空间两直线既不平行又不相交，称为两直线交叉。

若空间两直线交叉，则它们的各组同面投影必不同时平行，或者它们的各同面投影虽然相交，但其交点不符合点的投影规律。反之亦然，如图 2－18 所示。

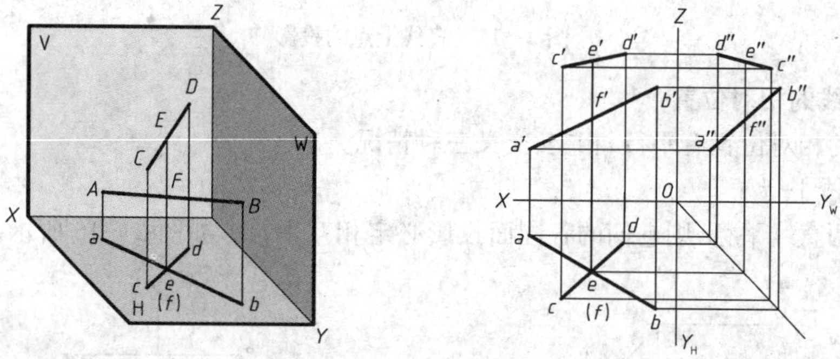

图 2－18　两直线交叉

2.2.3　平面的投影

1. 平面的表示法

1）用几何元素表示平面

由初等几何可知，平面的空间位置可用一组几何元素来表示，因而也可用平面上的点、直线或平面图形等几何元素的投影来表示平面的投影，如图 2－19 所示。

2）用迹线表示平面

平面与投影面的交线称为平面的迹线。如图 2－20a)所示，平面 P 与 H 面的交线称为

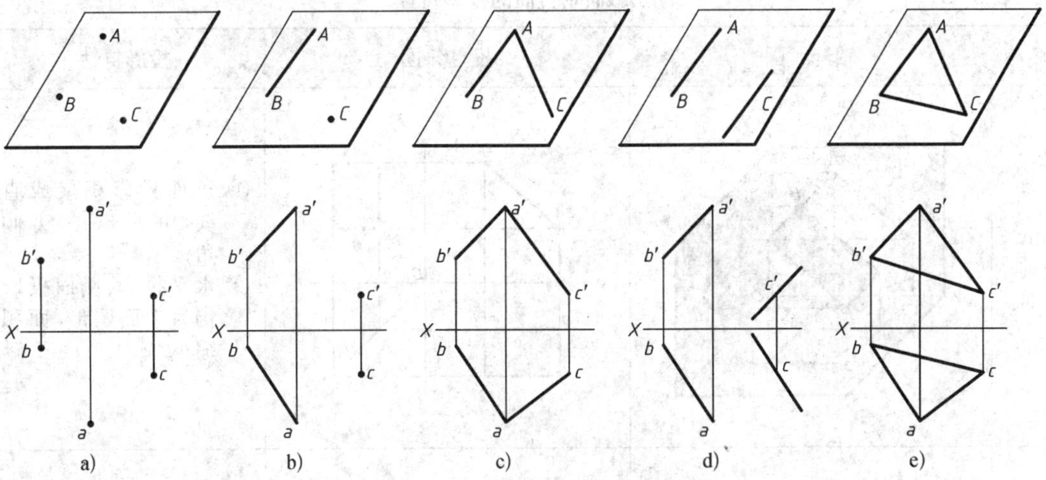

图 2-19　平面的几何元素表示法

水平迹线，用 P_H 表示；与 V 面的交线称为正面迹线，用 P_V 表示；与 W 面的交线称为侧面迹线，用 P_W 表示。P_H、P_V、P_W 两两相交的交点 P_X、P_Y、P_Z 称为迹线共点，它们分别位于 OX、OY、OZ 轴上。迹线既是平面内的直线，又是投影面内的直线，因而迹线的一个投影与其本身重合，另两个投影与相应的投影轴重合。在用迹线表示平面时，规定只需画出并标注与迹线本身重合的投影，而省略与投影轴重合的迹线投影，如图 2-20b)所示。

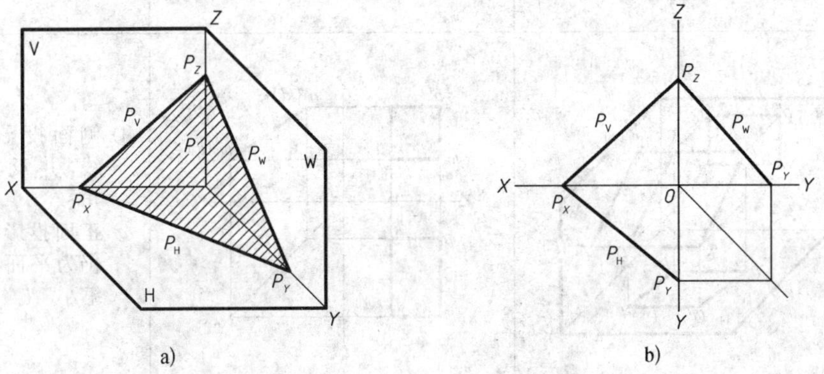

图 2-20　平面的迹线表示法

2. 各种位置平面的投影

根据平面在三投影体系中对投影面所处的位置不同，可将平面分为投影面平行面、投影面垂直面和一般位置面三类。其中，前两类统称为特殊位置面。

1) 投影面垂直面

垂直于一个投影面且与另外两个投影面倾斜的平面，称为投影面垂直面。有三个位置：

正垂面——垂直 V 面而倾斜于 H、W 面；

铅垂面——垂直 H 面而倾斜于 V、W 面；

侧垂面——垂直 W 面而倾斜于 V、H 面。

投影面垂直面的投影特性，如表 2-3 所示。

表 2-3　　投影面垂直面的投影特性

名称	轴测图	投影图	投影特性
正垂面	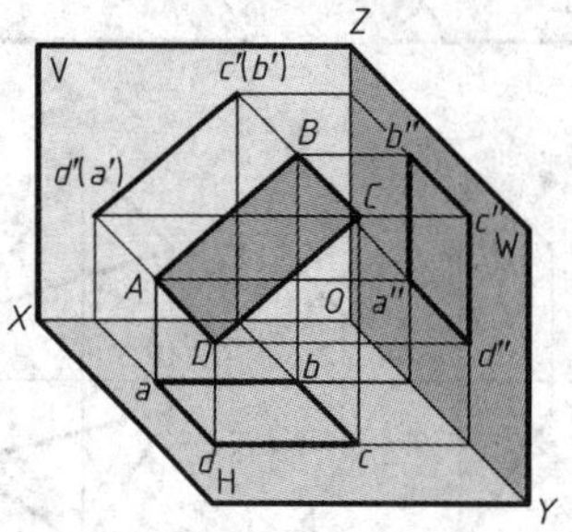	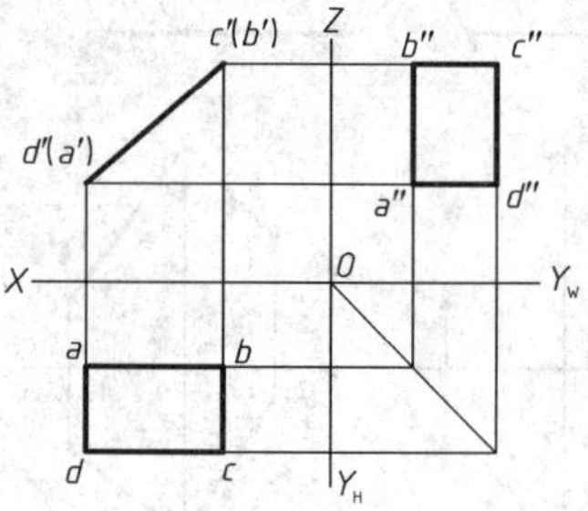	① 正面投影积聚成直线，并反映真实倾角； ② 水平投影、侧面投影仍为平面图形，面积缩小
铅垂面	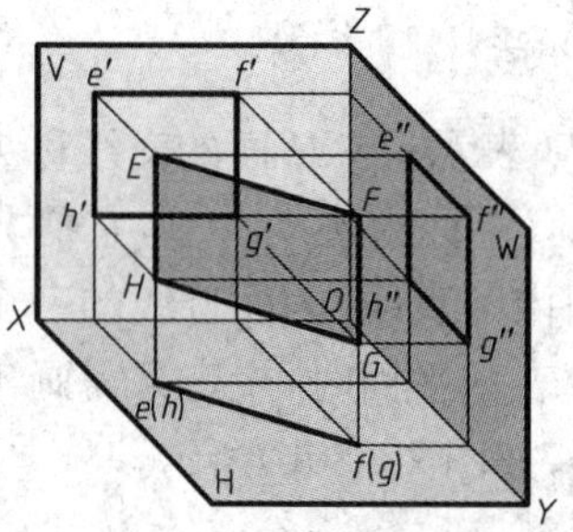	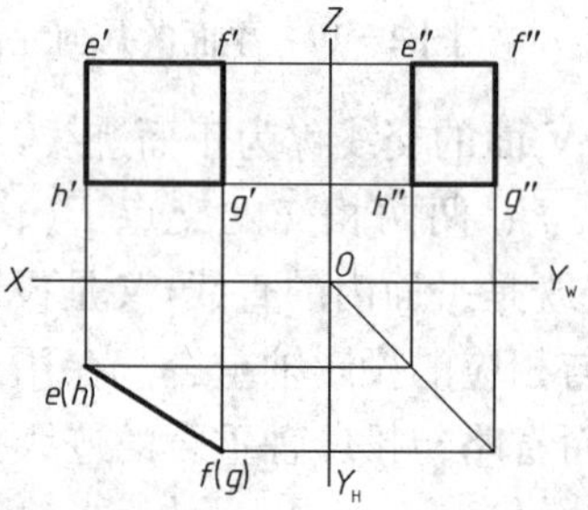	① 水平投影积聚成直线，并反映真实倾角； ② 正面投影、侧面投影仍为平面图形，面积缩小
侧垂面	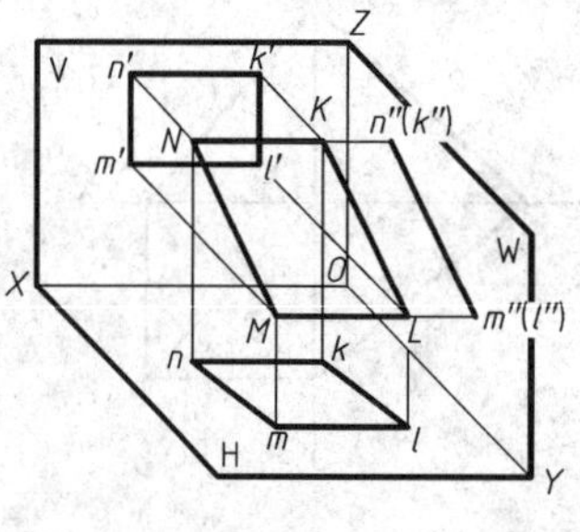	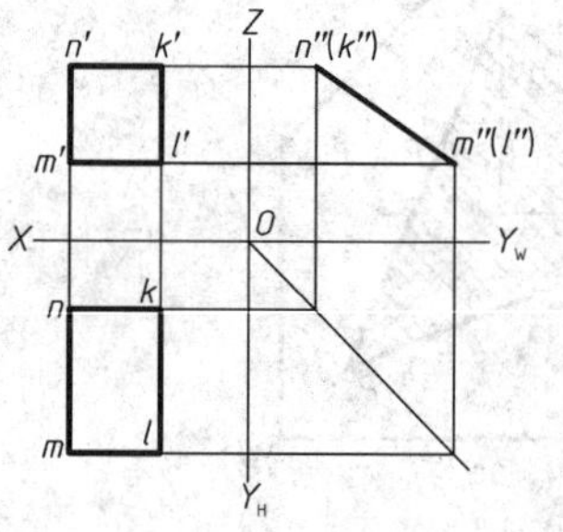	① 侧面投影积聚成直线，并反映真实倾角； ② 正面投影、水平投影仍为平面图形，面积缩小

由表 2-3 可概括出投影面垂直面的投影特性：

平面在所垂直的投影上的投影积聚成一直线，且该直线与投影轴的夹角，就是该平面对另外两个投影面的真实倾角，而另外两个投影面上的投影是该平面的类似形。

2) 投影面平行面

平行于一个投影面且同时垂直于另外两个投影面的平面，称为投影面平行面。有三个位置：

正平面——平行于 V 面而垂直于 H、W 面；

水平面——平行于 H 面而垂直于 V、W 面；

侧平面——平行于 W 面而垂直于 H、V 面。

投影面平行面的投影特性，如表 2-4 所示。

表 2-4　　投影面平行面的投影特性

名称	轴 测 图	投 影 图	投影特性
正平面	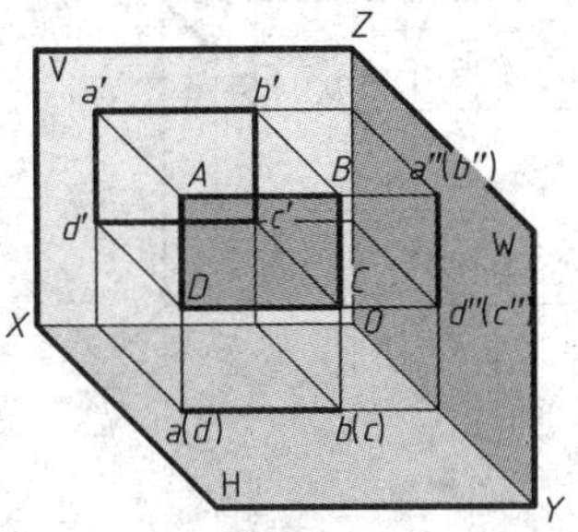	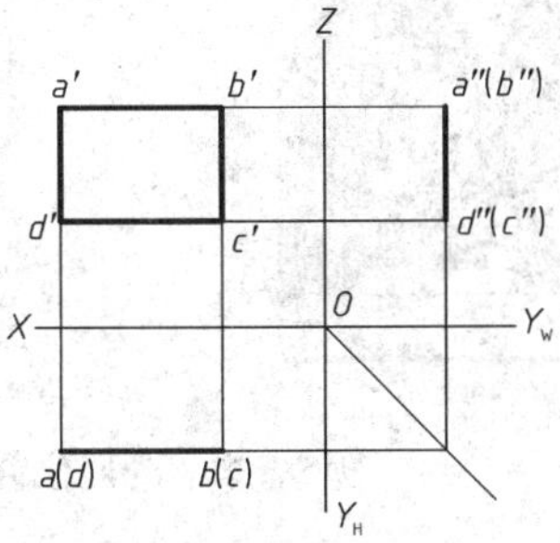	① 正面投影反映实形； ② 水平投影平行 OX 轴； ③ 侧面投影平行 OZ 轴，并分别积聚成直线
水平面	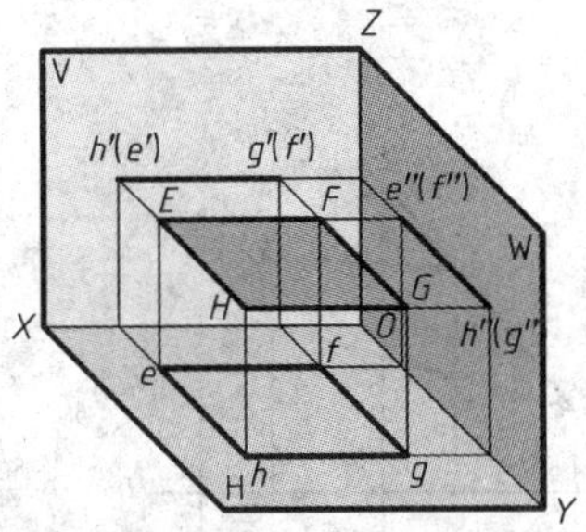	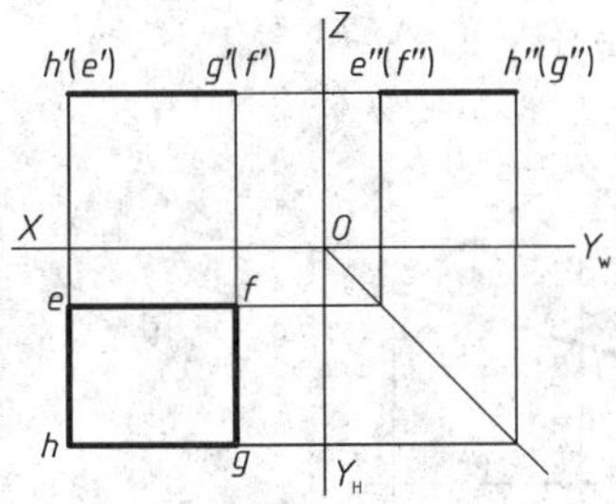	① 水平投影反映实形； ② 正面投影平行 OX 轴； ③ 侧面投影平行 OY_W，并分别积聚成直线
侧平面	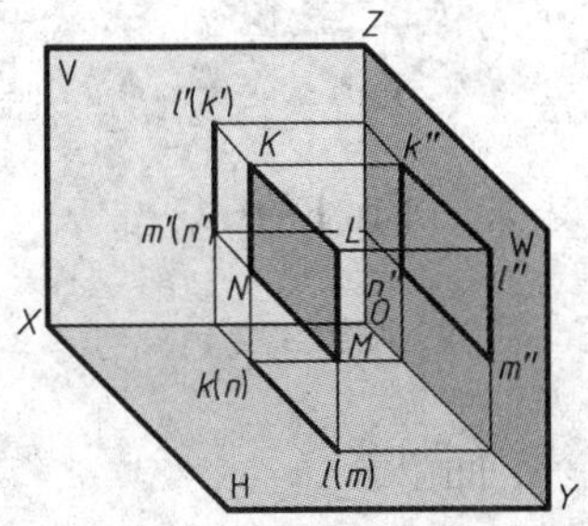	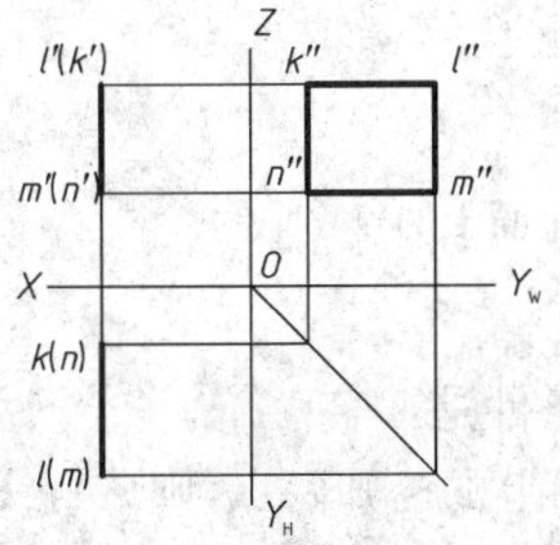	① 侧面投影反映实形； ② 正面投影平行 OZ 轴； ③ 水平投影平行 OY_H，并分别积聚成直线

由表 2-4 可概括出投影面平行面的投影特性：

平面在所平行的投影面上的投影反映实形，其余的投影都是平行于投影轴的直线。

3）一般位置平面

平面对三个投影面都倾斜的平面称为一般位置面。

如图 2-21 所示，三角形 ABC 倾斜于 V、H、W 面，是一般位置平面。它的三个投影都是$\triangle ABC$ 的类似形（边数相等），且均不能直接反映该平面对投影面的真实倾角。

由此可得出一般位置面的投影特性：它的三个投影仍是缩小了的平面图形。

3. 平面上的直线和点

1）平面上的点

点在平面上的几何条件是：如果点在平面上的一已知直线上，则该点必在平面上。因此

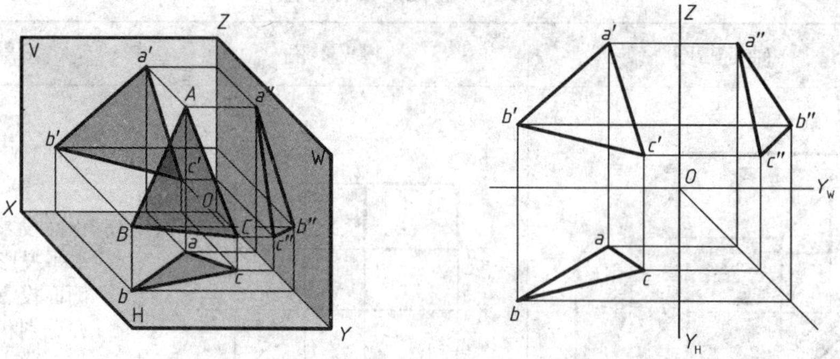

图 2-21 一般位置平面

在平面上找点时，必须先要在平面上取含该点的辅助直线，然后在所作辅助直线上求点。这是在平面的投影图上确定点所在位置的依据。如图 2-22 所示，三角形 *ABC* 确定一平面，点 *D* 取自直线 *AB*，则点 *D* 必在平面 *ABC* 上。

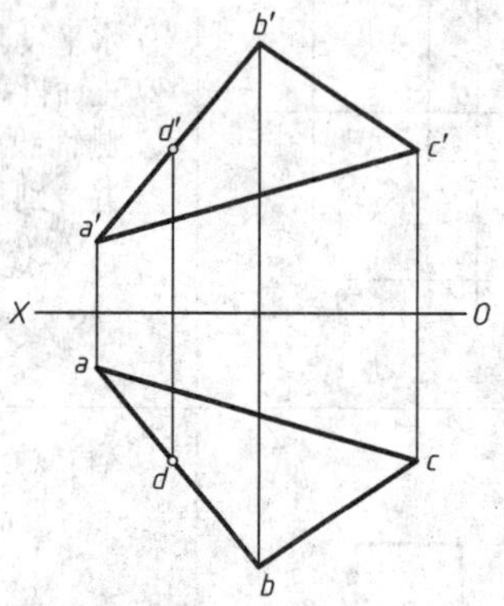

图 2-22 平面上的点

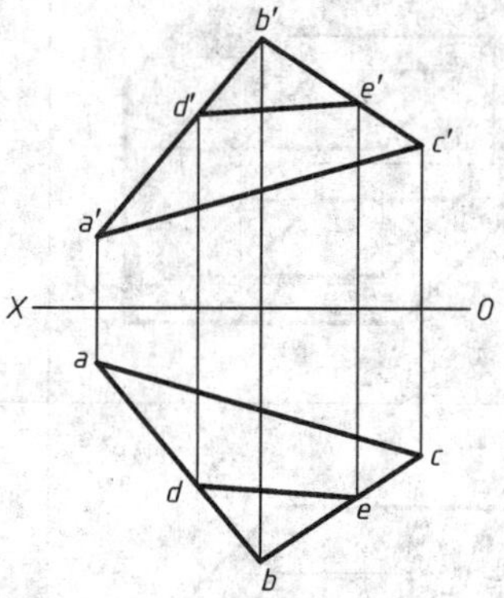

图 2-23 平面上的直线

2）平面上的直线

直线在平面上的几何条件是：

（1）若一直线通过平面上的已知两点，则该直线必在该平面上。

（2）若一直线通过平面上的一已知点，且又平行于平面上的一已知直线，则该直线必在该平面上。

上述两条件之一，是在平面的投影图上选取直线的作图依据。

如图 2-23 所示，三角形 *ABC* 确定一平面，分别在直线 *AB*、*BC* 上取点 *D*、*E*，连接 *DE*，则直线 *DE* 为平面三角形 *ABC* 上的直线。

再如图 2-24 所示，三角形 *ABC* 确定一平面，在直线 *AB* 上取点 *D*，过点 *D* 作直线 $DE /\!/ BC$，则直线 *DE* 为平面 *ABC* 上的直线。

3）平面上的投影面的平行线

属于平面且又平行于一个投影面的直线称为平面上的投影面平行线。有平面上的水平线、平面上的正平线和平面上的侧平线三种。

平面上的投影面平行线的投影，既要符合投影面平行线的特性，又要满足直线在平面上的几何条件。如图 2-25 所示，三角形 *ABC* 确定一平面，直线 *EF* 既属于三角形 *ABC* 又是投影面的水平线，所以直线 EF 是平面三角形 ABC 上的水平线。

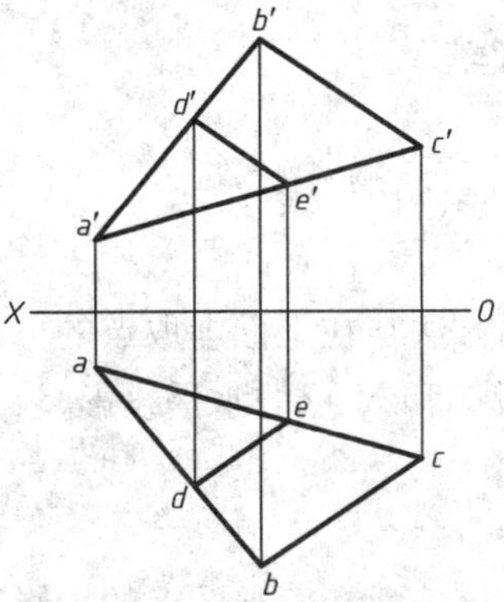

图 2-24　平面上的直线

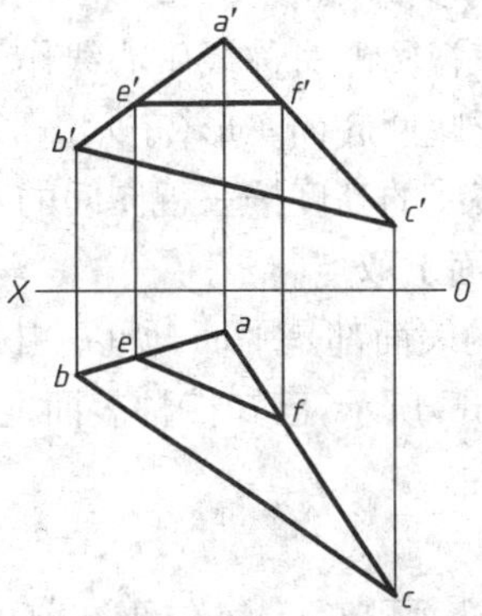

图 2-25　平面上的投影面平行线

2.3 平面立体的投影及其表面取点

立体由其表面所围成，按表面的组成情况可分为两类：表面都是平面的立体，称为平面立体；表面是曲面或曲面和平面的立体，称为曲面立体。

平面立体主要分棱柱和棱锥两种。棱柱的棱线彼此平行，棱锥的棱线交于一点。根据底面形状的不同又分为三棱柱、四棱柱、五棱柱……

2.3.1 棱柱的投影及其表面取点

1. 棱柱的投影

棱柱的投影就是将组成棱柱的面和线在投影图上表示出来，然后判断其可见性。

以正六棱柱为例。当正六棱柱处于图 2-26a)所示的位置时，正六棱柱的两底面与 H 面平行，在俯视图上反映实形，前后两棱面为正平面，在主视图上反映实形，其余四个侧棱面为

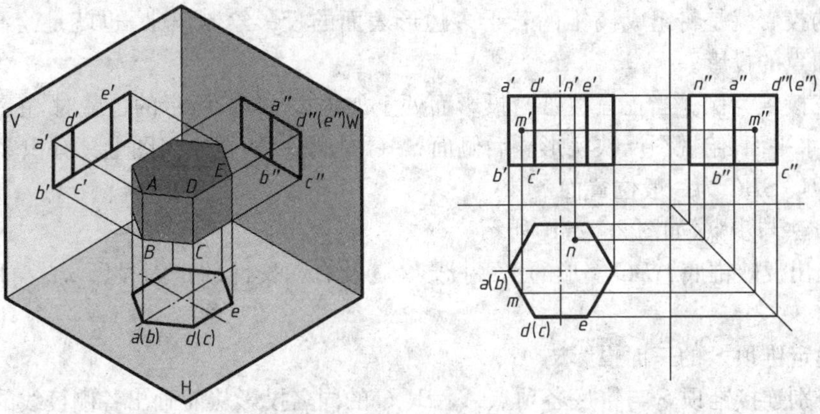

a)　　b)

图 2-26　棱柱的投影及表面取点

铅垂面，六个侧棱面在俯视图上都积聚成与正六边形的边重合的直线。

作图方法与步骤，如图 2－26b)所示：

(1) 画出三视图的对称线中心线作为投影面的基准线。

(2) 画出反映两底面实形(正六边形)的水平投影。

(3) 由侧棱线的高度按三视图间的对应关系画出其余两个视图。

2. 棱柱表面上取点

由于棱柱的表面都是平面，所以在棱柱表面取点的方法与在平面上取点的方法相同。

如图 2－26b)所示，已知棱柱表面上 M 点的正面投影和 N 点的水平投影，求其另两个投影并判别可见性。

1) 分析

由图 2－26b)可知，点 M 位于左前棱面 $ABCD$ 上，该棱面在俯视图上的投影积聚成一条直线 ad，点 M 的水平投影 m 也应位于该直线的水平投影 $ad(bc)$ 上，根据长对正，可求出 m，再根据高平齐、宽相等求出 m''。

2) 作图

如图 2－26b)所示，由 m' 向 H 面作投影连线与左前棱面的水平投影 $ad(bc)$ 相交求得 m，由 m、m' 按“三等”关系求得 m''。

3) 判别可见性

判别可见性的原则：若点所在的面的投影可见(或有积聚性)，则点的投影也可见。

由于点 M 位于左前棱面上，正面投影和侧面投影均可见，故 m'、m'' 均可见。

同理，根据点 N 的位置和水平投影 n 可求出 n'、n'' 并判定它们的可见性。

从上面的分析中可归纳出棱柱表面取点的方法：

(1) 棱柱表面都处于特殊位置，其表面上的点可利用平面的积聚性求得。

(2) 求解时，注意水平投影和侧面投影的 Y 值要相等。

(3) 点的可见性的判断，面可见，点则可见，反之不可见。

2.3.2 棱锥的投影及其表面取点

1. 棱锥的投影

棱锥的投影就是将组成棱锥的若干多边形表面的投影绘制出来，也就是绘制这些多边形的边和顶点的投影。

以正三棱锥为例。当正三棱锥与投影面处于如图 2－27a)所示的位置时，正三棱锥的底面 ABC 为水平面，俯视图反映实形。后侧面 SAC 是侧垂面，在左视图上具有积聚性。左、右两侧面 SAB、SBC 为一般位置面。

作图方法与步骤，如图 2－27b)所示。

(1) 画出反映锥底 ABC 实形的水平投影 abc 及有积聚性的正面投影 $a'b'c'$ 和侧面投影 $a''b''c''$。

(2) 确定锥顶 S 的三面投影 s、s'、s''。

(3) 分别连接锥顶 S 与锥底各顶点 A、B、C 的同名投影从而画出各侧棱线的投影。

2. 棱锥表面上的点

棱锥表面上点的投影可在平面上作辅助线进行求解。

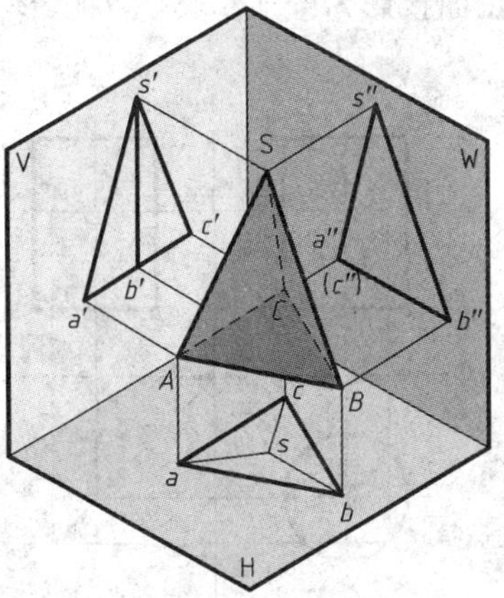

a)

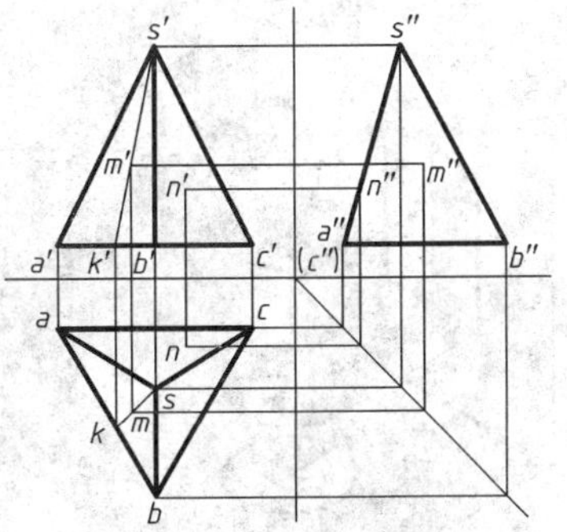

b)

图 2-27　棱锥的投影及表面取点

如图 2-27b)所示,已知正三棱锥表面上点 M 的正面投影 m',求作点 M 的其他两投影 m、m''。因为 m'可见,因此点 M 必定在棱面△SAB 上。△SAB 是一般位置平面,过点 M 及锥顶点 S 作一条辅助直线 SK,与底边 AB 交于点 K,作出直线 SK 的三面投影。根据点的从属关系,求出点 M 的其他两个投影。

又知点 N 的水平投影 n,求其他两个投影。因为 n 不可见,因此点 N 必定在棱面△SAC 上,n''必定在直线 $s''a''(c'')$上,由 n、n''即可求出 n'。

2.4　回转体的投影及其表面取点

机械工程中常用的曲面体大多是由回转面组合而成的机件。由回转面或回转面和平面围成的立体,称为回转体。常见的回转体有圆柱、圆锥、球和环等。在投影图上表示回转面时,画的是可见与不可见的分界素线的投影。

2.4.1　圆柱的投影及其表面取点

1. 圆柱的投影

圆柱的投影就是将组成圆柱的圆柱面和平面在投影图中表示出来,并判断可见性。圆柱面是由一条直母线绕与它平行的轴线回转而成。

如图 2-28a)所示,当圆柱体的轴线垂直于 H 面时,圆柱面在俯视图上积聚成一个圆,其主视图和左视图上的轮廓线为圆柱面上最左、最右、最前、最后轮廓素线的投影。圆柱体的上、下底面为水平面,水平投影为圆,另两个投影积聚成直线。

作图方法与步骤,如图 2-28b)所示。

(1) 画出定位线,即俯视图的中心线及轴线的正面和侧面投影。

(2) 画投影为圆的俯视图。

(3) 按圆柱体的高根据“长对正,宽相等”关系画出主视图和左视图。

2. 圆柱表面上的点

圆柱表面点的投影可根据圆柱面投影的积聚性求得。

如图 2-28b)所示，已知圆柱表面上点 M 的正面投影 m'，求作其他两投影。

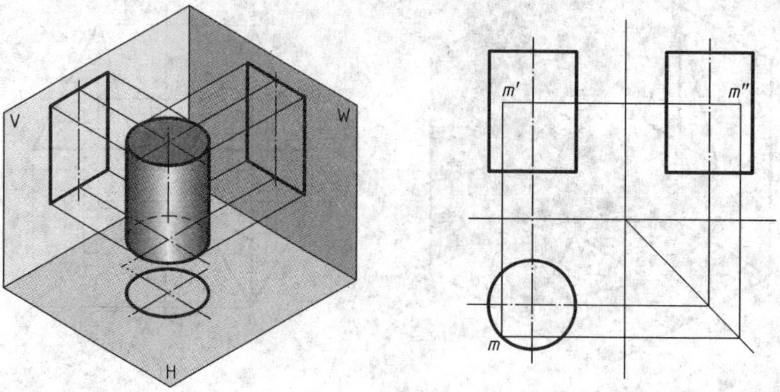

a)　　　　b)

图 2-28　圆柱的投影及表面取点

因为 m' 可见，所以点 M 必在前半个圆柱面上，根据该圆柱面水平投影具有积聚性的特征，m 必定落在前半水平投影圆上，由 m、m' 即可求出 m''。

圆柱表面上点的投影，在投影面为圆的投影中，其表面上点的投影都在该圆上。注意：Y 值要相等。

2.4.2　圆锥的投影及其表面取点

1. 圆锥的投影

圆锥的投影就是将组成圆锥的圆锥面和平面在投影图中表示出来，并判断可见性。圆锥面是由一条直母线绕与它相交的轴线回转而成。

如图 2-29 所示，当圆锥体的轴线垂直于 H 面时，其俯视图为圆，主视图及左视图为两个全等的等腰三角形，三角形的底边为圆锥底面的投影，两个等腰三角形的腰分别为圆锥面上最左、最右、最前、最后转向轮廓素线的投影。圆锥面的三个投影都没有积聚性。

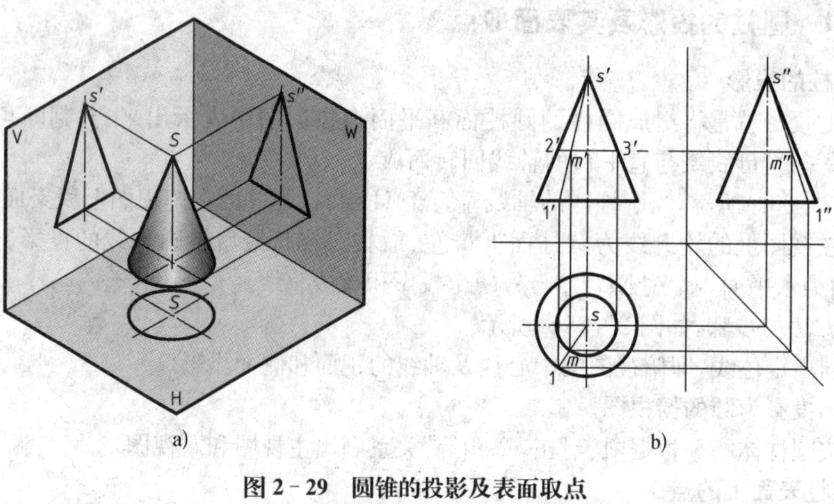

a)　　　　b)

图 2-29　圆锥的投影及表面取点

作图方法与步骤，如图 2-29b)所示。

(1) 画出定位线，即俯视图的中心线及轴线的正面和侧面投影。

(2) 画俯视图的圆。

(3) 按圆锥体的高确定顶点 S 的投影并根据“长对正，宽相等”关系画出主视图和左视图。

2. 圆锥表面上的点

圆锥的三个投影都没有积聚性，因而圆锥表面上点的投影，就不能直接求得，要采用辅助素线和辅助圆法。

如图 2-29b)所示，已知圆锥表面上点 M 的正面投影 m'，求作点 M 的其他两投影 m、m''。因为 m' 可见，所以点 M 必在前半个圆锥面上，具体作图如下：

方法一：辅助素线法，如图 2-29b)所示。

过锥顶 S 和点 M 作一辅助线 $S1$，由已知条件可确定正面投影 $s'1'$，求出它的水平投影 $s1$ 和侧面投影 $s''1''$，再根据点在直线上的投影性质，由 m' 求出 m 和 m''。

方法二：辅助圆法，如图 2-29b)所示。

过点 M 作一垂直于回转轴线的水平辅助圆，该圆的正面投影过 m'，且平行于底面圆的正面投影，它的水平投影为一直径等于 $2'3'$ 的圆，m 必在此圆周上，由 m' 和 m 可求出 m''。

2.4.3 圆球的投影及其表面取点

1. 圆球的投影

球面可看成是以一圆为母线，以其直径为轴线旋转而成。

圆球的投影是与圆球直径相同的三个圆，这三个圆分别是三个不同方向球的转向轮廓素线圆的投影，不能认为是球面上同一圆的三个投影，如图 2-30 所示。

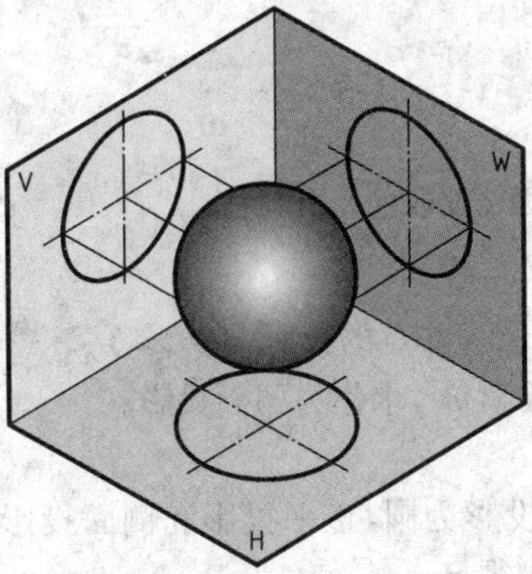

a)

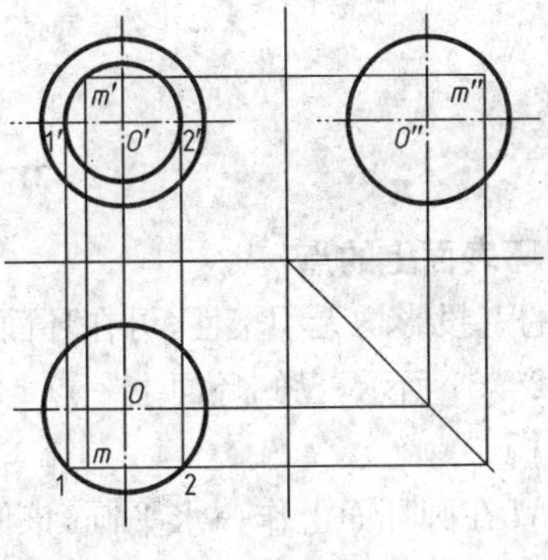

b)

图 2-30　球的投影及表面取点

2. 圆球表面上的点

圆球表面上点的投影，必须采用辅助圆法求作。作图时要注意，圆的半径是从中心线到轮廓线的距离。

如图 2-30b)所示，已知球面上点 M 的水平投影 m，求点 M 的其余两投影。

1）分析

过点 M 在球面上作一正平圆，该圆的正面投影为圆，水平投影和侧面投影积聚成直线，求出圆的三个投影后，即可用线上找点的方法求得 m'、m''。

2）作图

如图 2－30b)所示。

判断可见性：由已知投影 m 的位置及可见性可判断出点 M 位于上半球的左前方。故 m'、m''均可见。

2.4.4 圆环的投影及其表面取点

1. 圆环的投影

圆环面是一个圆绕圆平面上，但不通过圆心的轴线回转而形成的。

如图 2－31 所示，圆环的轴线为铅垂线时，则圆环的正面投影中的两个圆是最左、最右转向素线的投影，虚线半圆表示内环面的轮廓线，实线半圆为外环面的轮廓线，上、下两横线是最高和最低圆的投影。水平投影中的两个同心圆是最大圆和最小圆的投影，上半个圆环面可见。

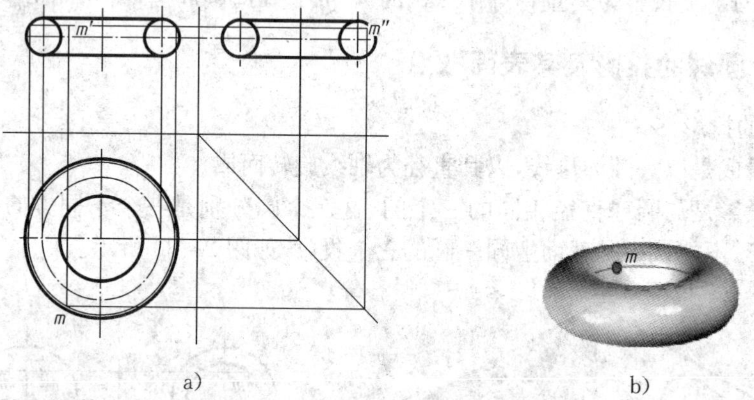

图 2－31 环的投影及表面取点

2. 圆环表面上的点

圆环的三投影均无积聚性，可在环面上引辅助圆来作点的投影。

如图 2－31 所示，已知环面上一点 M 的正面投影 m'，求作另两面投影。

1）分析

过点 M 在圆环面上作一水平圆，该圆的水面投影为圆，正平投影和侧面投影积聚成直线，求出圆的三个投影后，即可用线上找点的方法求得 m、m''。

2）作图

如图 2－31a)所示。

判断可见性：由已知投影 m'的位置及可见性可判断出点 M 位于上半圆环的左前方。故 m、m''均可见。

第3章 组合体的投影

任何复杂的机器零件，都可以看成是由若干个基本几何体所组成。由若干基本体经过叠加、切割、综合等方式构成的类似机件的立体称为组合体。本章将进一步学习切割体、相贯体的投影，学习组合体视图的分析、画法、看图及尺寸标注等重要内容。

3.1 组合体的形成及分析方法

3.1.1 组合体的组成形式

组合体的形状有简有繁，千差万别，就其组成形式来说，通常分为叠加式、切割式和综合式三种。

1. 叠加式

叠加式组合体是由若干基本体叠加而成，如图 3－1a)所示的螺栓(毛坯)是由六棱柱、圆柱和圆台叠加而成。

2. 切割式

切割式组合体则可看成由基本体经过切割或穿孔后形成的，如图 3－1b)所示的压块(模型)是由四棱柱经过两次切割再穿孔以后形成的。

3. 综合式

综合式组合体是既有叠加又有切割的复杂形体，其应用最多如图 3－1c)所示的底座。

a) 叠加式

b) 切割式

c) 综合式

图3－1 组合体的组合形式

3.1.2 表面连接关系

从组合体的整体来看，组合体上相邻两表面的连接关系可分为平齐与不平齐、相切、相交三种情况。

1. 平齐与不平齐

当相邻两基本体的表面互相平齐，连成一个平面时，结合处没有分界线，在画图时，主视图中上、下形体之间不应画线，如图 3－2 所示。

如果两基本体的表面不共面，而是相错，如图 3－3 所示，在主视图上要画出两表面间的分界线。

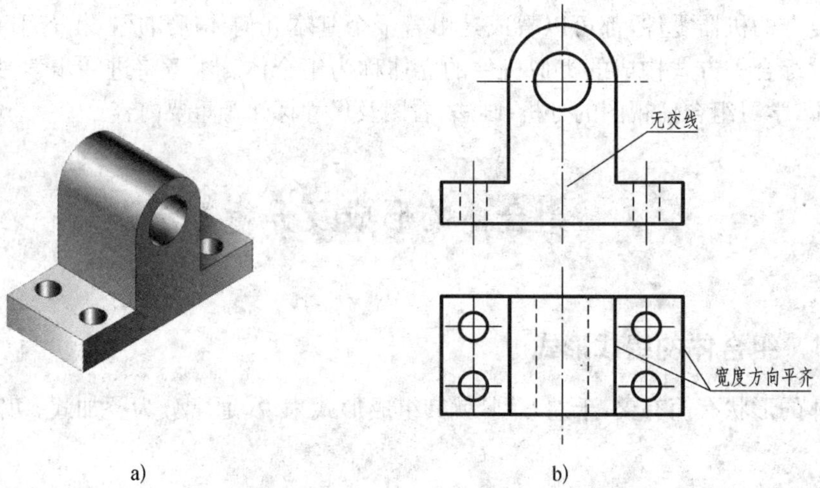

图 3－2 两形体表面平齐

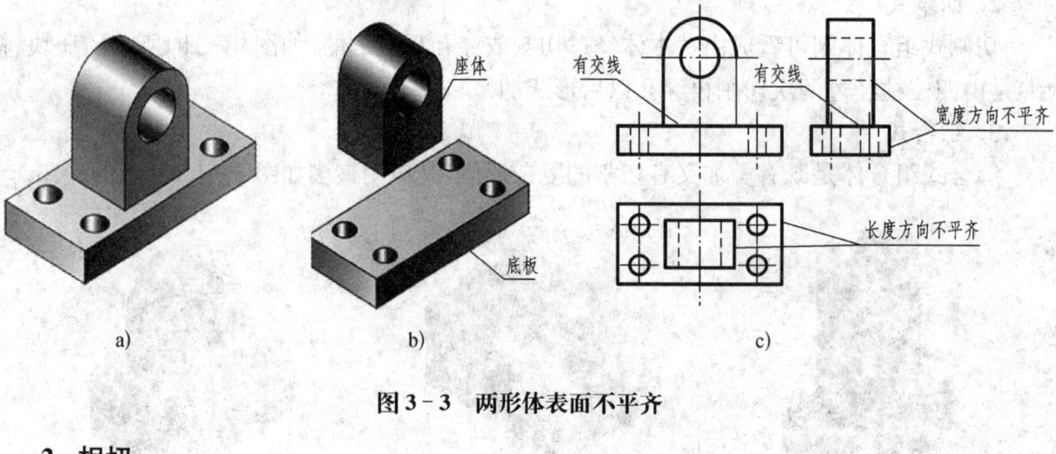

图 3－3 两形体表面不平齐

2. 相切

相切是指两个基本体的相邻表面（平面与曲面或曲面与曲面）光滑过渡。相切处不存在轮廓线，在视图上一般不画出分界线，如图 3－4 所示。

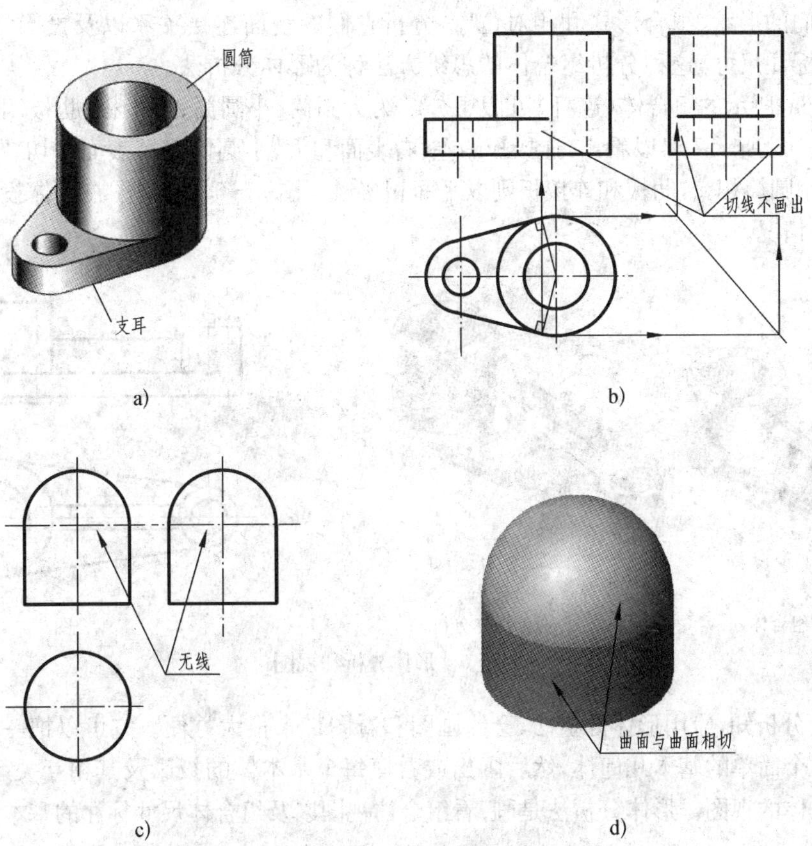

图 3－4　两形体表面相切

3. 相交

当形体的表面相交时，两表面的交线是它们的分界线，图上必须画出，如图 3－5 所示。

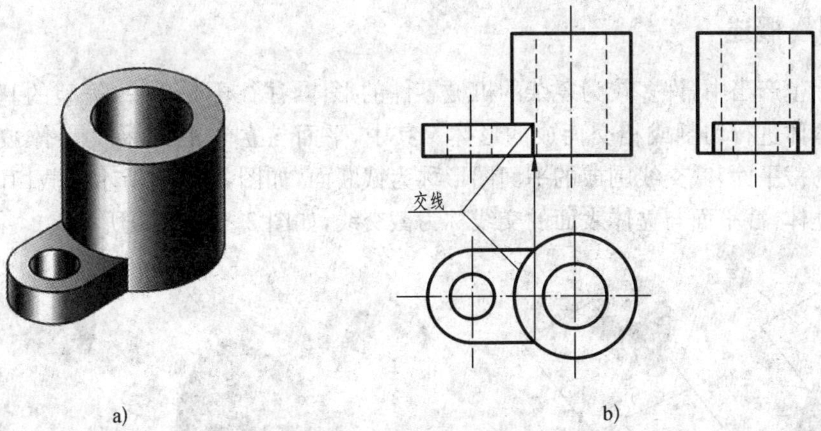

图 3－5　两形体表面相交

3.1.3　形体分析法

为了便于研究组合体的画图、读图和尺寸标注，可假想将复杂的组合体分解成若干基本体，分清它们的形状、组合形式和相对位置，分析它们的表面连接关系以及投影特性，进行画图、读图和标注尺寸，这种分析组合体的思维方法称为形体分析法。

图 3-6a)所示的组合体(连杆)可假想分解为大圆筒、小圆筒、连接板、肋板四个形体等组成，如图 3-6b)所示。可以看出，连接板的左、右表面和大、小圆筒的外表面相切，肋板的左、右表面和大、小圆筒相交，肋板和连接板则以平面相接触。图 3-6c)的视图在形体投影的分界处表达了这些情况。

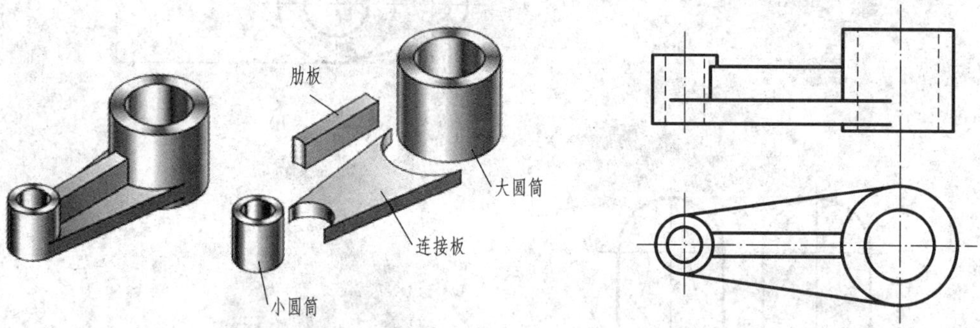

a) 组合体　　b) 形体分析　　c) 视图

图 3-6　形体分析和视图

由以上分析知，应用形体分析法，会给画图和看图带来很大方便。它可以把一个复杂的物体分解为几个简单的基本几何体，然后画出或看懂每个基本体的投影及其相互关系，从而看懂或画出组合体的视图。形体分析法是画、看组合体视图以及组合体尺寸标注的基本方法。

3.2　平面与立体相交——截交

3.2.1　概述

在实际生产当中，许多较为复杂的机械零件的形体，往往不是单一、完整的基本体，而是由几种基本体进行切割或相交而成的形体。其中，平面与立体相交，称为立体被平面截切，该平面称为截平面，截交线围成的平面图形称为截断面，如图 3-7a)所示。截切以后的立体称为截切立体，截平面与立体表面的交线称为截交线，如图 3-7b)、c)所示。

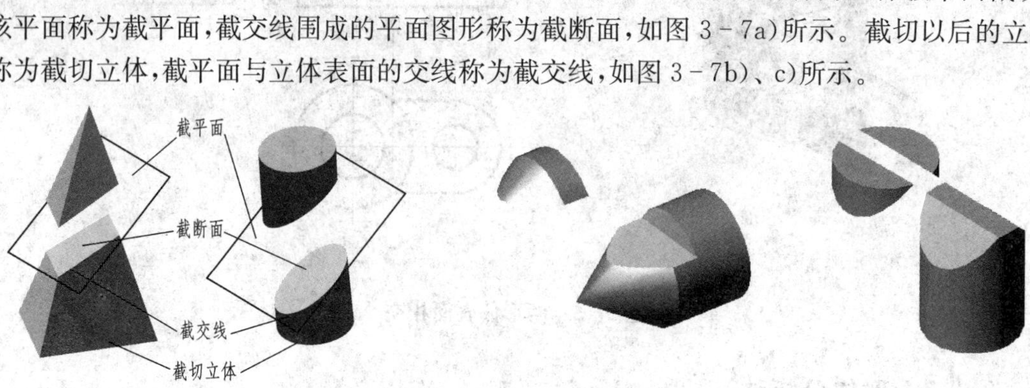

a)　　b) 顶尖　　c) 楔头块

图 3-7　截交线的概念

截交线是截平面与立体表面的共有交线。因此，截交线具有以下基本性质：

1. 共有性

截交线属于截平面与立体表面的共有线，线上的所有点必定是两者的共有点。

2. 封闭性

由于任何立体表面都是封闭的，而截交线又为平面截切立体所得，故截交线所围成图形一定是封闭的平面图形（平面折线、平面曲线或两者的组合）。

因此，求画截交线投影的实质就是要求出截平面与立体表面的一系列共有点，再把这些共有点连起来，就可以得到截交线。

3.2.2 平面与平面立体相交

平面与平面立体相交，可以看作是立体被平面所截，其截断面为一平面多边形。多边形的各边是立体表面与截平面的交线，而多边形的各顶点是立体各棱线与截平面的交点。截交线既在立体表面上，又在截平面上，所以它是立体表面和截平面的共有线。因此，求截交线的投影，实际上是求截平面与平面立体各棱线的交点，或求截平面与平面立体各表面的交线。

例 3-1 如图 3-8a)所示，求作截切后三棱锥的投影。

(1) 分析 由图 3-8a)所示三棱锥被正垂面 P 截切，正垂面 P 与三棱锥的三条棱线都相交，所以截交线构成一个三角形，其交点 D、E、F 是各棱线与平面 P 的交点。由于这些交点的正投影与正垂面 P 的正投影重合，所以利用直线上的点的投影特性，由截交线的正面投影求出水平投影和侧面投影。

(2) 作图步骤 如图 3-8b)所示。

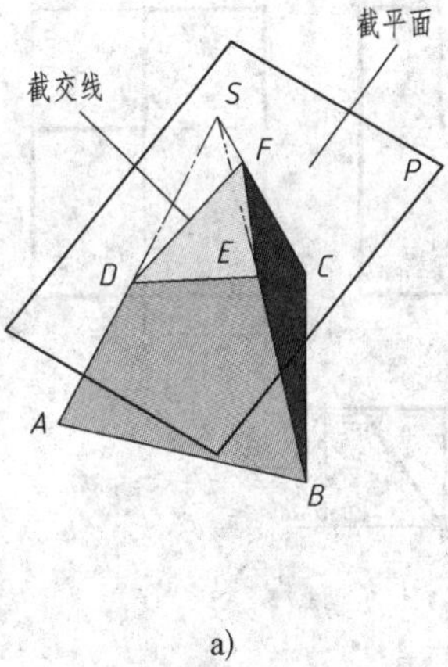

a)

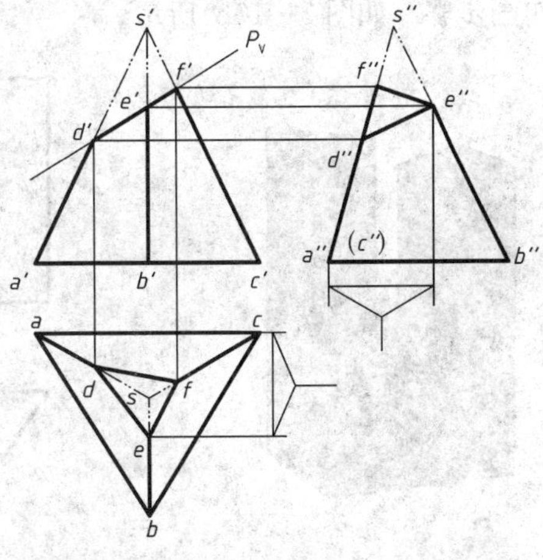

b)

图 3-8 三棱锥的截交线

例 3-2 求截切后六棱柱的投影。

(1) 分析 由图 3-9a)可以看出，正六棱柱各侧面都被正垂面截切，截交线是六边形，六边形顶点是六棱柱各棱线与截平面的交点。作图时，先利用投影积聚性求出截平面与六棱柱各棱线交点的正面投影和水平投影，然后根据点的投影规律求出各交点的侧面投影，依次连接各点即为所求截交线的投影。

(2) 作图步骤　如图 3-9b)所示。

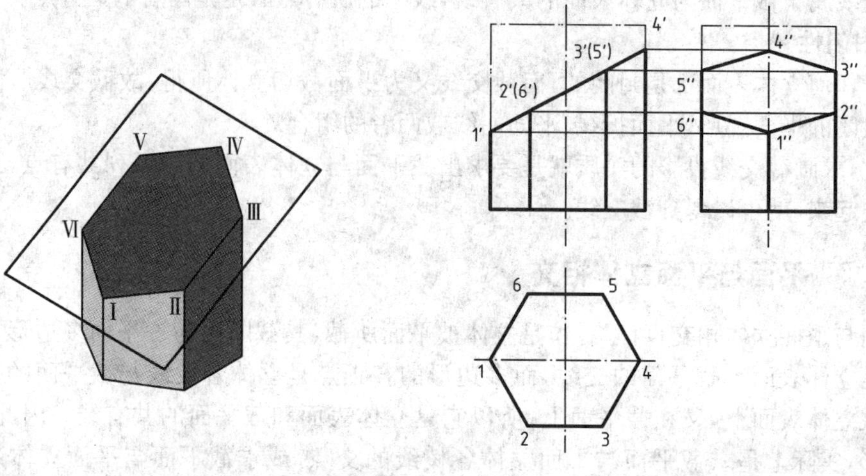

a)　　　　b)

图 3-9　正六棱柱的截交线

例 3-3　求三棱柱开槽后的投影。

(1) 分析　如图 3-10a)所示,三棱柱上的通槽是由三个特殊位置平面切割三棱柱面形成的。两侧壁是侧平面,它们的正面投影和水平投影均积聚成直线,而侧面投影反映两侧壁的实形,并重合在一起。槽底是水平面,其正投影和侧面投影均积聚成直线,水平投影反映实形。

(2) 作图步骤　如图 3-10b)所示。

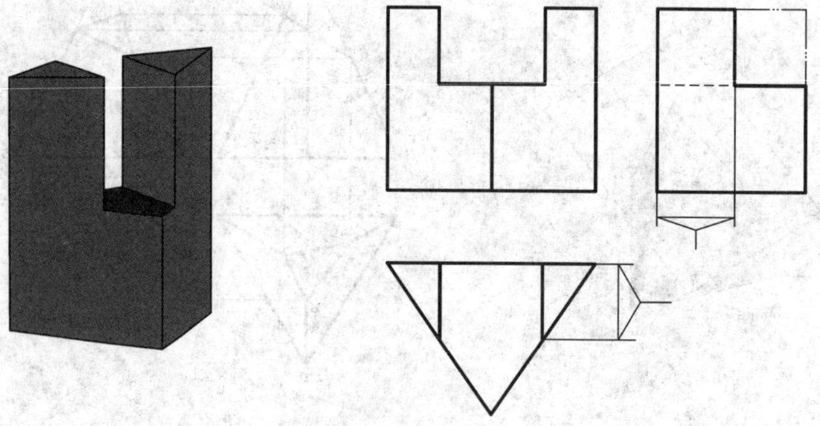

a)　　　　b)

图 3-10　三棱柱开槽后的截交线

3.2.3　平面与曲面立体相交

平面与曲面立体相交时,其截交线一般是封闭的平面曲线或平面曲线和直线围成的平面图形，截交线上的每一点都是截平面与曲面的共有点。因此，求曲面立体的截交线，就是求一系列截交线上的点，然后光滑连接各点即可。

1. 平面与圆柱体相交

圆柱体被平面截切，根据截平面与圆柱轴线的相对位置不同，截交线有三种情况，如表3-1所示。

表3-1　平面与圆柱体相交的各种情况

截平面位置	垂直于轴线	平行于轴线	倾斜于轴线
截交线形状	圆	矩形	椭圆
立体图	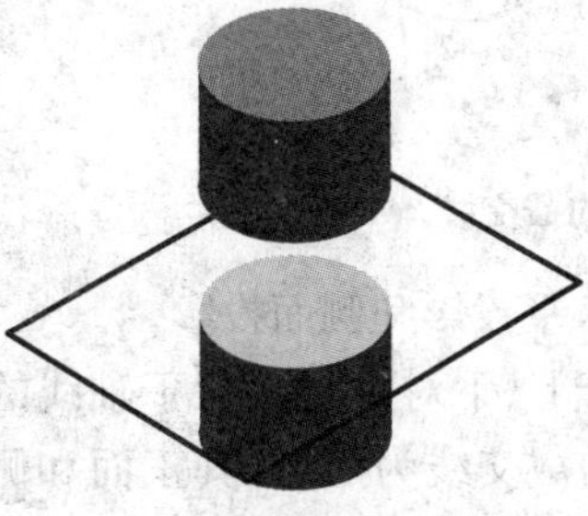	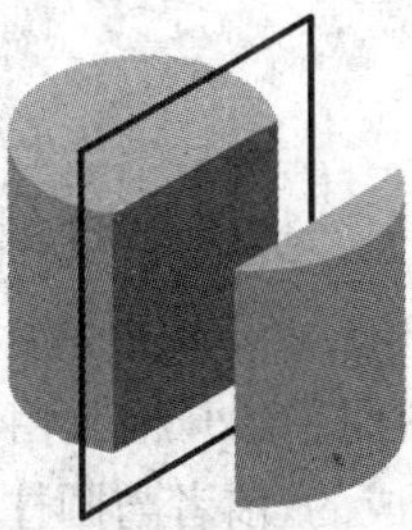	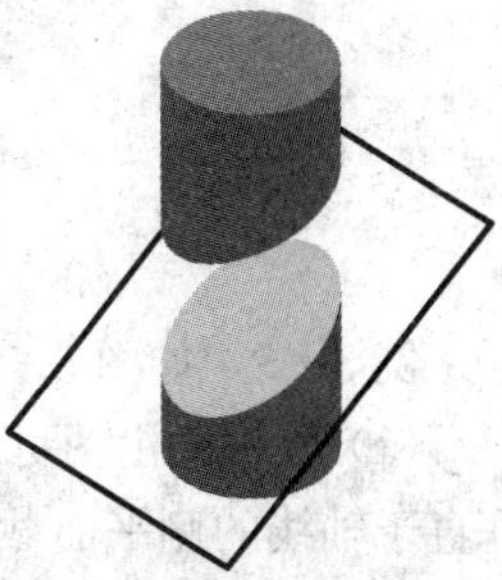
投影图	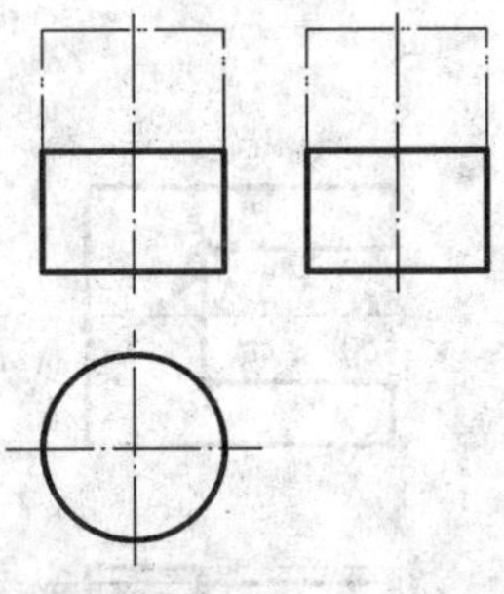	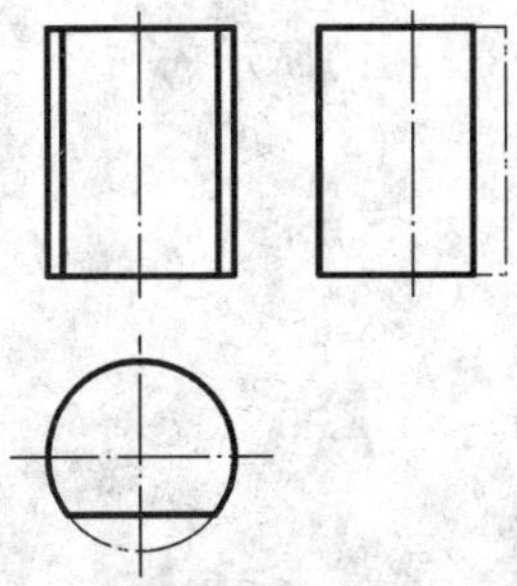	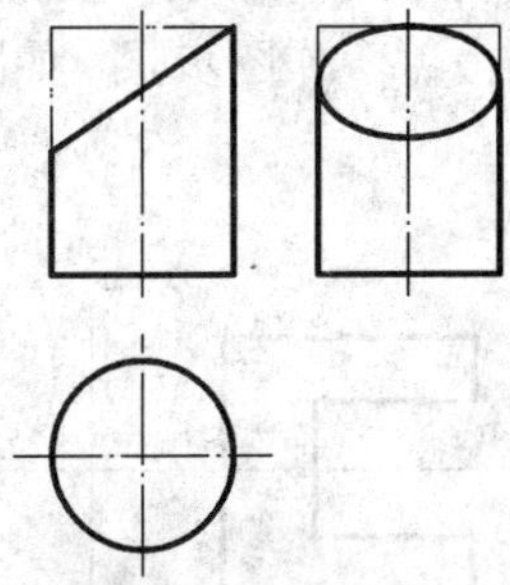

下面举例说明求截切圆柱体投影的方法和步骤。

例3-4　求一斜切圆柱体的截交线，如图3-11所示。

(1) 分析　由图3-11a)所示，圆柱体被一正垂面 P 截切，由于截平面 P 与圆柱轴线斜交，故所得截交线是一椭圆。截交线的正面投影积聚为一段直线；截交线的水平投影为圆，与圆柱的底圆重合；侧面投影为椭圆，需求出椭圆上一系列点。

(2) 作图步骤　如图3-11b)所示。

① 找特殊点。特殊点一般在转向轮廓线上，Ⅰ、Ⅱ、Ⅲ、Ⅳ是截平面与圆柱四条转向轮廓线的交点，同时也是椭圆长短轴的端点。先在水平投影上找出这些点，然后在正面投影中找出对应点，再由两面投影求出它们的侧面投影。

② 找一般点。为使截交线作图准确，还应作出一系列一般点。如先在截交线具有积聚的已知投影上取一点 $5'$，然后求出5和 $5''$。

③ 依次光滑连接各点，即得截交线的侧面投影。

④ 整理轮廓线。

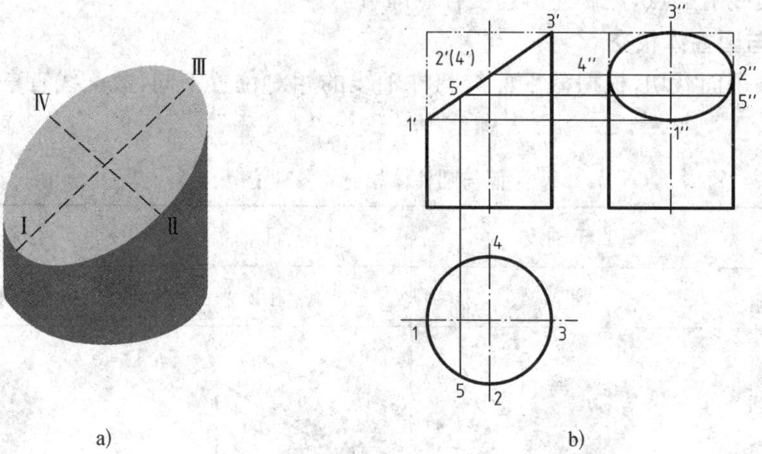

图 3-11 圆柱的截交线

例 3-5 如图 3-12 所示，求作切口圆柱的水平投影和侧面投影。

(1) 分析 由图可知，圆柱左部开槽是由两个上、下对称且平行于轴线的水平面和一个垂直于轴线的侧平面截切而成的，前者与圆柱面的截交线为矩形，其正面和侧面投影积聚成一直线，水平投影反映实形；后者与圆柱面的截交线为圆弧，其侧面投影反映实形，而正面和水平投影积聚成一直线。

(2) 作图步骤 如图 3-12b)所示。

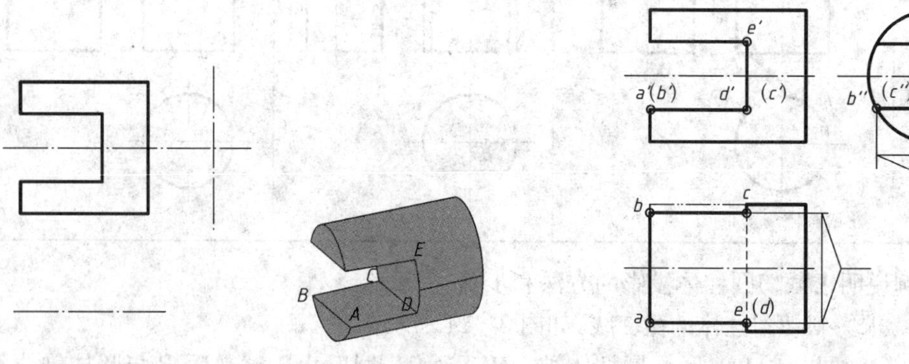

图 3-12 切口圆柱的投影

例 3-6 求作圆柱切割后的投影。

(1) 分析 切口是由垂直轴线的侧平面 P，倾斜于轴线的正垂面 Q 和平行于轴线的水平面 R 截切而成。其平面 P 与圆柱面的交线是大于半圆的圆弧，平面 P 和 Q 的交线是正垂线，它们组成了一个平行于侧面的弓形。平面 Q 与圆柱面的交线是大半个椭圆曲线，平面 Q 与 R 的交线是正垂线，它们组成了部分椭圆，其中，水平投影是一段椭圆曲线，需求出一系列点。平面 R 与圆柱面的交线是两条素线，与平面 P、Q 的交线是两直线，它们组成了一个平行于水平面的矩形。

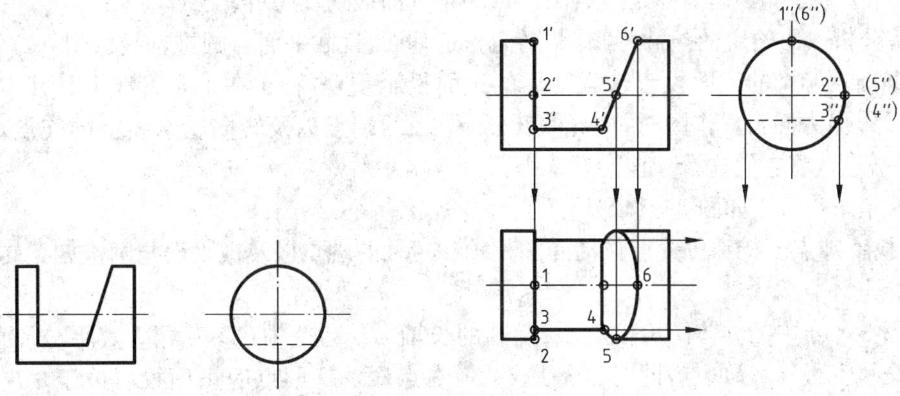

a) b)

图 3-13 圆柱切割体的投影

(2) 作图步骤 如图 3-13b)所示。

2. 平面与圆锥体相交

根据截平面与圆锥轴线的相对位置不同,其截交线有五种情况,如表 3-2 所示。

表 3-2 圆锥的五种截交线

截交线位置	垂直于轴线	倾斜于轴线			
		过锥顶	$\theta>\alpha$	$\theta=\alpha$	$0^\circ\leqslant\theta<\alpha$
截交线形状	圆	三角形	椭圆	抛物线	双曲线
立体图	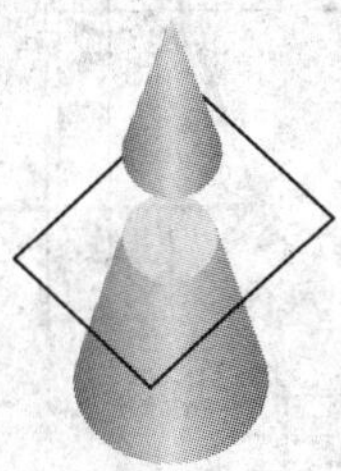		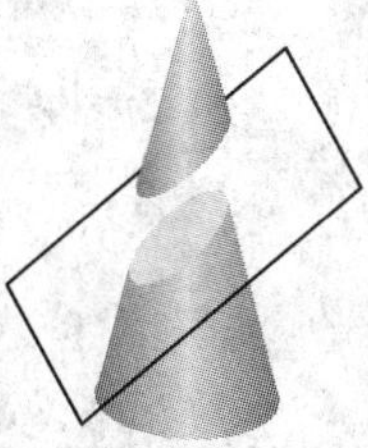		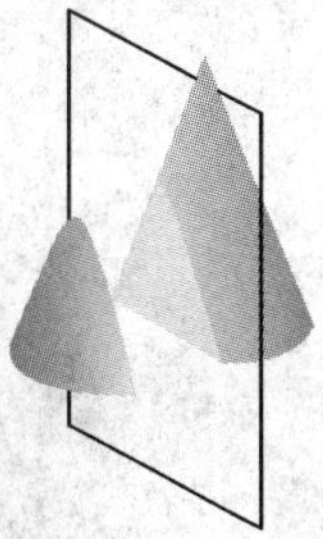
投影图	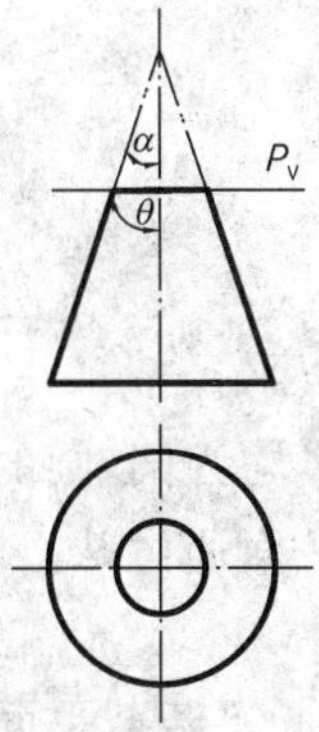	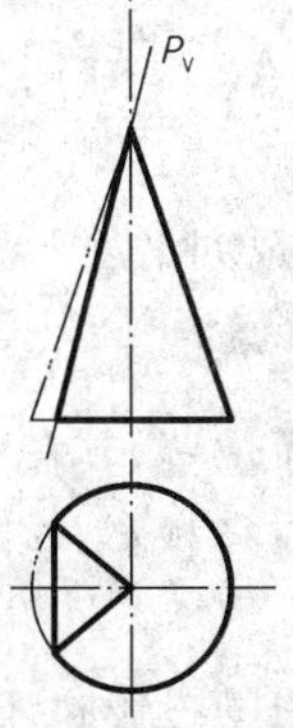	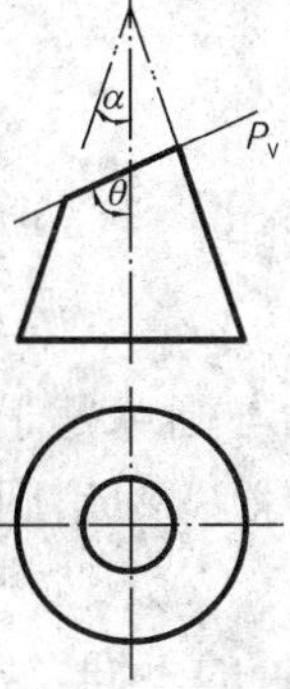	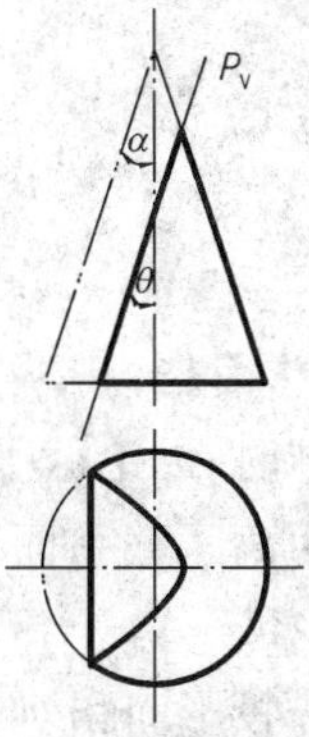	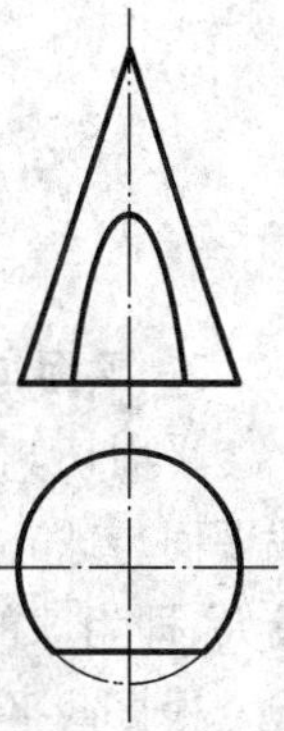

例 3－7 已知图 3－14a)所示，圆锥被一正垂面截切，求其截交线。

(1) 分析 由给定的条件可知，截平面为正垂面，且截平面与圆锥轴线倾斜 $\theta > \alpha$，故截交线为椭圆。椭圆的正面投影与截平面的正面投影重合，积聚在一条直线上。其水平投影和侧面投影仍为椭圆。作图时，应先找出长、短轴的端点以及转向轮廓线上的交点，然后再适当找一般点，将它们光滑地连接起来即可。

(2) 作图步骤 如图 3－14b)所示。

① 找特殊点。特殊位置点包括椭圆长轴和短轴的端点以及截平面与圆锥四条转向轮廓素线的交点。

从图 3－14 中的立体图可以看出：椭圆的长轴 AB 和短轴 CD 互相垂直平分。A、B 两点是截交线上最高、最低点，同时也是最左、最右点，C、D 两点的正面投影位于 $a'b'$ 的中点处，并重影为一点。E、F 两点为截平面与圆锥面最前、最后素线的交点，其正面投影为截平面投影积聚线与轴线的交点。

② 找一般点。因为截平面为正垂面，其正面投影积聚为一条直线，所以截交线上所有点的正面投影均在截平面的正面投影积聚线上。在正面投影上取点，利用在圆锥表面取点的方法可以找出它们的其他投影。用同样的方法可以求得一系列的一般点，点找得越多，画出的椭圆越准确，如 G、H 两点。

③ 依次光滑连接各点的同面投影。

④ 整理轮廓线。

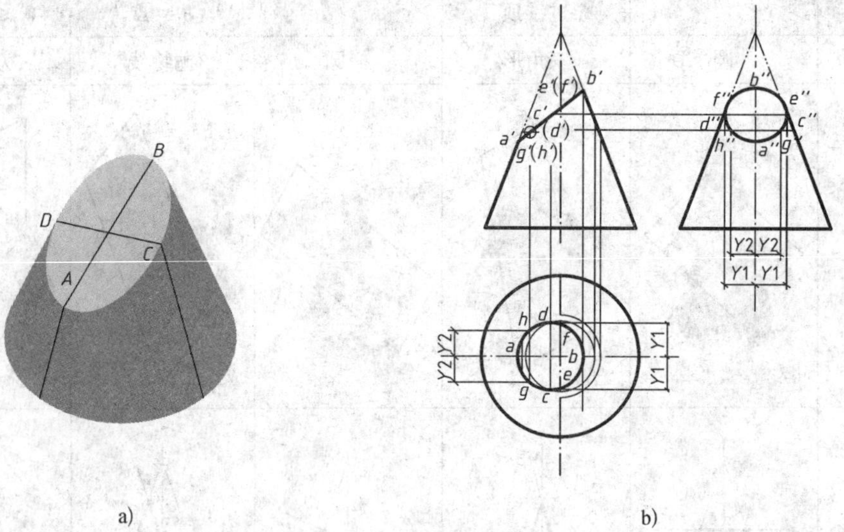

a) b)

图 3－14 正垂面截切圆锥

3. 平面与圆球相交

平面切割圆球时，无论截平面与圆球处于任何位置，其截交线均为圆，圆的大小取决于截平面与球心的距离。截平面离球心越远，圆的直径越小；当截平面通过球心时，圆的直径最大，即为球的直径。

根据截平面与投影面相对位置的不同，截交线的投影也不相同。若截平面与投影面倾斜，截交线的投影为椭圆；当截平面与投影面平行时，截交线在该投影面上的投影反映实形，如表 3-3 所示。

表 3-3　　平面与圆球相交的各种情况

截平面位置	截平面为投影面的平行面(如水平面)	截平面为投影面的垂直面(如正垂面)
截交线形状	水平投影为截交线圆的实形	截交线圆的水平投影为椭圆
立体图		
投影图	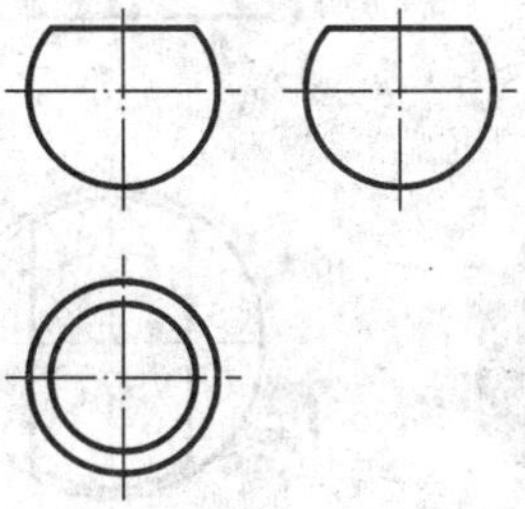	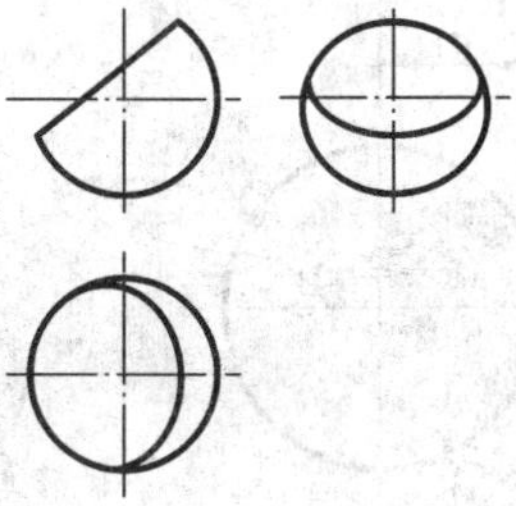

例 3-8　求作正垂面截切圆球的截交线,如图 3-15a)所示。

(1) 分析　由图可知,圆球被正垂面所截切,截交线圆的正面投影积聚为直线,其水平投影和侧面投影均为椭圆。

(2) 作图步骤　如图 3-15b)所示。

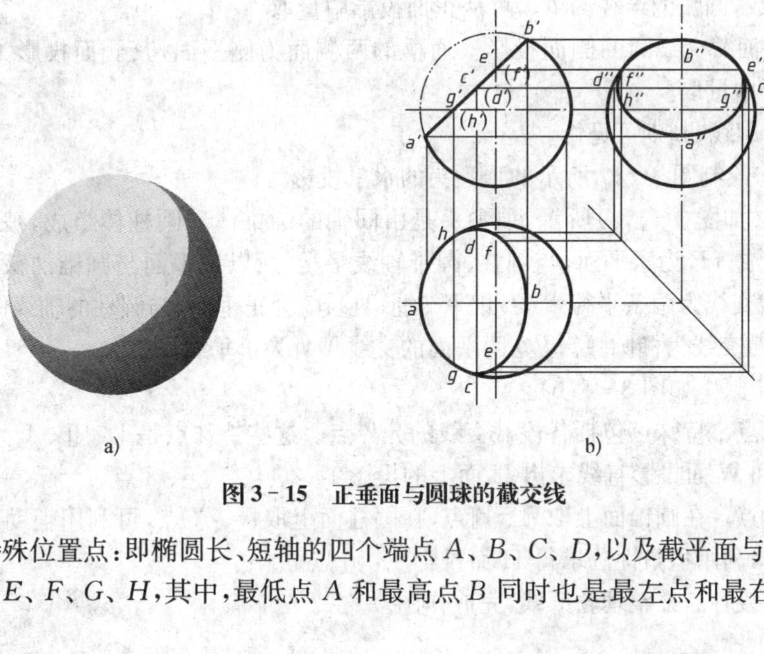

a)　　　　b)

图 3-15　正垂面与圆球的截交线

① 找特殊位置点:即椭圆长、短轴的四个端点 A、B、C、D,以及截平面与转向轮廓线的交点 A、B、E、F、G、H,其中,最低点 A 和最高点 B 同时也是最左点和最右点,可直接求

出。椭圆的另两端点 C 和 D 以及截平面与转向轮廓线的交点 E、F、G、H 要用辅助圆法求解。如图 3-15b)所示。

② 找一般点。用辅助圆法求解特殊位置点之间的适当数量点的两面投影。

③ 将各点的相应投影依次光滑连接。

④ 整理轮廓线。

例 3-9 求作切口半球的其他投影,如图 3-16 所示。

(1) 分析 由图可知,半球上部的通槽是由左右对称的两个侧平面和一个水平面切割而成,它们与球面的截交线均为圆弧,由于其正面投影有积聚性,因此,只要求出它们的水平投影和侧面投影。

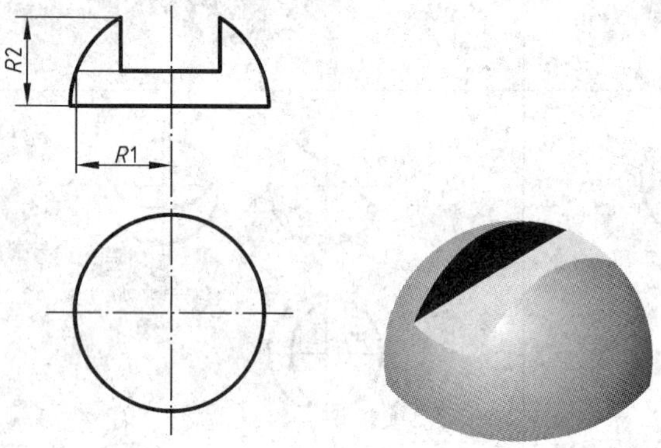

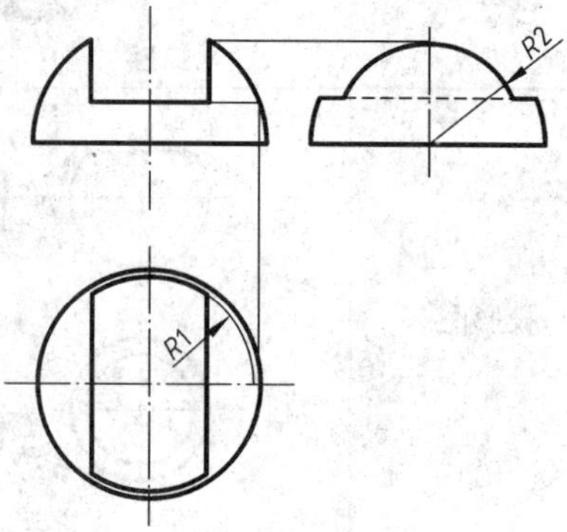

图 3-16 切口半球的投影

(2) 作图步骤 如图 3-16b)所示。

① 求水平截平面截交线圆的水平投影。通槽底面的水平投影由两段相同的圆弧和两段积聚性直线组成,圆弧的半径为 $R1$,可从正面投影中量取。

② 求侧平面截交线圆的侧面投影。通槽的两侧面为侧平面,其侧面投影为圆弧,半径 $R2$ 从正面投影中量取。

③ 整理轮廓线,判别可见性。

例 3-10 绘制图 3-17 所示的顶尖头的水平投影。

(1) 分析 如图 3-17a)所示,顶尖头是由同轴的圆锥体和圆柱体组成,被两个截平面(P、Q)截切而成。P 为水平面,与圆柱、圆锥轴线平行,所以该平面与圆锥的截交线为双曲线,与圆柱的截交线为两条平行素线(Ⅱ Ⅳ、Ⅲ Ⅵ);Q 为正垂面,与圆柱的轴线倾斜,所以该平面与圆柱的截交线为椭圆弧。PQ 两平面的交线Ⅳ Ⅵ为正垂线。

(2) 作图步骤 如图 3-17b)。

① 找特殊点。特殊点包括各段截交线的分界点。这些特殊点是Ⅰ、Ⅱ、Ⅳ、Ⅴ、Ⅵ、Ⅲ点,可由 V 面和 W 面投影直线求出 H 面上的投影 1、2、4、5、6、3 点。

② 找一般点。在圆锥面上取Ⅶ、Ⅷ点,在圆柱面上取Ⅸ、Ⅹ点,可利用辅助圆法求得 H 面投影 7、8 点,利用积聚性法求得 H 面投影 9、10 点。

③ 依次连接各点并整理轮廓线,完成作图。

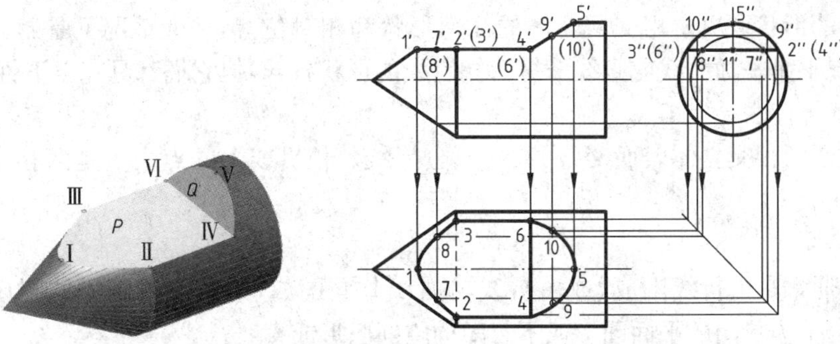

a) b)

图 3-17 顶尖头的截交线

3.3 立体与立体相交——相贯

3.3.1 概述

立体相交称为相贯，相交立体表面的交线称为相贯线，相交的立体称为相贯体，如图 3-18 所示。

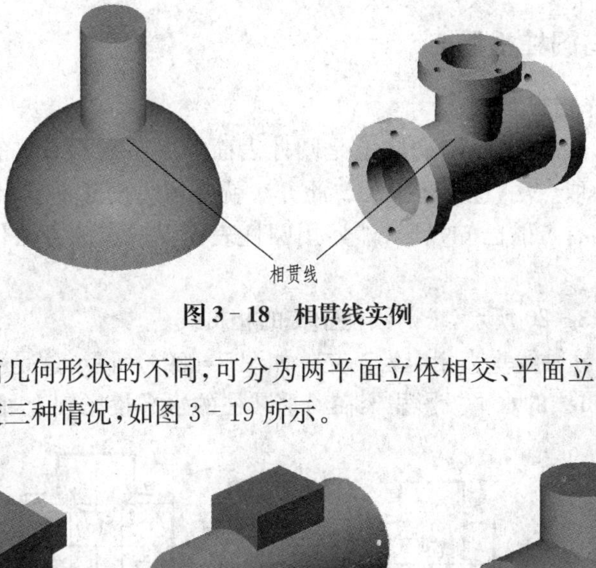

图 3-18 相贯线实例

根据相贯线表面几何形状的不同，可分为两平面立体相交、平面立体与回转立体相交，以及两回转立体相交三种情况，如图 3-19 所示。

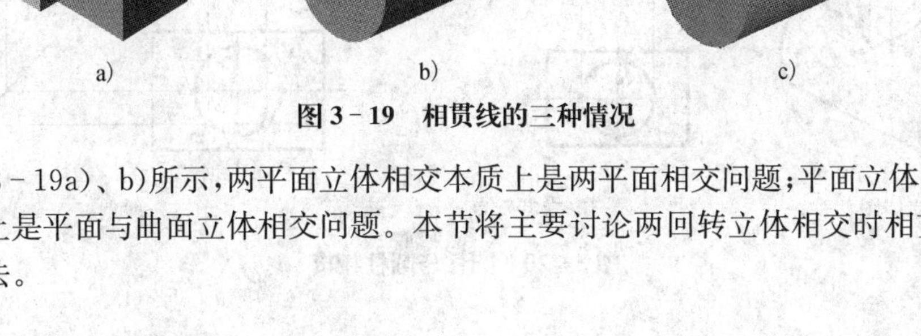

a) b) c)

图 3-19 相贯线的三种情况

如图 3-19a)、b)所示，两平面立体相交本质上是两平面相交问题；平面立体与曲面立体相交本质上是平面与曲面立体相交问题。本节将主要讨论两回转立体相交时相贯线的性质和作图方法。

相贯线的形状取决于相交回转体的几何形状和相对位置，一般情况下是封闭的空间曲线，特殊情况下是平面曲线或直线。尽管相贯线的形状各异，但它们都具有以下性质：

1. 表面共有性

相贯线是两相交立体表面交线共有线、分界线。相贯线上的点一定是两相交立体表面的共有点。

2. 封闭性

相贯线通常是由折线围成，或由折线与曲线共同围成，或由曲线围成的封闭的空间图形，特殊情况下为封闭的平面图形或不封闭的空间图形或直线。

从以上相贯线的性质可以看出，求作两回转立体的相贯线，实质上就是求两立体表面的一系列共有点的投影。求相贯线上共有点的方法有表面取点法（积聚性法）和辅助平面法等求相贯线的投影。

3. 具体作图步骤

（1）求出一系列特殊点。如立体的转向轮廓线上的点，对称的相贯线在其对称平面上的点，以及最高、最低、最左、最右、最前、最后点等。

（2）求出一般点。

（3）判别可见性。

（4）依次连接各点的同面投影。

（5）整理轮廓线。

3.3.2 圆柱与圆柱相贯

1. 表面取点法作相贯线

两圆柱相交时形成的相贯线，实际上是圆柱表面上一系列共有点的连线。求作共有点的方法通常采用表面取点法，也称积聚法。此方法就是利用投影具有积聚性的特点，先找出两圆柱表面上若干共有点的已知投影，然后用圆柱表面上取点的方法作出相贯线的其他投影，即可求出相贯线。

例 3-11 如图 3-20 所示，求两圆柱正交的相贯线。

（1）分析 两圆柱轴线垂直相交为正交。如图 3-20a）所示，这是一个铅垂圆柱与水平圆柱正交。其中，相贯线的水平投影积聚在铅垂圆柱的水平投影圆上，侧面投影积聚在水平

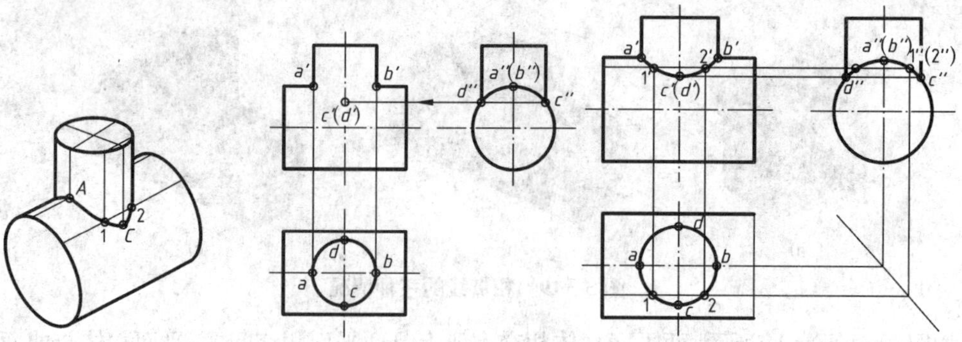

a) 立体图　　b) 求特殊点　　c) 求一般点

图 3-20 圆柱与圆柱相贯

圆柱的侧面投影圆上，根据相贯线的两个投影，即可求出其正面投影。

(2) 作图步骤　如图 3-20c)所示。

① 找特殊点。在水平投影上注出 a、b、c、d 点，是相贯线的最左、最右、最前、最后点，再在 W 面投影作出 a''、b''、c''、d''，由这四点的两面投影求出 V 面投影 a'、b'、c'、d'，也是相贯线上的最高、最低点。

② 求一般点。在水平投影上定出左右对称两点Ⅰ、Ⅱ，求出它们的 W 面投影Ⅰ″、Ⅱ″，由这两点的两面投影，求出 V 面投影Ⅰ′、Ⅱ′。

③ 判断可见性及光滑连接。由于该相贯线前后两部分对称且形状相同，所以在 V 面投影中可见与不可见部分重合。顺次光滑连接各点，整理，完成全图。

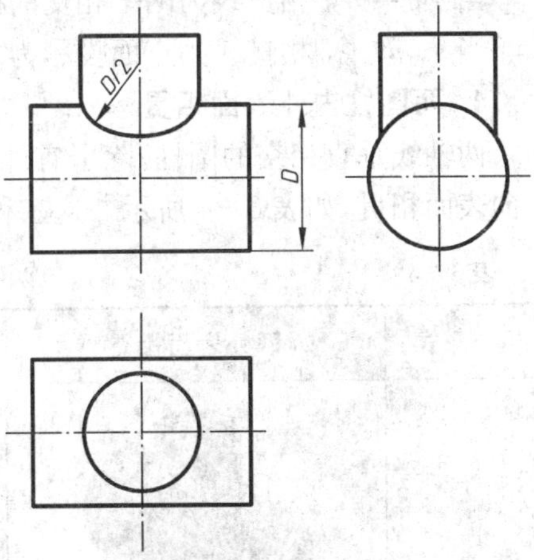

图 3-21　相贯线的简化画法

2. 相贯线的简化画法

两轴线垂直相交的圆柱在零件上是最常见的。当两圆柱直径相差较大时，对于图 3-20 所示的轴线垂直相交两圆柱的相贯线，为了作图方便常采用简化画法，即用一段圆弧代替相贯线，该圆弧的圆心在小圆柱的轴线上，半径为大圆的半径，如图 3-21 所示。

3. 两圆柱正交时相贯线的变化趋势

两圆柱正交时，若相对位置不变，改变两圆柱直径的大小，则相贯线的形状会随之改变，其变化趋势如图 3-22 所示。

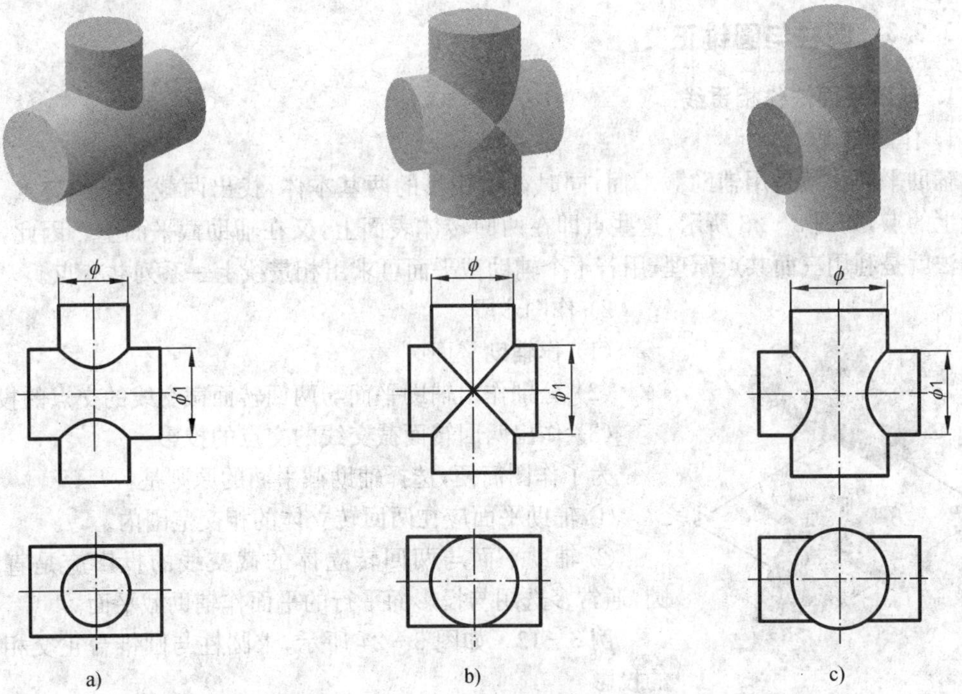

图 3-22　两正交圆柱相贯线的变化趋势

当 $\phi1>\phi$，相贯线的正面投影为上下对称的曲线(图 3－22a))。

当 $\phi1=\phi$，相贯线为两个相交的椭圆，其正面投影为两条相交的直线(图 3－22b))。

当 $\phi1<\phi$，相贯线的正面投影为左右对称的曲线(图 3－22c))。

4. 两圆柱内外表面相贯

两轴线垂直相交的圆柱，除了有外表面与外表面相贯之外，还有外表面与内表面相贯和两内表面相贯，如表 3－4 所示。这三种情况的相贯线形状和作图方法相同。

表 3－4　两圆柱相贯的三种形式

相交形式	两外表面相交	外表面与内表面相交	两内表面相交
立体图		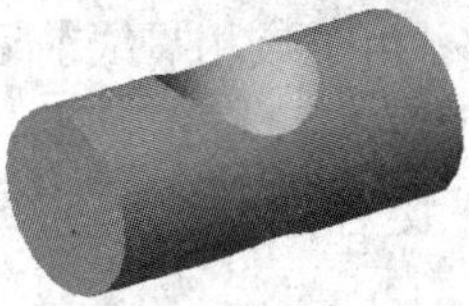	
投影图	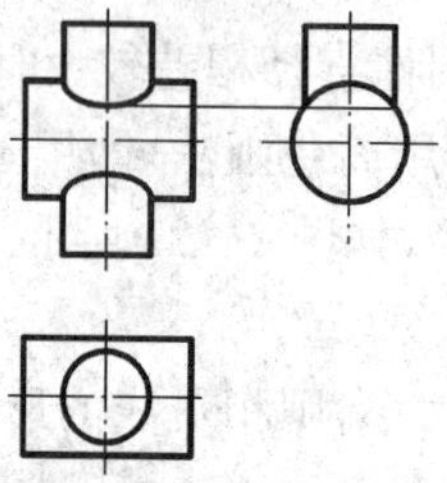	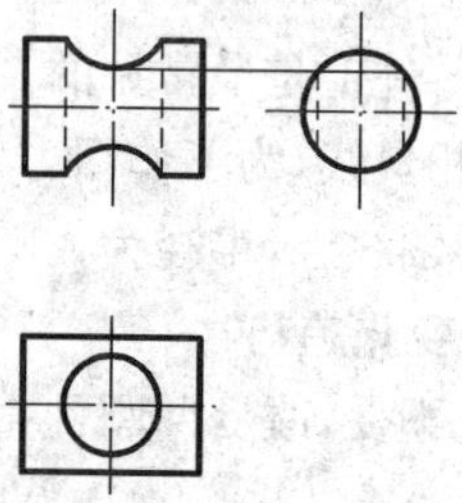	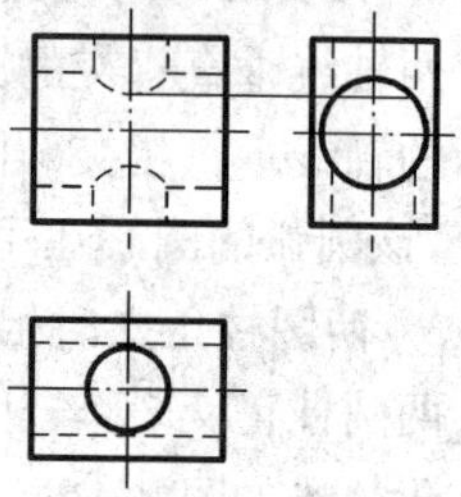

3.3.3　圆柱与圆锥正交

1. 辅助平面法作相贯线

1) 作图原理

辅助平面法就是用辅助截平面，同时截切相贯的两基本体，找出两截交线的交点，即相贯线上的点，如图 3－23 所示，这些点即在两回转体表面上，又在辅助截平面上。因此，辅助平面法就是利用三面共点原理，用若干个辅助截平面可求出相贯线上一系列共有点。

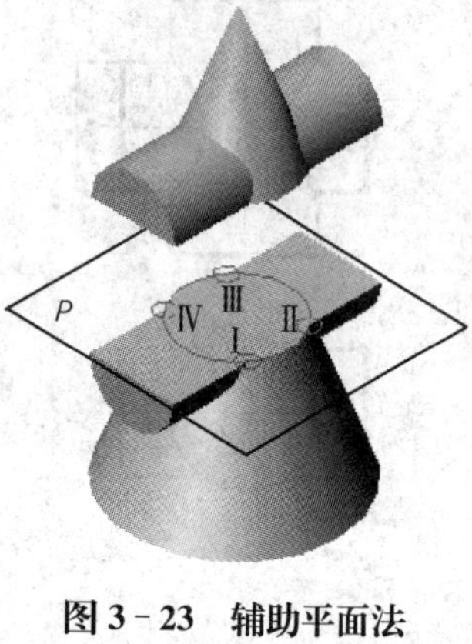

图 3－23　辅助平面法

2) 作图步骤

(1) 作辅助平面。

(2) 分别作出辅助平面与两回转面截交线的交点的投影。

(3) 作出两回转面截交线的交点的投影。

为了作图简便，选择辅助截平面的原则是：

① 辅助平面应在两回转立体的相交范围内。

② 辅助平面与两回转立体的截交线的投影应是直线或圆，通常多选用与投影面平行的平面作辅助截平面。

例 3－12　如图 3－24 所示，求圆柱与圆锥台正交相贯线的投影。

(1) 分析　从图 3－24a)可知，圆柱与圆锥台正交，其相贯线为左右、前后对称的封闭形空间曲线。由于圆柱轴线垂直于 W 面,因而相贯线的 W 面的投影与圆柱在 W 面的投影重合,故只需求出相贯线的 V 面及 H 面投影即可。

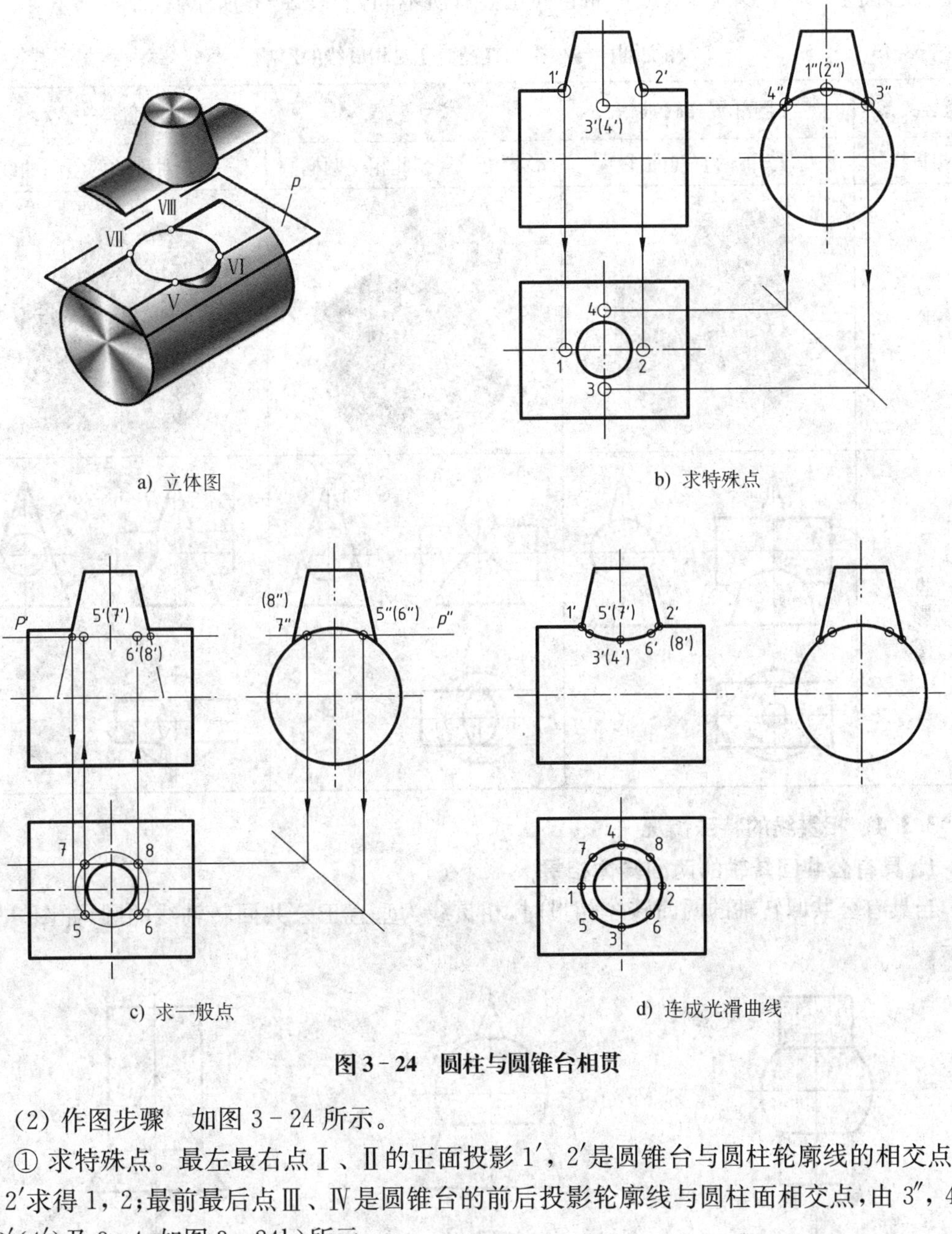

a) 立体图　　b) 求特殊点

c) 求一般点　　d) 连成光滑曲线

图 3－24　圆柱与圆锥台相贯

(2) 作图步骤　如图 3－24 所示。

① 求特殊点。最左最右点Ⅰ、Ⅱ的正面投影 1′, 2′是圆锥台与圆柱轮廓线的相交点,由 1′, 2′求得 1, 2;最前最后点Ⅲ、Ⅳ是圆锥台的前后投影轮廓线与圆柱面相交点,由 3″, 4″求得 3′(4′)及 3, 4,如图 3－24b)所示。

② 求一般点。在点Ⅰ及Ⅲ之间适当位置作辅助水平面 P,它与圆锥台面交于一圆,与圆柱面交于两条素线,两者相交于Ⅴ、Ⅵ、Ⅶ、Ⅷ四点,即为所求,如图 3－24c)所示。同理,根据需要,再作一些辅助水平面,可求出若干个一般点。

③ 判别可见性,顺次光滑连线。

④ 整理轮廓线并完成全图,如图 3－24d)所示。

2. 轴线正交的圆柱与圆锥相贯线的变化趋势

两轴线正交的圆柱与圆锥，随着直径的大小和相对位置不同，相贯线在两条轴线共同平行的投影面上，其投影的形状或弯曲趋向也会有所不同，如表 3 - 5 所示。

表 3 - 5　　相交圆柱与圆锥的直径变化对相贯线的影响

直径关系	圆柱贯穿圆锥	公切于球	圆锥贯穿于圆柱
相贯线	上、下两空间曲线	形状相同且彼此相交两椭圆	左右对称的两空间曲线
立体图	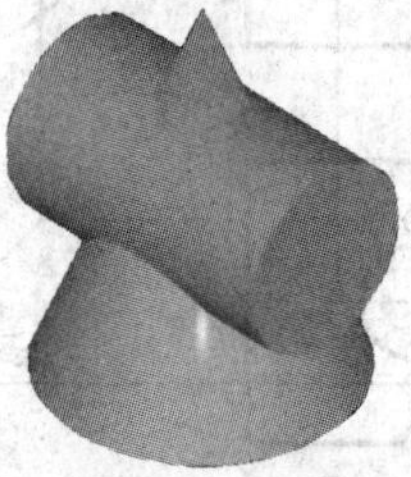	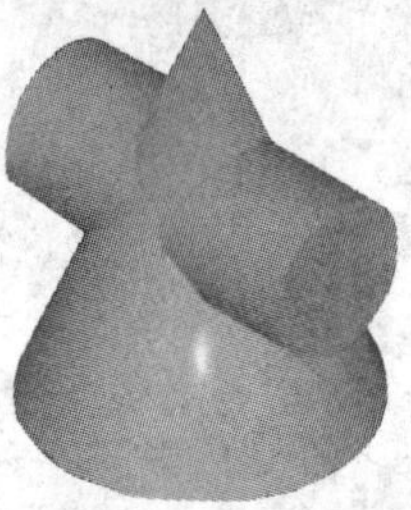	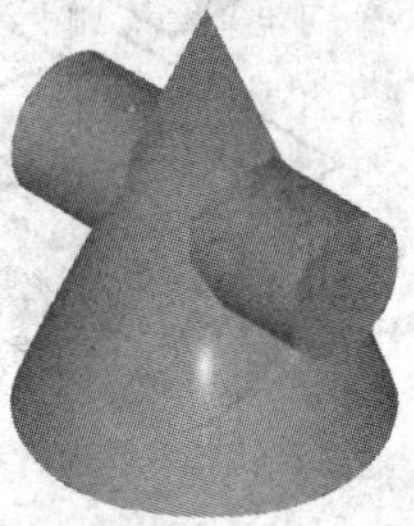
投影图	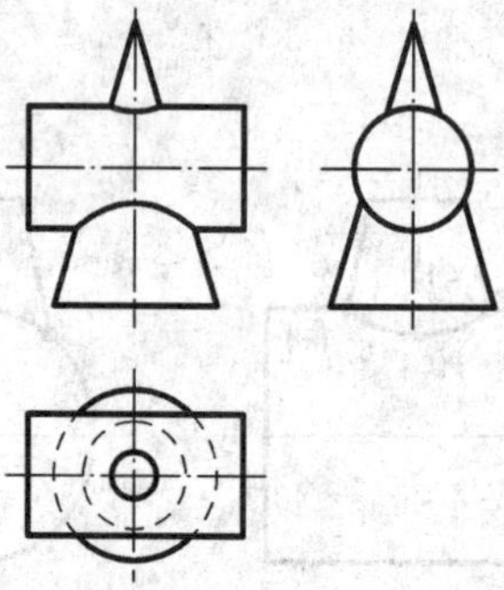	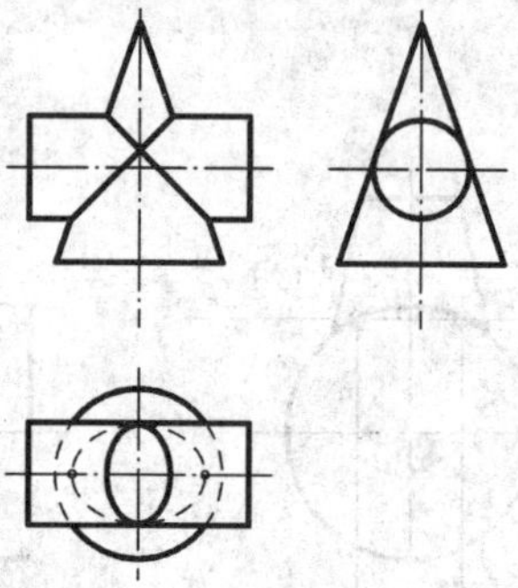	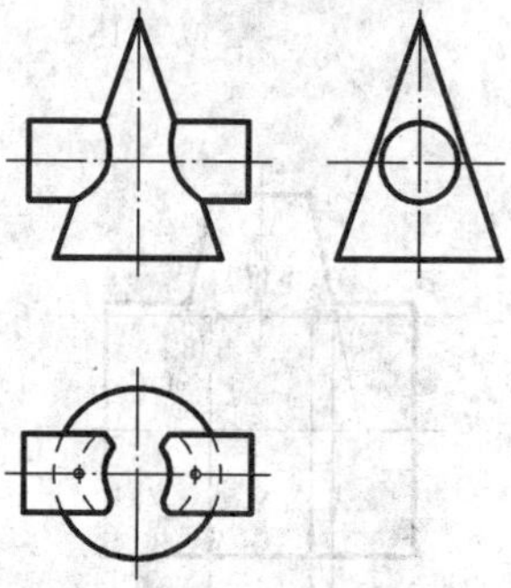

3. 3. 4　相贯线的特殊情况

1. 具有公共回转轴的两回转体相贯

当具有公共回转轴的两回转体相贯时，相贯线为垂直于公共回转轴线的圆，如图 3 - 25 所示。

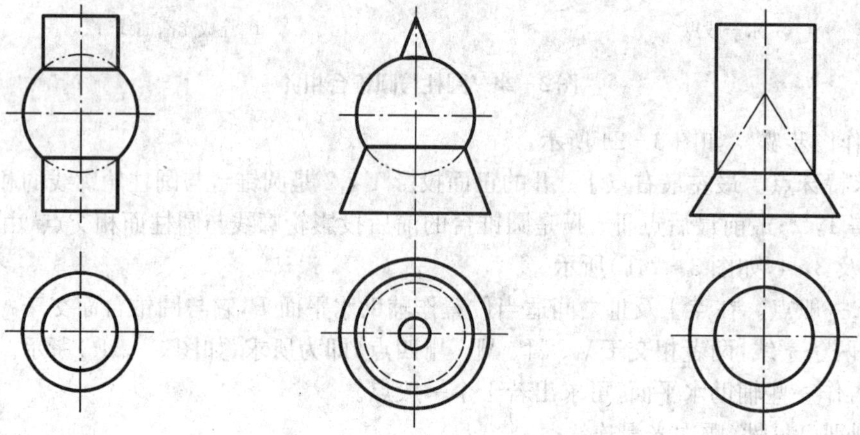

a) 柱-球相贯　　b) 锥-球相贯　　c) 柱-锥相贯

图 3 - 25　相贯线为平面图

2. 两圆柱体轴线平行或两圆锥共顶相交

当两圆柱体轴线平行或两圆锥共顶相交时,相贯线为直线,如图 3-26 所示。

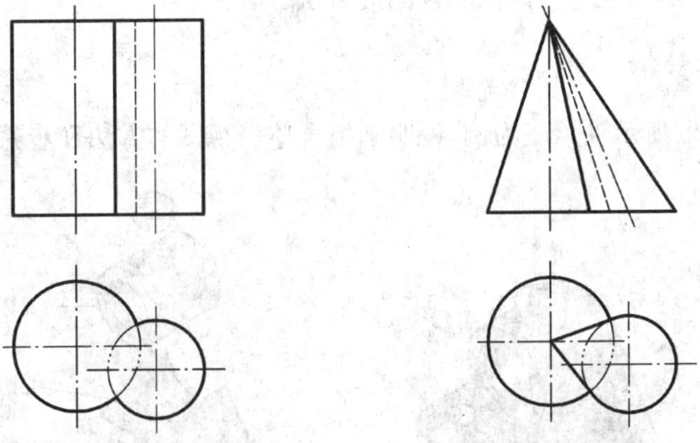

a) 柱-柱相贯　　b) 锥-锥相贯

图 3-26　相贯线为直线

3. 两回转体公切于一圆球

当两回转体公切于一圆球时,它们的相贯线为两条平面曲线——椭圆。在与轴线平行的投影面上的投影积聚为相交两直线,如图 3-27 所示。

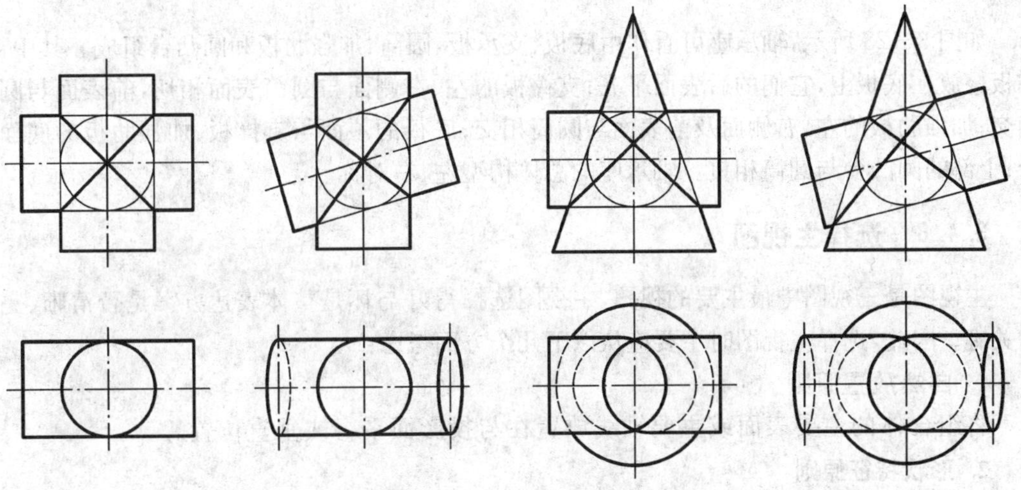

a) 柱-柱正交　　b) 柱-柱斜交　　c) 柱-锥正交　　d) 柱-锥斜交

图 3-27　相贯线为椭圆

3.4 组合体三视图的画法

3.4.1 概述

在对组合体进行绘图、读图和标注尺寸的过程中,形体分析法是一个重要方法。所谓形体分析法就是根据组合体的特点，从基本形体的投影分析出发，假想将组合体分解成若干个简单的基本体，弄清楚它们的形状、大小，确定它们组合的方式和相对位置，分析它们的表面连接关系及投影特性，以便进行画图和读图的方法。

3.4.2 形体分析

下面以图 3－28 所示轴承座为例，说明画组合体三视图的方法和步骤。

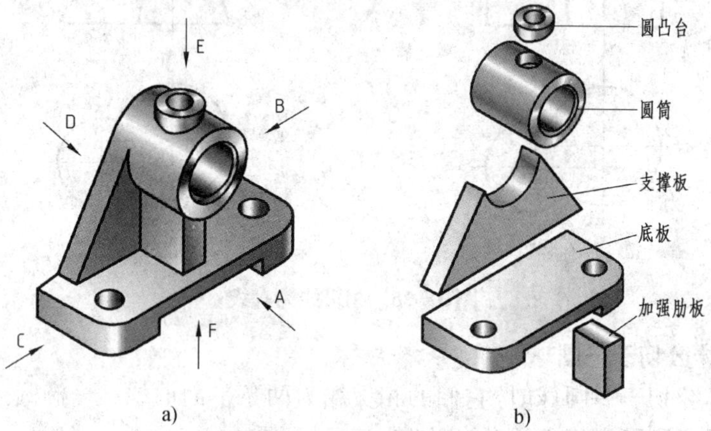

图 3－28　组合体的形体分析

如图 3－28 所示，轴承座可看作由底板、支承板、圆筒、加强肋板和圆凸台组成。其中，支撑板叠放在底板上，它们的后表面平齐；支撑板的左、右侧面与圆筒表面相切，前表面与圆筒相交；加强肋板的左、右侧面及前表面与圆筒相交；底板的顶面与支撑板、加强肋板的底面重合；上部的圆凸台与圆筒相贯。轴承座的总体构型左、右对称。

3.4.3 选择主视图

主视图是三视图中最主要的视图，主视图选择得好与坏是整体表达方案是否清晰、完整的关键。因此，选择主视图时主要应从以下几个方面考虑：

1. 自然放置原则

将组合体的主要表面或主要轴线放置在与投影面平行或垂直位置。

2. 形状特征原则

以最能反映该组合体各部分形状和相对位置特征的方向作为主视图。

3. 清晰性原则

使主视图和其他两个视图上的虚线尽量少一些。

4. 其他原则

尽量使画出的三视图长大于宽。这样既能符合习惯思维，也能突出主视图。

上述原则在具体运用时应综合考虑，当各原则之间相互冲突时，一般首先满足前者。因物体一般可有六个不同的观察方向，为此，在具体运用时可采用比较排除法。如将图 3－28a)所示组合体从六个方向进行投射，所得投影图如图 3－29 所示。

首先可排除投射方向 E 和 F，因为上述三条原则均不能满足。其次，若以 D 向作为主视图，虚线过多，不如A向视图清楚；B向和C向虽然虚线情况相同，但若以C向作为主视图，则左视图上会出现较多虚线，不如B向好；再比较B向和A向，A向反映轴承座各部分的轮廓特征比较明显，所以确定以A向作为主视图的投射方向，更便于布图。

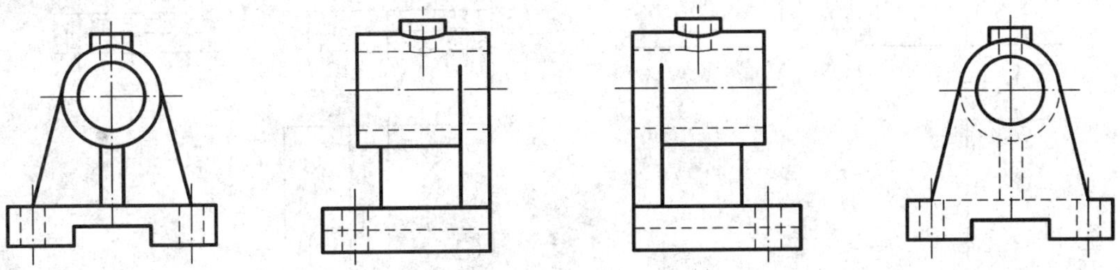

图 3-29　主视图的选择

主视图选定后，左视图、俯视图随之亦定。

3.4.4　画图步骤

1. 选比例，确定图幅

根据组合体的大小和复杂程度，选择合适的比例和图纸幅面，并画出边框、图框及标题栏。一般情况下，画组合体时尽量选用1∶1的比例，这样既便于画图，又能较直观地反映物体的大小。

2. 布置视图，画基准线

布置视图时，应根据各视图每个方向的最大尺寸，考虑视图间留出标注尺寸的位置和适当间隔，要注意布图匀称合理。各视图位置确定后，用细点画线或细实线画出作图基准线。作图基准线一般为底面的积聚线，大端面的积聚直线，对称图形的中心线（对称平面位置）、轴线、对称中心线，如图3-30a)所示。

3. 画底稿

依次画出每个基本形体的三视图，如图3-30b)～f)所示。画底稿时应注意以下几点：

(1) 在画各基本形体的视图时，应先画主要形体，后画次要形体，如图中先画底板和圆筒，后画支撑板、肋板和圆凸台。

(2) 画每个基本形体时，一般应该三个视图对应着一起画。先画反映实形或有形状特征的视图，再按投影关系画其他视图。

(3) 画每一个基本形体时，先画粗略轮廓，后画细节结构；先画可见的部分，后画不可见的部分。

4. 检查、描深

检查底稿，改正错误，擦去多余图线，然后再描深，如图3-30f)所示。

例3-13　画出如图3-31a)所示挖切式组合体的三视图。

(1) 分析　如图3-31a)所示，该组合体可看作是由一四棱柱经截切、挖切和穿孔而形成的左右对称的组合体。该组合体立体为四棱柱，其前端被侧垂面截去一三棱柱；左、右端被水平和侧平面各截去一四棱台，上端被半圆柱面挖切去一块，下端各被水平和侧平面截去一四棱柱。

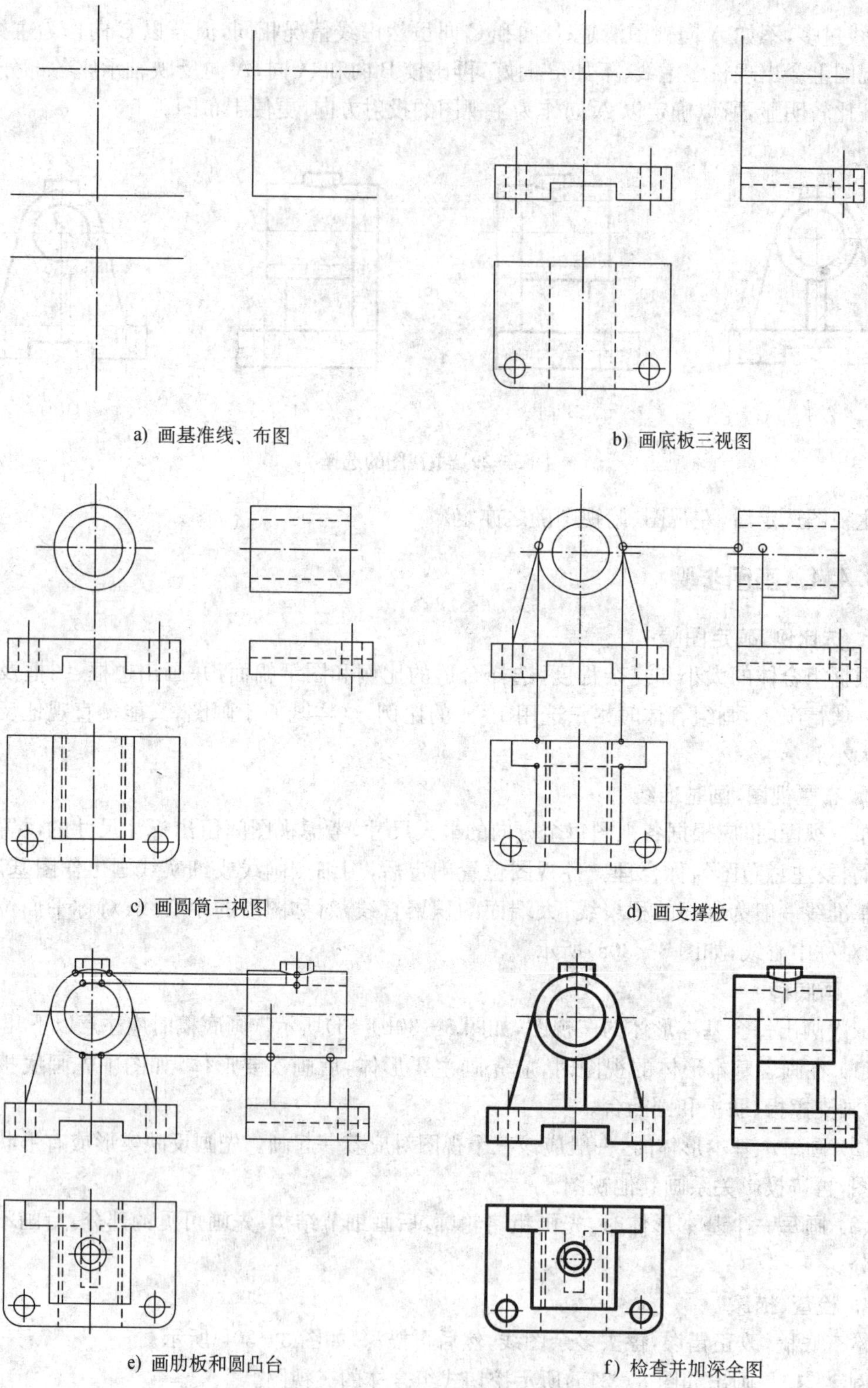

图 3-30 轴承座三视图画图步骤

(2) 作图步骤　如图 3-31 所示。

根据上述分析，画图时一般先画出完整立体的三视图；对于被切去的形体，应先画出反映其形状特征的那个视图，然后由投影关系再画出其他两个视图，如图 3-31b)～f)所示。

a)　　b)　　c)　　d)　　e)　　f)

图 3-31　画挖切式组合体三视图的步骤

3.5 组合体三视图的尺寸标注

3.5.1 组合体尺寸标注的基本要求

组合体的视图只能表达机件的形状，而机件的大小则要根据视图上所标注的尺寸确定，视图中的尺寸也是加工机件的重要依据，因此，在标注组合体尺寸时应遵循如下基本要求：

1. 正确

尺寸标注要符合国家标注的基本要求。

2. 完整

尺寸标注要齐全，要能完全确定出物体各部分形状大小和位置，做到既不遗漏尺寸，也不重复标注尺寸。

3. 清晰

尺寸布置要整齐、合理，便于读图。

3.5.2 基本体的尺寸标注

要掌握组合体的尺寸标注，必须熟悉基本体的尺寸标注。基本体的大小通常由长、宽、高三个方向的尺寸来确定。

1. 平面立体的尺寸标注

平面立体一般应标注其长、宽、高三个方向的尺寸，常见平面立体的尺寸注法，如图 3－32 所示。

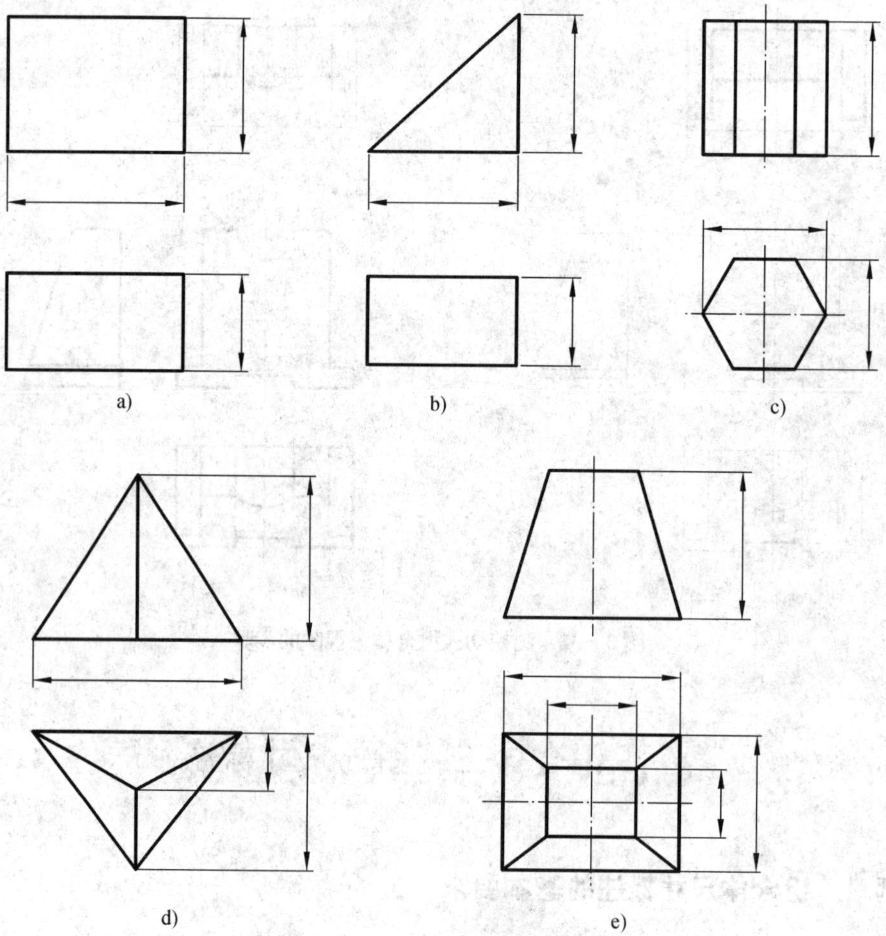

图 3－32 平面立体的尺寸标注

2. 曲面立体的尺寸标注

曲面立体的直径一般应注在投影为非圆的视图上，并在尺寸数字前加注直径符号“ϕ”，球面直径应加注“Sϕ”。值得注意的是，当完整标注了圆柱（或圆锥）、圆球的尺寸之后，只要用一个视图就能确定其形状和大小，其他视图可省略不画。常见曲面立体的标注方法，如图3-33所示。

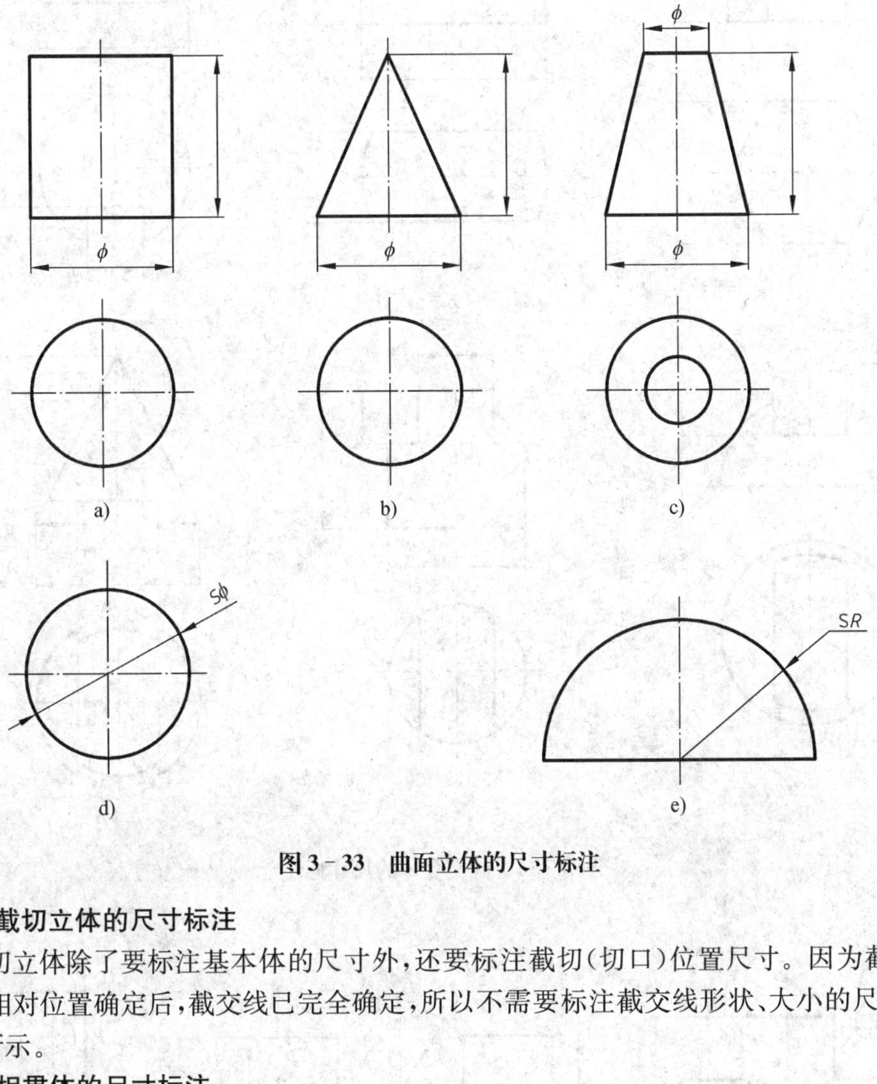

图3-33 曲面立体的尺寸标注

3. 截切立体的尺寸标注

截切立体除了要标注基本体的尺寸外，还要标注截切（切口）位置尺寸。因为截平面与立体的相对位置确定后，截交线已完全确定，所以不需要标注截交线形状、大小的尺寸，如图3-34所示。

4. 相贯体的尺寸标注

两基本形体相贯时，应标注两立体的定形尺寸和表示相对位置的定位尺寸，而不应标注相贯线的尺寸，如图3-35所示。

3.5.3 尺寸的种类和基准

1. 尺寸的种类

为了将尺寸标注得完整，在组合体的视图上，一般需标注下列几种尺寸：

(1) 定形尺寸　用来确定组合体各基本形体形状大小的尺寸。

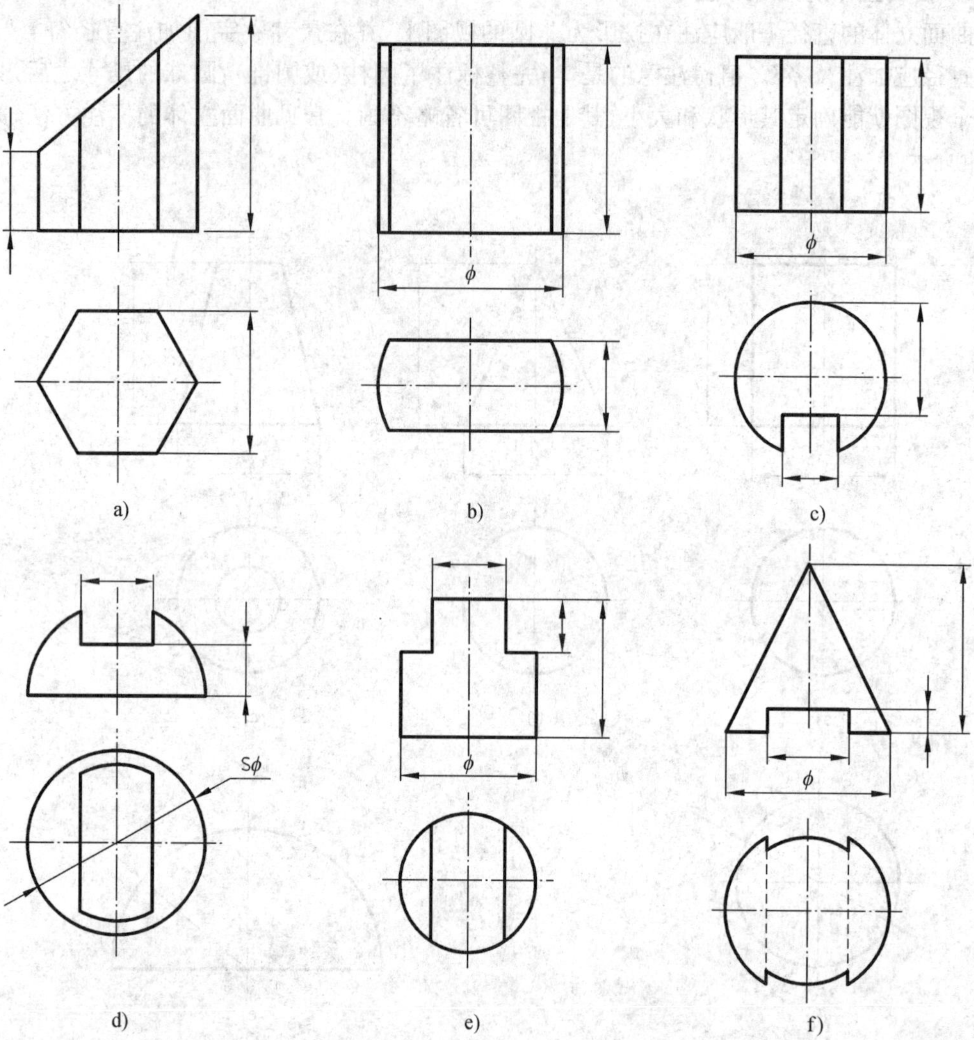

图 3-34　截交立体的尺寸标注

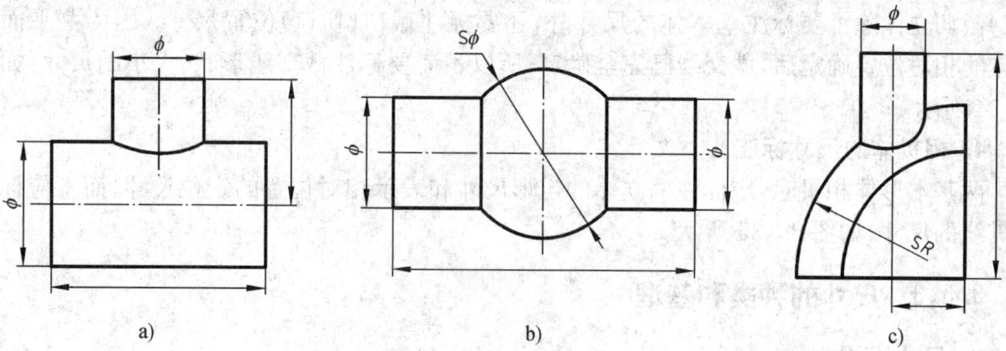

图 3-35　相贯体的尺寸标注

(2) 定位尺寸　用来确定组合体各基本形体之间相对位置的尺寸。

(3) 总体尺寸　用来确定组合体各基本形体的总长、总宽、总高的尺寸。

2. 尺寸基准

在明确了视图中应标注哪些尺寸的同时，还须考虑尺寸基准的问题。所谓尺寸基准，就是标注尺寸的起点，或者说确定尺寸位置的几何要素(即点、线、面)。

如图 3－36 所示，轴承座的尺寸基准是以左右对称面作为长度方向的主要基准；以底板和支撑板的后表面作为宽度方向的主要基准；以底板的底面作为高度方向的主要基准。通常基准一般可选组合体的对称平面、底面、重要端面以及回转体的轴线等。同一方向只应有一个主要基准，但还可以有一个或几个辅助基准。显然，主要尺寸基准的选择与画图时基准的选择基本上是一致的。

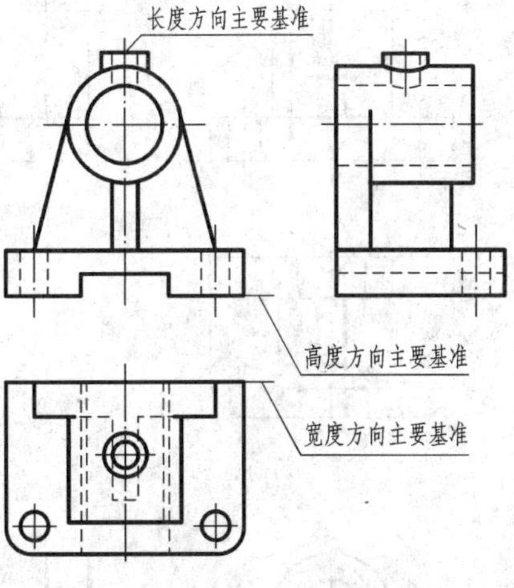

图 3－36　尺寸基准

3.5.4　组合体的尺寸标注方法和步骤

标注组合体尺寸时，需采用形体分析的方法，先选定组合体的长、宽、高三个方向的主要基准，然后分别注出各组成体的定形尺寸和定位尺寸，最后注出组合体的总体尺寸。下面以图 3－37 所示底座为例，来分析尺寸标注的方法与步骤。

1. 形体分析

分析组合体中的各基本形体及相对位置，选定主要基准：长度方向基准、宽度方向基准、高度方向基准，如图 3－37a)所示。

2. 标注各基本形体的定形尺寸

具体标注如图 3－37b)～d)所示。

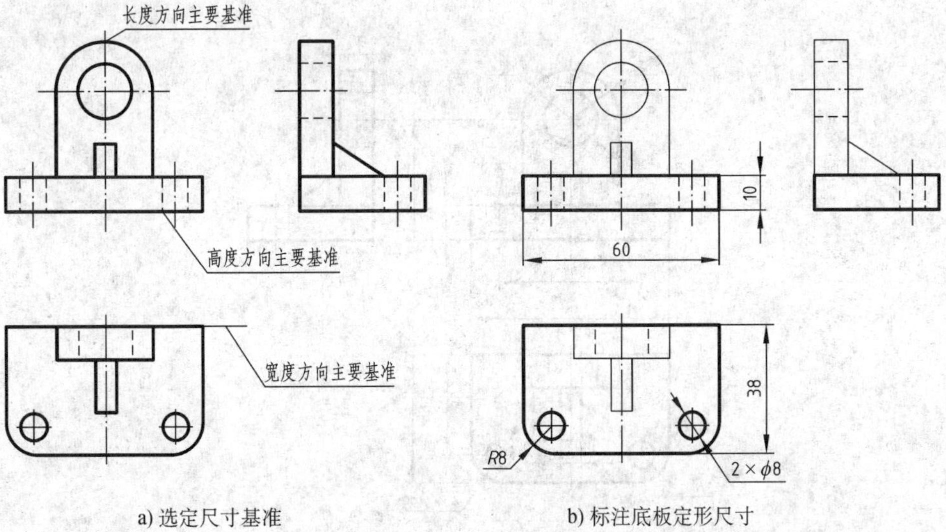

a) 选定尺寸基准　　b) 标注底板定形尺寸

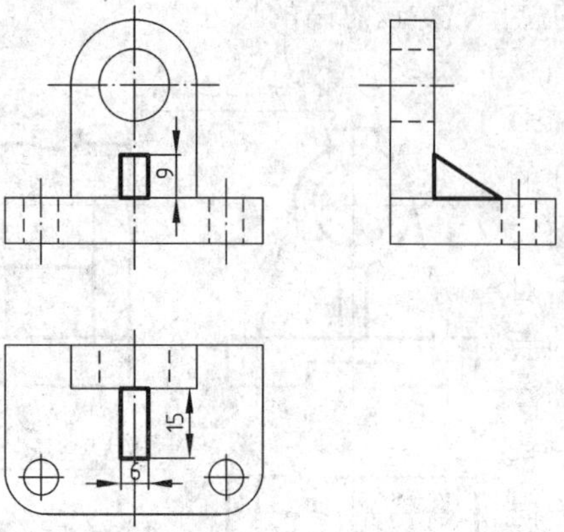

c) 标注肋板定形尺寸

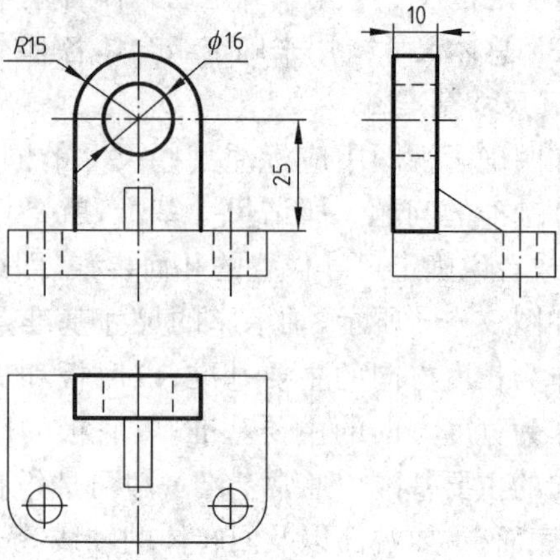

d) 标注竖板定形尺寸

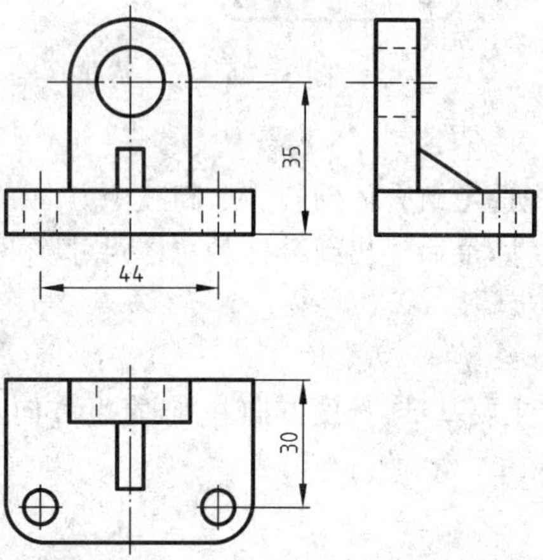

e) 标注定位尺寸

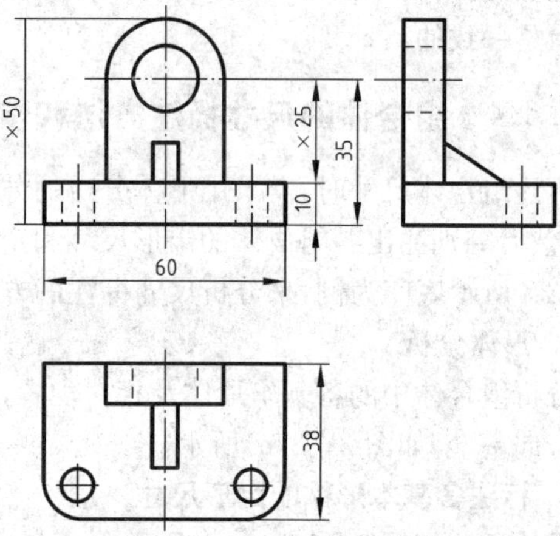

f) 调整总体尺寸

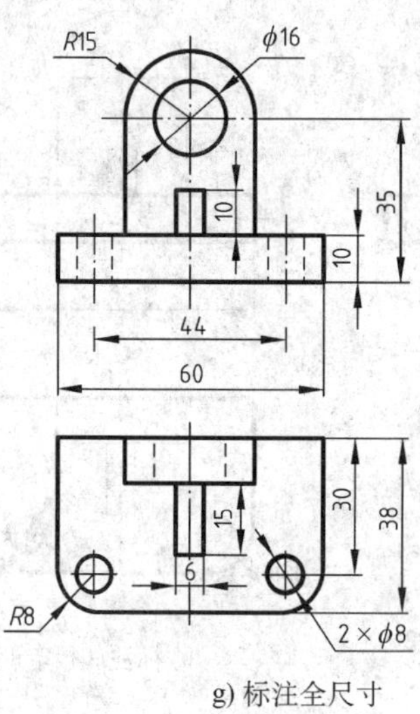

g) 标注全尺寸

图 3－37　组合体的尺寸标注

3. 标注定位尺寸

如图 3-37 所示,尺寸 44、35、30 分别为长度方向、高度方向和宽度方向的定位尺寸。

4. 标注总体尺寸

由于组合体是一个整体,所以在逐个形体标注它们的定形、定位尺寸时,还要从整体出发考虑总体尺寸的标注问题。一般来说,要有总长、总宽、总高尺寸。但尺寸不得重复,因而在标注总体尺寸时还需要对已标注的尺寸进行适当调整,每加标一个总体尺寸,必去掉一个同方向的定形尺寸或定位尺寸,同时还应注意当组合体一端为同心圆孔的回转体时,通常仅标注孔的定位尺寸和外端圆柱面的半径,不标注总体尺寸。如图 3-37f)所示,组合体的总长和总宽尺寸即底板的长度 60 和宽度 38,不再重复标注,总高尺寸 50 取消不注,而注出从高度方向基准处的尺寸 35,前面标注竖板同心圆孔的定位尺寸 25 取消不注。

5. 检查、整理

对已标注的尺寸,按正确、完整、清晰、合理的要求进行检查,如有不妥则应进行调整或适当修改,完成尺寸标注。

3.5.5 组合体尺寸标注注意事项

1. 尺寸标注要正确、完整

尺寸标注首先要符合国家标注规定的有关尺寸注法的基本规则、尺寸要素的画法、尺寸的简化标注。除此之外,还要注意以下几点:

(1) 尺寸标注应不重复、不多余、不遗漏,尺寸尽量标注在实线上。

(2) 半径尺寸 R 必须标注在反映该圆弧实形的投影圆上,且相同半径尺寸 R 前不注个数,如图 3-37b)中注在水平投影上底板圆角的尺寸 $R8$。

(3) 对于某个与尺寸基准对称的尺寸,应合起来标注总的尺寸。如图 3-37c)中底板上两孔的孔心距,在长度方向关于长度基准对称,其定位尺寸应标注两孔完整的中心距 44,而不标注孔心到基准对称面的距离。

(4) 尺寸不可注成封闭的尺寸链。如图 3-37f)所示,若标注出总高 50,那么 35、$R15$ 和 50 三个尺寸就形成封闭的尺寸链,是错误的。

(5) 截交线、相贯线和表面相切处的切点位置都是不应标注尺寸的。

2. 尺寸标注要清晰

尺寸标注除了要求正确、完整外,为了便于读图,还要求标注得清晰。

(1) 尺寸应尽量注在反映形体特征明显的视图上,各基本形体的定形尺寸、定位尺寸尽量集中标注,如图 3-38 所示。

(2) 尺寸应尽量注在视图的外侧,布置在两个视图之间,以保持图形的清晰。同一方向几个连续尺寸应尽量放在同一条线上,如图 3-39 所示。平行尺寸则应“小尺寸在内,大尺寸在外”,以避免尺寸线与尺寸界线相交,如图 3-40 所示。

(3) 回转体的直径尺寸尽量注在非圆视图上,而圆弧的半径尺寸则必须注在投影为圆弧的视图上,如图 3-41 所示。

(4) 尽量避免在虚线上标注尺寸,如图 3-40 所示。

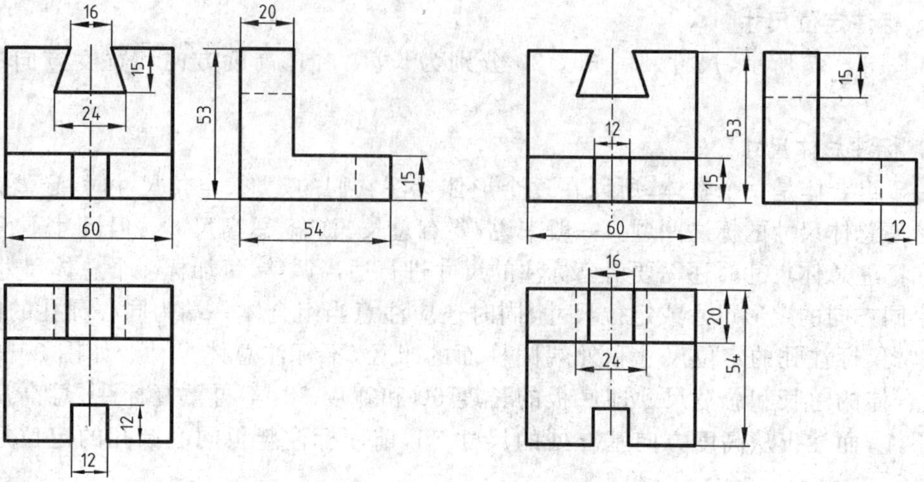

a) 好　　　　b) 不好

图 3-38　尺寸应集中标注

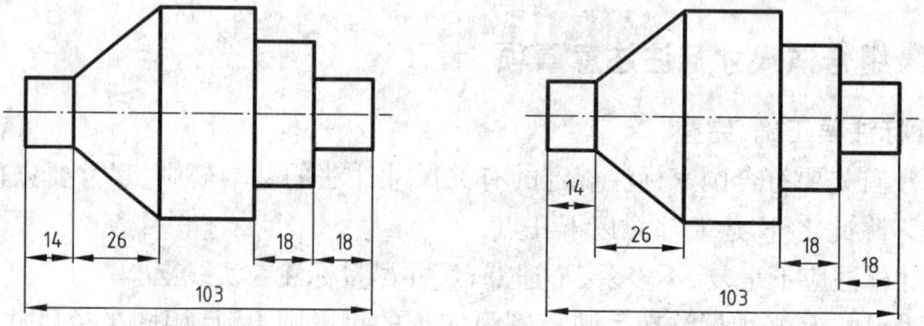

a) 好　　　　b) 不好

图 3-39　同一方向的尺寸标注

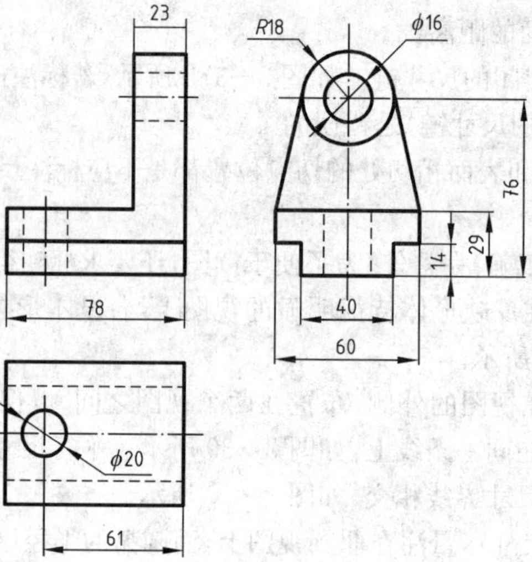

图 3-40　尺寸排列

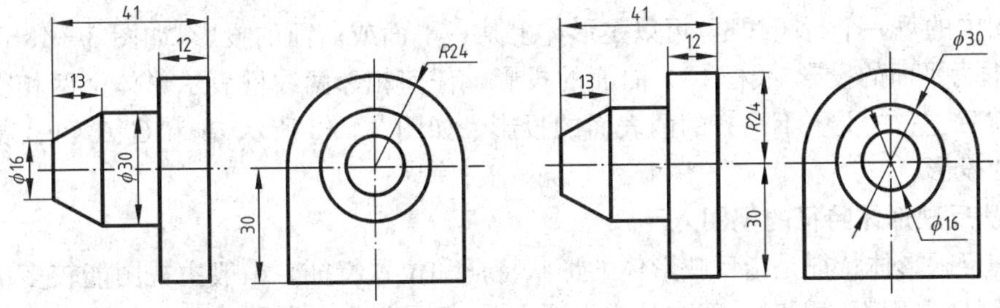

a) 好　　b) 不好

图 3-41　回转体的直径标注

(5) 内形尺寸与外形尺寸最好分别注在视图两侧。

3.6 读组合体视图

3.6.1 读图的基本知识

画图和读图是由空间物体到投影图和由投影图到空间物体两个互逆的过程。画图是把空间形状用正投影方法表达在平面上；而读图则是运用正投影方法，根据视图想象出空间形体的结构形状。读图与画图在方法上有着紧密的联系。所以，要能正确、迅速地读懂视图，必须掌握读图的基本知识和基本方法，培养空间想象力和形体构思能力，并通过不断实践，逐步提高读图能力。

1. 几个视图联系起来看

物体的形状是通过一组图形来表达的，每个投影图只能反映物体一个方向的形状和两个方向的尺寸。所以，一般情况下，一个视图不能完全确定物体的形状。如图 3-42 所示的三组物体，它们的主、左视图都相同，但实际上却表达了不同形状的物体。由此可见，读图时，一般要将几个视图联系起来阅读、分析和构思，才能弄清物体的形状。

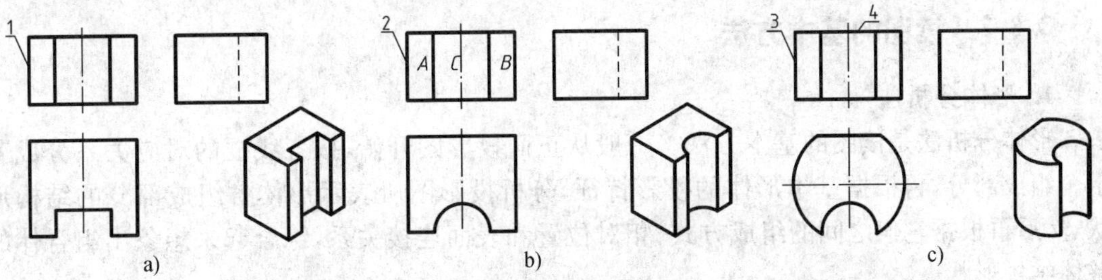

a)　　b)　　c)

图 3-42　几个视图联系起来分析才能确定物体形状

2. 理解视图中的线框和图线的含义

视图中的每一条图线(直线、曲线、虚线)，可能是形体上两表面交线的投影，如图 3-42a)中直线 1(平面与平面的交线)、图 b)中直线 2(平面与曲面的交线)；曲面转向轮廓线的投影，如图 3-42c)中的直线 3 是圆柱的转向轮廓线；还可以是具有积聚性表面的投影，如图

3－42c)中的直线4。

视图中的每一个封闭线框，可以是形体上某一平面或曲面的投影，如图3－43b)所示，A和B线框为平面的投影，线框C为曲面的投影。任何相邻两线框表示形体上两相交表面的投影或前后、左右、上下不平齐的两表面的投影。如图3－42所示，A和C、C和B都是相交两表面的投影。

3. 从反映形体特征的视图入手

所谓反映形体特征是指反映形体的形状特征和位置特征。一般主视图能较多反映组合体的形体特征，因而读图时一般先从主视图入手，但是组合体各部分的形体特征不一定全集中在主视图上，可能每一个视图都有一些。如图3－43a)所示，主视图其形状特征较明显，但只看主视图，物体上的Ⅰ和Ⅱ两部分哪个凸出，哪个凹进无法确定，从俯视图上也无法确定，可能是图3－43b)或图3－43c)所示的形体，而左视图却明显反映了位置特征。将主、左两个视图联系起来看，就唯一判定是图3－43b)所示的形状。

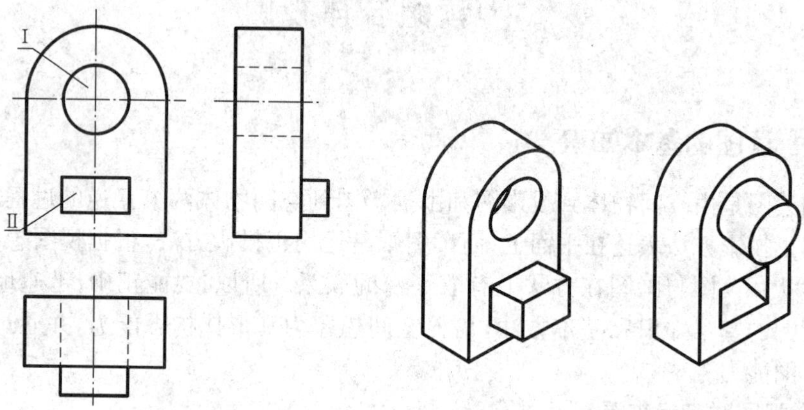

a)　　b)　　c)

图3－43　特征视图

因此，读图时必须找出能反映各部分形体特征的视图，再配合其他视图，就能快速、准确地想象出该组合体的空间形状。

3.6.2　读图的基本方法

1. 形体分析法

形体分析法是读图的基本方法。一般从正面投影图开始，按各线框的对应关系分成若干个组成部分，再根据基本形体的投影特征，分析投影图所表示形体各组成部分的结构形状，然后再根据它们之间的组成方式、相对位置和表面连接关系，综合起来想象出组合体的整体结构形状。

下面以图3－44所示底座的投影为例，介绍形体分析法的读图步骤。

1）看视图，分线框

从主视图入手，结合其他两视图，按照投影对应关系把该组合体划分成三部分：座子Ⅰ、肋板Ⅱ、底板Ⅲ，如图3－44a)所示。

2）对投影，定形体

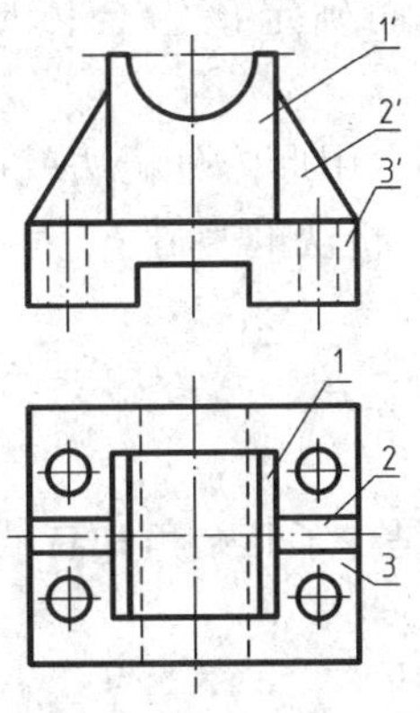

a) 分线框对投影

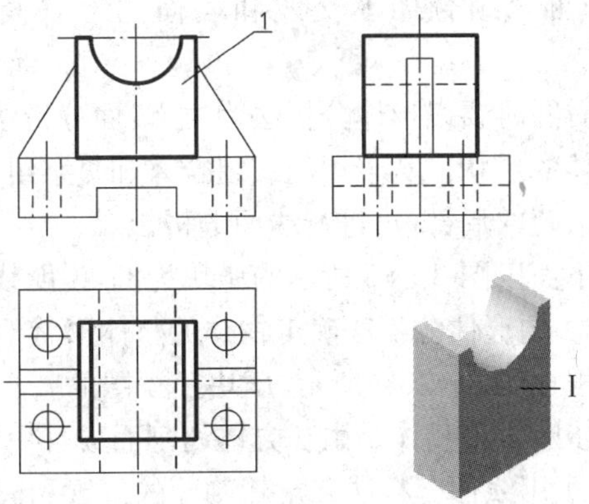

b) 想座子Ⅰ的形

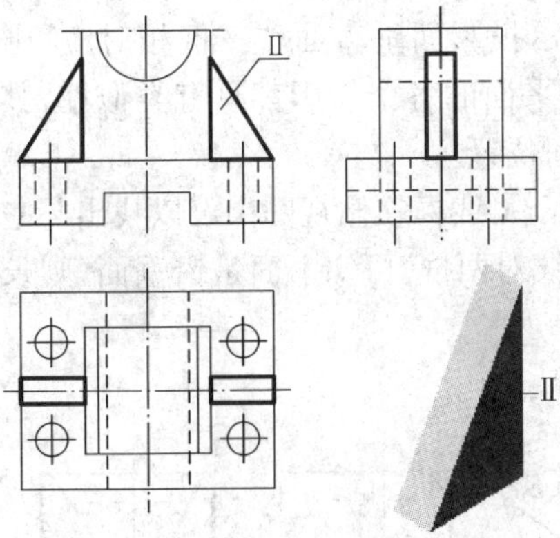

c) 想肋板Ⅱ的形状

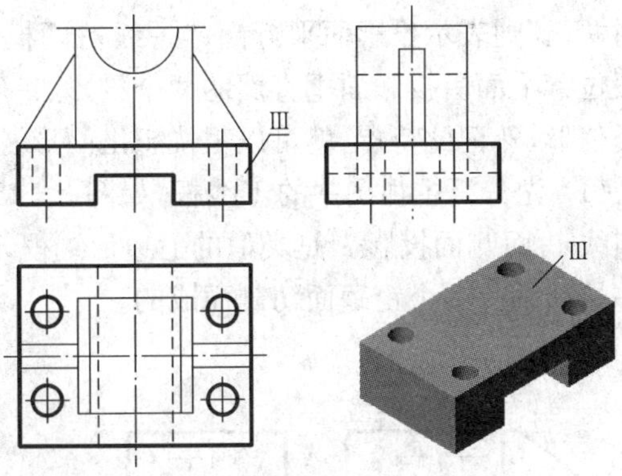

d) 想底板Ⅲ的形状

e) 构想各部分形状

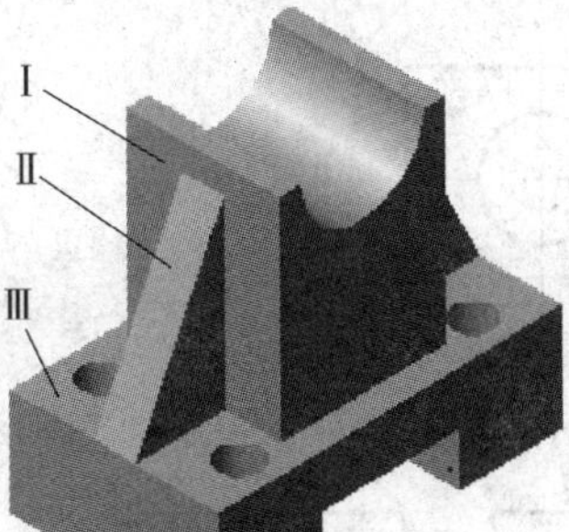

f) 综合想整体

图 3-44　形体分析法读图

根据每一部分的三个视图，逐一想象出各个基本形体的空间结构形体，并确定它们之间相对位置，如图 3-44b)～d)所示。

3）综合起来想整体

确定了三个基本形体的形状及其相对位置后，就可以想像出组合体的整体形状，如图 3-44e)和图 3-44f)所示。

2. 线面分析法

线面分析法是利用投影规律和线面关系投影特点来分析投影图中线条和线框的含

义，判断该组合体上交线和表面的形状及位置、投影特点，从而确定该组合体形状的方法。

看图时要以形体分析法为主，线面分析法为辅。有些简单图形，用形体分析法就可以看懂物体的形状。对于切割式组合体和复杂组合体的图形，在形体分析法的基础上，对一些不易搞清楚的局部，再进行线面分析。

下面以图 3－45 所示的压块为例，说明线面分析法在读图中的应用。

1）用形体分析法确定物体的整体形状

根据图 3－45a)所示，压块三视图的基本轮廓都是长方体，只是少了几个角和有缺口，可以初步断定该物体是由长方体切割而成且中间有一个阶梯圆柱孔。

2）用线面分析法确定切割面的位置和面的形状

分线框，识面形。首先看主视图，主视图中有三个可见的封闭线框。在三视图中，凡“一框对两线”则表示投影面平行面；“一线对两框”则表示投影面垂直面；“三框相对应”则表示一般位置平面。投影面垂直面的两个投影、一般位置平面的各个投影都具有类似性，其线框呈类似形，熟记此特点，就可以很快想出面形及其空间位置。

(1) 先分析主视图中的 1′线框，如图 3－45b)所示，1′线框在俯视图中可以找出与它对应的斜线 1，而侧面投影 1″是类似的七边形线框，由“一线对两框”可知Ⅰ面是铅垂面，则长方体的左端就是有两个铅垂面切割而成的。

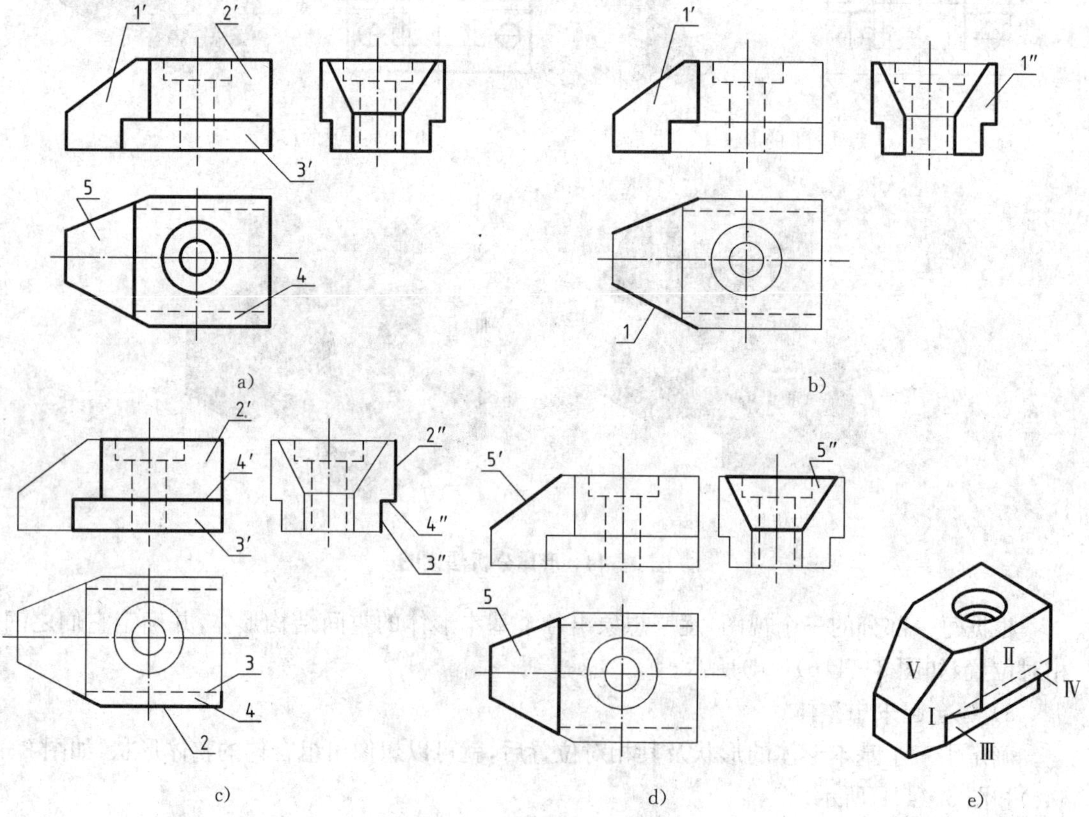

图 3－45　线面分析法读图

(2) 再分析主视图中的 2′、3′和 4′线框，如图 3-45c)所示，2′和 3′在 H 面和 W 面的投影对应为一直线，由“一框对两线”可知Ⅱ、Ⅲ面是正平面；Ⅱ、Ⅲ面是两个前后错开的矩形平面，且 2′和 3′是它们在 V 面的实形投影，而分隔开这两个面的是Ⅳ面，线框 4 在 V 面和 W 面的投影对应为一直线，由“一框对两线”可知Ⅳ面是水平面。则长方体的前后两个角被这三个面切去。

(3) 分析俯视图中的线框 5，如图 3-45d)所示，由“一线对两框”可知Ⅴ面是正垂面，则长方体的左上角是由 V 面切割而成。

3) 综合起来想象整体形状

搞清楚各截切面的空间位置和形状后，根据基本形体形状、各截切面与基本形体的相对位置，并进一步分析视图中线、线框的含义，可以综合起来想象出整体形状，如图 3-45e)所示。

3.6.3 读图应用举例

由已知的两个视图补画第三视图或补画三视图所缺的图线，对培养画图与读图能力，提高分析问题和解决问题的能力，是行之有效的方法。给定的一组视图必须能够完全确定形体的结构形状，因此，需在读懂已知视图并想象出物体形状的基础上，才能正确地补画出第三视图或视图中所缺的图线。

例 3-14 根据图 3-46a)所示的两视图，补画左视图。

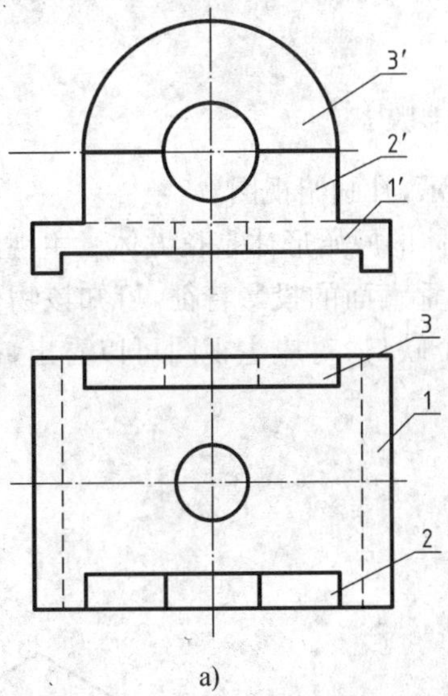

a)

b)

图 3-46 补画左视图

(1) 分析 首先根据形体分析法，从主视图入手，联系俯视图，可以把整体分解为Ⅰ、Ⅱ、Ⅲ三个部分，然后分别构思每个部分的形状，可以看出Ⅰ为带方槽和圆孔的长方形板，Ⅱ为带孔 U 形板，Ⅲ为带半圆孔的长方形板。最后根据三者的相对位置关系构思出整体，如图 3-46b)所示。

(2) 作图步骤 如图 3-47 所示。

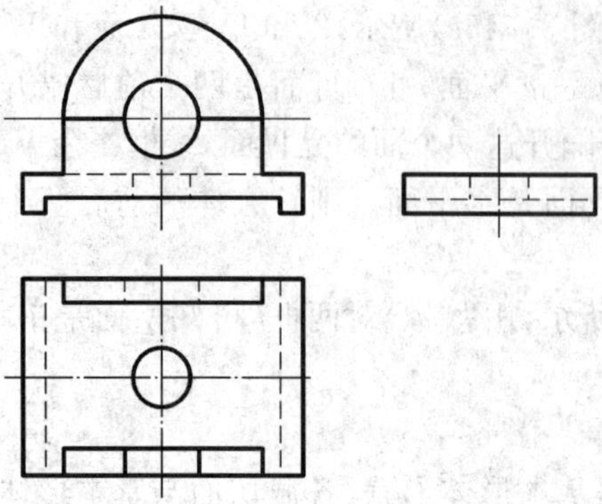

a）画Ⅰ部分

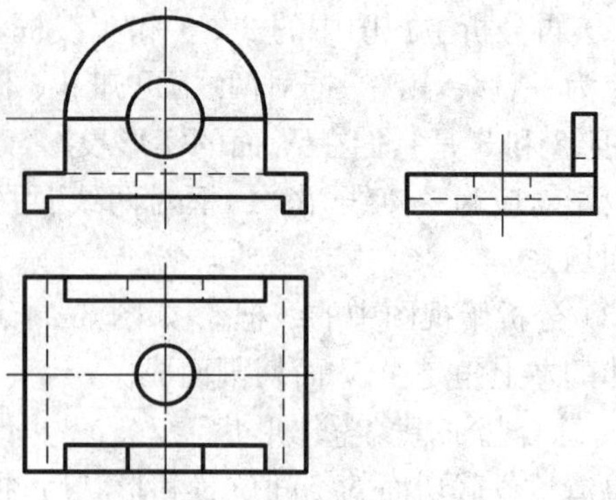

b）画Ⅱ部分

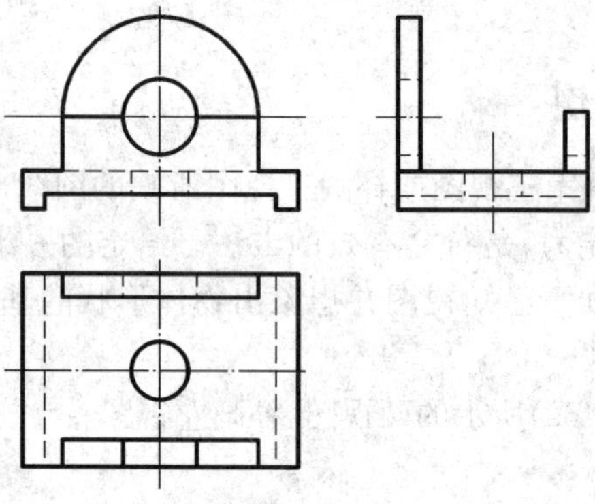

c）画Ⅲ部分

图 3－47　补画左视图的步骤

例 3－15　已知组合体主、左视图，如图 3－48a)所示，补画俯视图。

（1）分析　根据组合体的两面投影可以看出，该物体的原始形体是长方体。主视图左上角的斜线 1′，对应左视图上的凸形线框 1″，根据投影面垂直面的投影特征，可知该物体的左上角表面Ⅰ的形体也为凸形；左视图上方前后各有一个缺口，对应主视图可以看出，被水平面和正平面截切，由此可知物体上这两个截平面的实形。

（2）作图步骤　如图 3－48a)～c)所示。

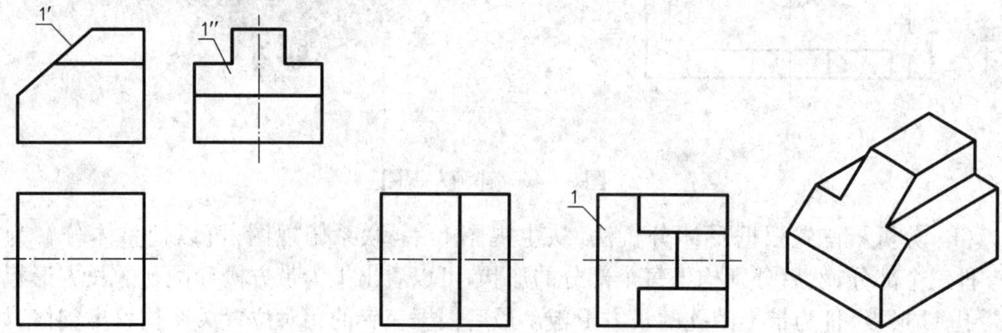

a）画出外轮廓　　b）长方体左上角斜切去三棱柱　　c）前后部分各切去梯形四棱柱

图 3－48　补画俯视图

例 3-16 补画图 3-49a)所示组合体视图中,所缺的图线。

(1) 分析 从已知三个视图的特征轮廓分析,该组合体是一个长方体被几个不同位置的平面切割后形成的,可采用边切割,边想象,逐步修改和补画出三个视图中所缺的图线。

(2) 作图步骤 如图 3-49b)~d)所示。

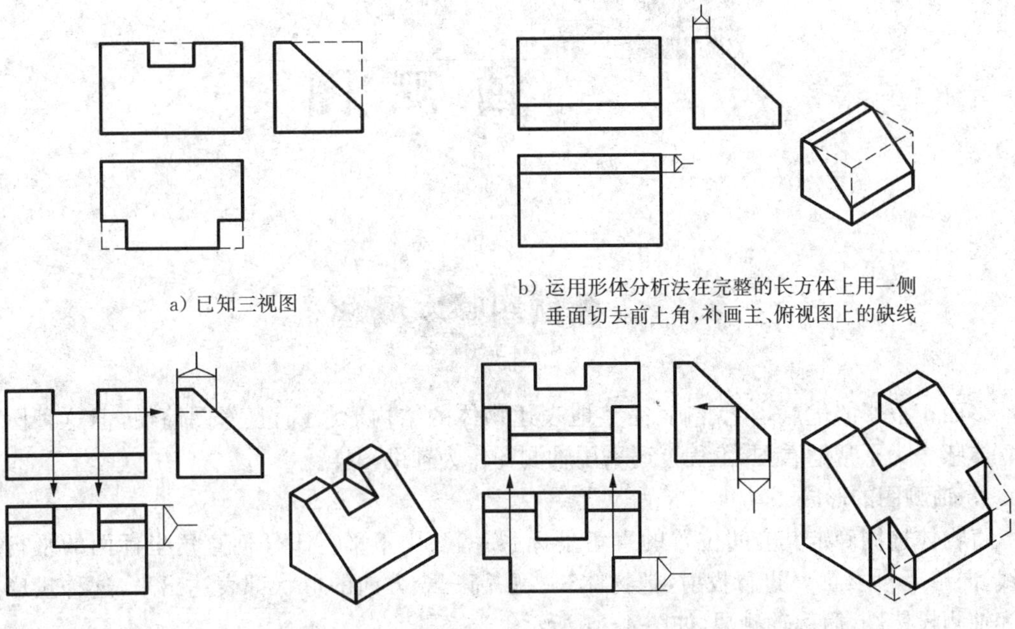

a) 已知三视图

b) 运用形体分析法在完整的长方体上用一侧垂面切去前上角,补画主、俯视图上的缺线

c) 中部切槽后,补画俯、左视图上的缺线

d) 左、右各切去一角后,补画主、左视图上的缺线

图 3-49 补画视图中的缺线

第4章 轴测图

4.1 轴测图基本概念

多面正投影的优点是能准确、完整地表达物体的结构形状，而且作图简便，但这种图缺乏立体感。为了帮助看图，工程上还采用轴测图作为辅助图样。

1. 轴测图的形成

将物体连同确定其空间位置的直角坐标系一起，用不平行于任何直角坐标面的平行投射线，向单一投影面 P 进行投射，把物体长、宽、高三个方向的形状都表达出来，这种投影图称为轴测投影图，简称轴测图，如图 4－1 所示。

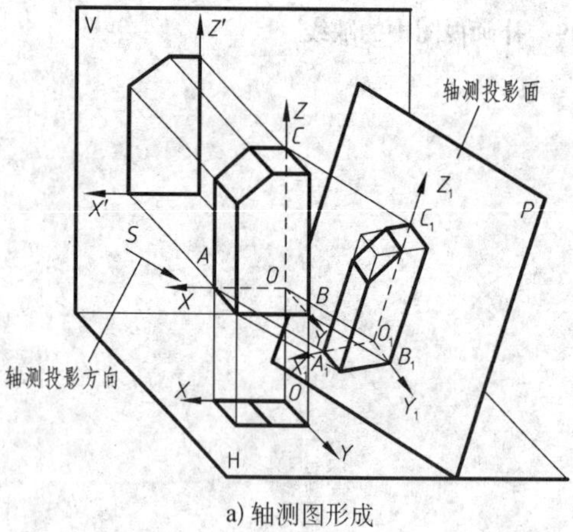

a) 轴测图形成

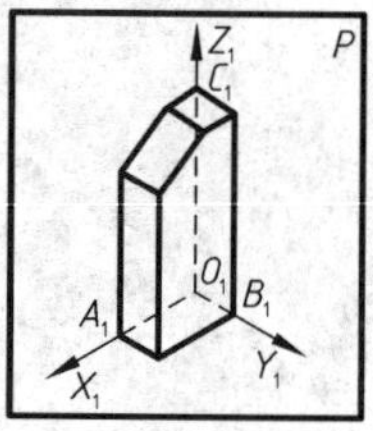

b) 轴测图放正

图 4－1　轴测图的形成

2. 轴测图的基本参数

1）轴测轴

直角坐标系中的坐标轴 OX、OY、OZ 在轴测投影面上的投影 O_1X_1、O_1Y_1、O_1Z_1 称为轴测图的轴测轴，如图 4－1a)所示。

2）轴间角

轴测图中相邻两轴测轴之间的夹角 $\angle X_1O_1Y_1$、$\angle X_1O_1Z_1$、$\angle Y_1O_1Z_1$ 称为轴间角。如

图 4－1b)所示。

3) 轴向伸缩系数

沿轴测轴方向,线段的投影长度与其在空间的真实长度之比,称为轴向伸缩系数。并分别用 p、q、r 表示 OX、OY、OZ 轴的轴向伸缩系数,即 $p=O_1A_1/OA$,$q=O_1B_1/OB$,$r=O_1C_1/OC$。

3. 轴测图的特点

(1) 轴测图为单面投影。

(2) 立体上平行于坐标轴的棱线,在轴测图上平行于相应的轴测轴,画图时可按规定的轴向伸缩系数度量其长度。

(3) 立体上互相平行的棱线,在轴测图上仍然互相平行。

(4) 轴测图中一般只画出可见部分的轮廓线,必要时可用细虚线画出其不可见的轮廓线。

改变立体与投影面的相对位置或改变投影线的方向,可以得到多种轴测图,每一种都有一套轴间角及相应的轴向伸缩系数,国家标准《机械制图》推荐了两种作图比较简便的轴测图,即正等轴测图(简称正等测)和斜二轴测图(简称斜二测)。这两种常用轴测图的轴测轴位置、轴间角大小及各轴向伸缩系数也各不相同,但表示物体高度方向的 Z 轴,始终处于竖直方向,以便于符合人们观察物体的习惯。

4.2 正等轴测图的画法

4.2.1 正等轴测图的形成

正等测投影是将物体放置成一个特殊的位置——OX、OY、OZ 轴均与轴测投影面具有相同的倾角之后向轴测投影面作的正投影,所得的图形称为正等轴测图(简称正等测)。图 4－2 演示了正等轴测图的形成过程。

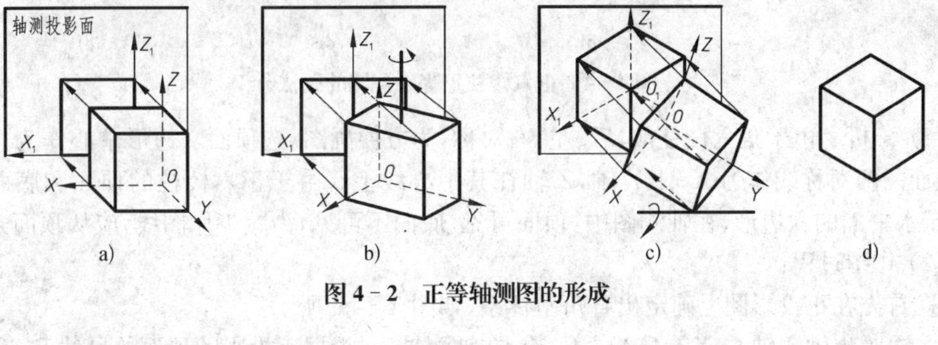

图 4－2　正等轴测图的形成

4.2.2 正等轴测图的画法

1. 正等轴测图的规定

如图 4－3a)所示,正等轴测图的轴间角均为 120°,画图时使 O_1Z_1 轴处于竖直位置,O_1X_1、O_1Y_1 轴均与水平成 30°,可利用三角板上的 30°斜边方便地画出,如图 4－3b)所示。由于物体的三坐标轴与轴测投影面的倾角均相同,因此,正等轴测图的轴向伸缩系数也相同，$p=q=r=0.82$。根据这些系数，就可以度量平行于各轴向的尺寸。所谓轴测就是指可沿各轴测量的意思，等测则是表示这种图各轴向的伸缩系数相等。为了作图、测量和计算都方便，常把正等轴测图的轴向伸缩系数简化成 1，这样在作图时，凡是与轴测轴平行的线段，可按实际长度量取，不必进行换算。

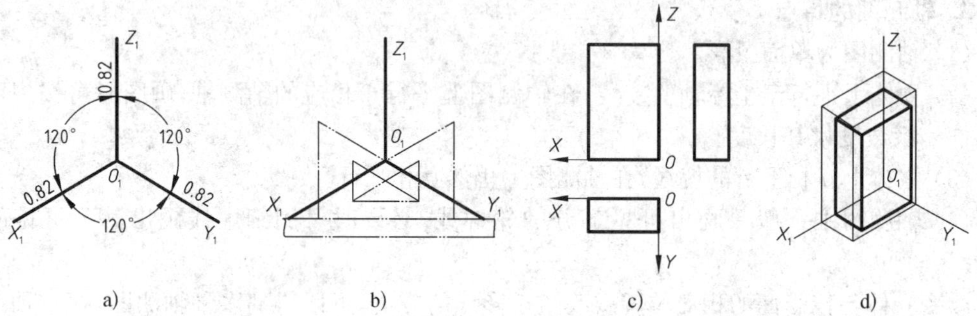

a)　　b)　　c)　　d)

图 4－3　正等测投影的轴测轴、轴间角、轴向伸缩系数

2. 平面立体正等轴测图的画法

画轴测图常用的方法有坐标法、切割法、堆积法和综合法。坐标法是最基本的方法。

1）坐标法

坐标法是轴测图常用的基本作图方法，它是根据坐标关系，先画出物体特征表面上各点的轴测投影，然后由各点连接物体特征表面的轮廓线，来完成正等轴测图的作图。

例 4－1　由正六棱柱的主、俯视图，应用坐标法画出其正等轴测图，如图 4－4 所示。

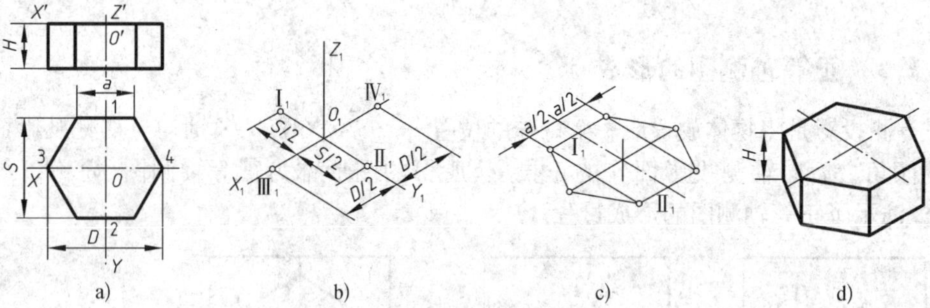

a)　　b)　　c)　　d)

图 4－4　正六棱柱正等轴测图的画法

（1）分析　由于正六棱柱前、后、左、右对称，为方便画图，选顶面六边形中心作为坐标原点，顶面的两对称线作为 X 轴、Y 轴，Z 轴在其中心线上。由于正六棱柱的顶面和底面均为平行于水平面的六边形，在轴测图中，顶面可见，底面不可见，为减少作图线，应从顶面开始。

（2）作图过程：

① 首先在正投影图上确定出直角坐标系，如图 4－4a)所示。

② 再画出轴测轴 O_1X_1、O_1Y_1、O_1Z_1，在轴测轴上，根据正投影图顶面的尺寸 S、D 定出 $Ⅰ_1$、$Ⅱ_1$、$Ⅲ_1$、$Ⅳ_1$ 的位置，如图 4－4b)所示。

③ 根据轴测图的特性，过 $Ⅰ_1$、$Ⅱ_1$ 作平行于 O_1X_1 的直线，并以 Y_1 轴为界各取 $a/2$，然后连接各点，如图 4－4c)所示。

④ 过顶面各点向下量取 H 值画出平行于 Z_1 轴的侧棱；再过各侧棱顶点画出底面各边，擦去作图辅助线、细虚线，描深，完成六棱柱的正等轴测图，如图 4－4d)所示。

由上例可见，画平面立体的正等轴测图时，应首先找出其特征面，画出该特征面的轴测图，然后完成立体的轴测图。图 4 - 5 是两个平面立体，用坐标法从特征面出发画正等轴测图的实例，请读者自行分析。

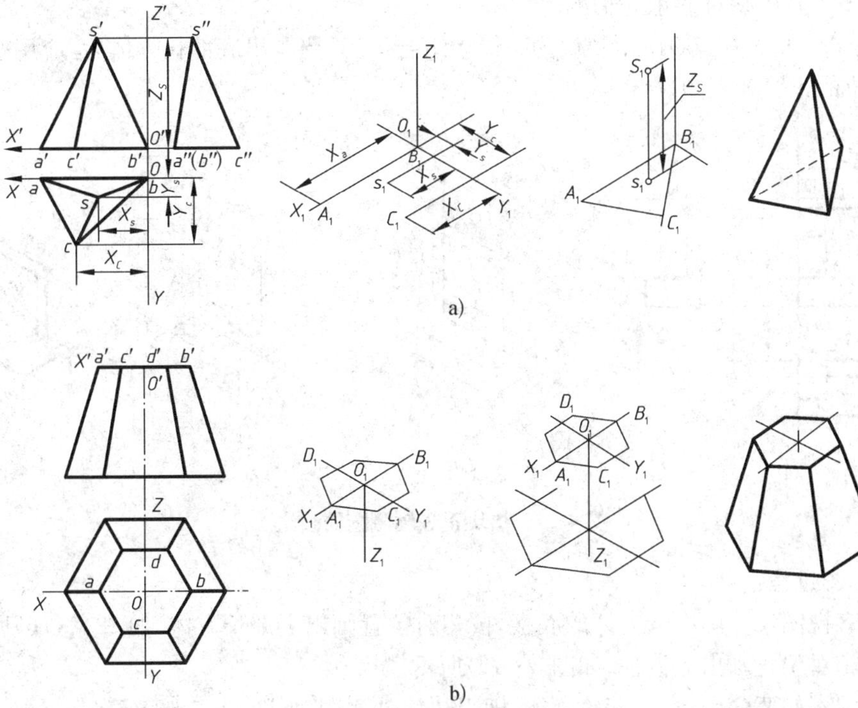

b)

图 4 - 5　由特征面画正等轴测图

2) 切割法

例 4 - 2　画带 V 形槽的长方体的正等轴测图

(1) 分析　图 4 - 6a)为一长方体中间切出一个三棱柱而形成。只要画出长方体后，应用切割法即可得到其正等轴测图。

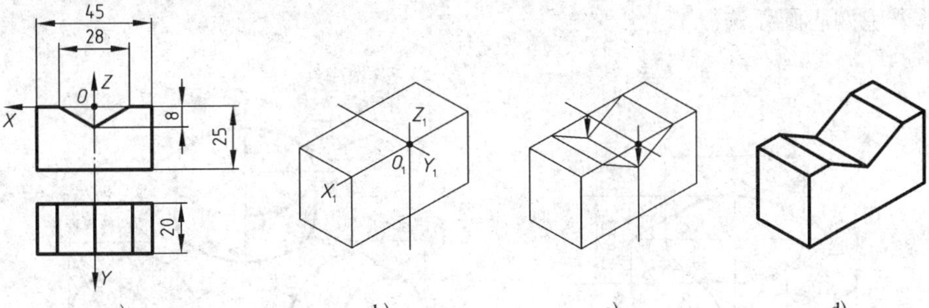

a)　　b)　　c)　　d)

图 4 - 6　带 V 形槽的长方体正等轴测图的画法

(2) 作图过程：

① 在视图中以长方体前上边中心为原点，作三坐标轴。如图 4 - 6a)所示。

② 取长方体前上边中心为原点，作三轴测轴。在 O_1X_1 轴上对称截取 45/2，O_1Y_1、O_1Z_1 轴上分别截取 20、25，作出长方体的正等轴测图。如图 4 - 6b)所示。

③ 根据V形槽尺寸28，在O_1X_1轴上以O点对称截取28/2得槽宽，在O_1Z_1轴上以O点下截取8得槽深，过V形槽三顶点，引O_1Y_1轴的平行线，连线即得V形槽。如图4－6c)所示。

④ 擦去不必要的图线，加深轮廓线。如图4－6d)所示。

例4－3 画出垫块的正等轴测图

(1) 分析：如图4－7a)所示垫块为一简单组合体，只要画出底部长方体后，应用叠加法即可得到垫块的正等轴测图。

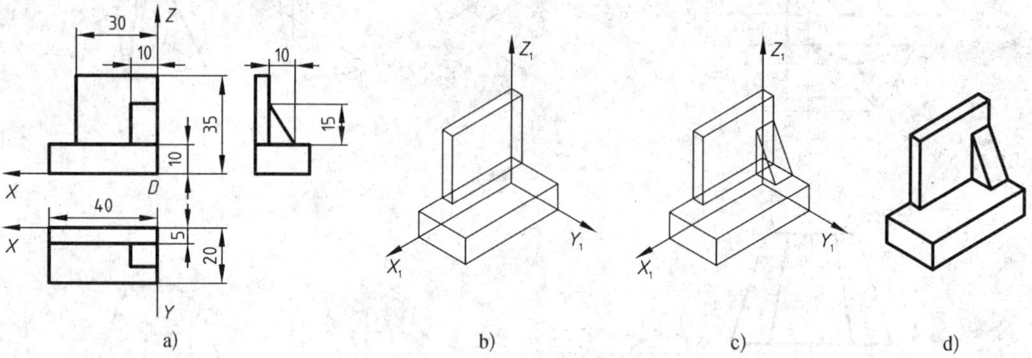

图4－7 垫块正等轴测图的画法

(2) 作图过程：

① 按三视图尺寸画出长方体的底板，按相对位置画出上部长方体，如图4－7b)所示。

② 按相对位置画出三棱柱，如图4－7c)所示。

③ 擦去不必要的图线，加深轮廓线，即得垫块轴测图，如图4－7d)所示。

3. 曲面立体正等轴测图的画法

1) 平行于投影面的圆的正等轴测图的画法

由于正等轴测图的三个坐标轴都与轴测投影面倾斜，所以平行于投影面的圆的正等轴测图均为椭圆，如图4－8a)所示。由图可见：$X_1O_1Y_1$面上椭圆的长轴垂直于O_1Z_1轴，$X_1O_1Z_1$面上椭圆的长轴垂直于O_1Y_1轴，$Y_1O_1Z_1$面上椭圆的长轴垂直于O_1X_1轴，在作图时，通常采用四心圆弧法。

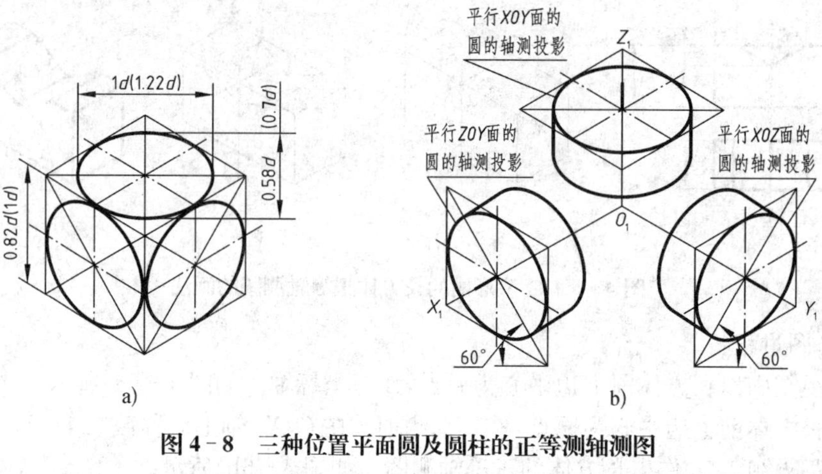

图4－8 三种位置平面圆及圆柱的正等测轴测图

例 4-4 画出图 4-9 所示平行于 H 面的圆的正等轴测图。

作图过程如下：

① 首先确定平面图形的直角坐标轴，并作圆外切四边形，如图 4-9 所示。

② 再作出轴测轴 O_1X_1、O_1Y_1，并按轴测投影的特性作出平面圆外切四边形的轴测投影菱形，如图 4-10a)所示。

③ 然后再分别以图 4-10b)中 A、B 点为圆心，以 AC 为半径画圆弧 DC，以 BE 为半径画圆弧 EF。

④ 连接 AC 和 AD 交长轴于Ⅰ、Ⅱ两点，如图 4-10c)所示。分别以Ⅰ、Ⅱ两点为圆心，ⅠD、ⅡC 为半径画两圆弧，在 C、F、D、E 处与圆弧 DC、EF 相切，即完成平行于 H 面的圆的正等轴测图如图 4-10d)所示。

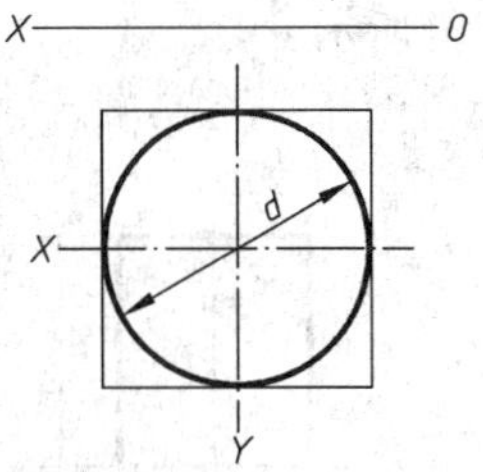

图 4-9 平行于 H 面的圆的投影图

从上面作圆的正等轴测图的过程看，作平行于坐标面的圆的正等轴测图时应弄清楚平面圆平行于哪个坐标面，以确定不同的长短轴方向，其近似作图方法都一样。图 4-8b)为三种不同位置平面圆及圆柱的正等轴测图，请读者仔细观察。

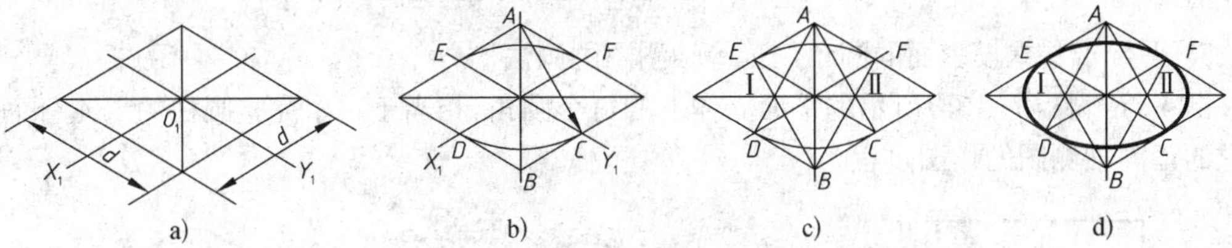

图 4-10 平面圆的正等轴测图的作图过程

2) 曲面立体的正等轴测图的画法

知道了平面圆的正等轴测图的画法，在画曲面立体正等轴测图时，只要明确该曲面立体上的平面圆与哪一个坐标面平行，就能保证作出其正确的正等轴测图。对于圆柱、圆锥、圆台和圆球，其作图方法和步骤都是一样的。

例 4-5 求出如图 4-11a)所示圆台的正等轴测图。

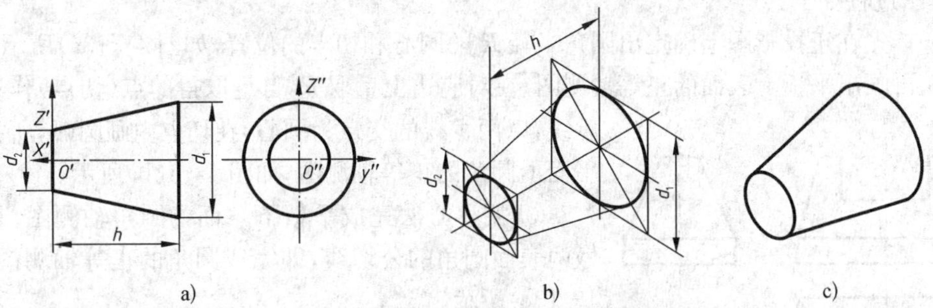

图 4-11 圆台的正等轴测图的作图过程

作图过程如下：

① 首先由给定的两面投影图如图 4-11a)所示，分析该圆台表面的平面圆是平行于 W

面的侧平面，所以确定平面圆上的直角坐标轴位置，如图 4－11a)所示。

② 再作出两平面圆的轴测轴，并作出两平面圆的正等轴测图，如图 4－11b)所示。

③ 最后作出两椭圆的公切线，并擦去不可见以及多余的作图辅助线，描深完成，如图 4－11c)所示。

图 4－12 是圆柱正等轴测图的画图过程，请读者仔细观察。

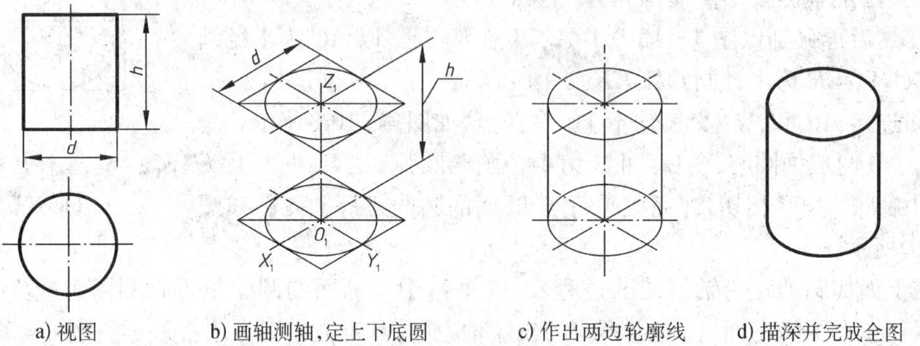

a) 视图　　b) 画轴测轴，定上下底圆中心，画上下底椭圆　　c) 作出两边轮廓线(注意切点)　　d) 描深并完成全图

图 4－12　圆柱正等轴测图的作图过程

3) 平行于基本投影面的圆角的正等轴测图的画法

例 4－6　图 4－13a)所示的平面立体上的每个圆角，相当于一个完整圆柱的 1/4，下面介绍它的正等轴测图的作图过程。

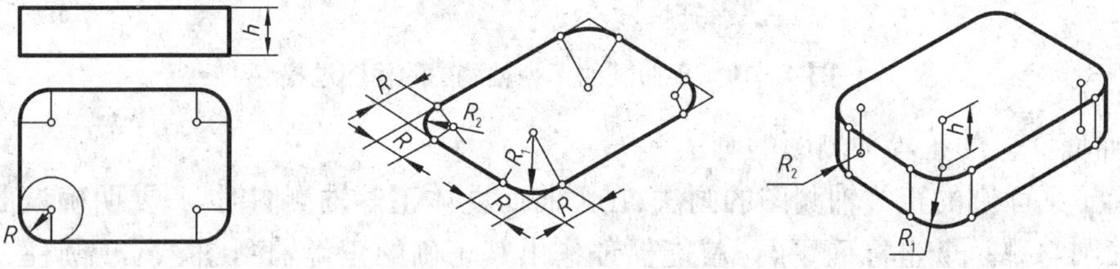

a)　　b)　　c)

图 4－13　圆角的正等轴测图作图过程

作图过程如下：

① 首先在正投影图上确定出圆角半径 R 的圆心和切点的位置，如图 4－13a)所示。

② 再画出平板上表面的正等轴测图，在对应边上量取 R，自量取得的点(切点)作边线的垂线，以两垂线的交点为圆心，在切点内画圆弧，所得即为平面上圆角的正等轴测图，如图 4－13b)所示。

③ 用移心法完成平板下表面的圆角轴测图，最后再做两表面圆角的公切线，即完成圆角的正等轴测图，如图 4－13c)所示。

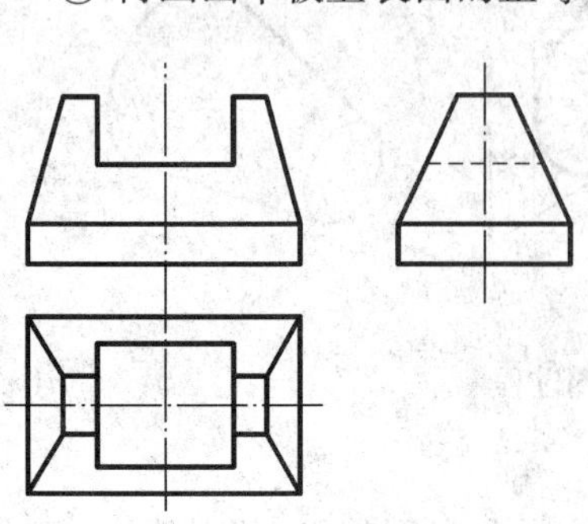

图 4－14　立体的三视图

4. 综合举例

例 4－7　作出如图 4－14 立体的正等轴测图。

通过形体分析可知，该立体是由长方体切割形成的，作图时可先画出长方体的正等轴测图，再按逐次切割的顺序作图,作图过程如图 4-15a)、b)、c)、d)、e)所示。

注意:切割的顺序影响到作图的难易。请读者自行分析。

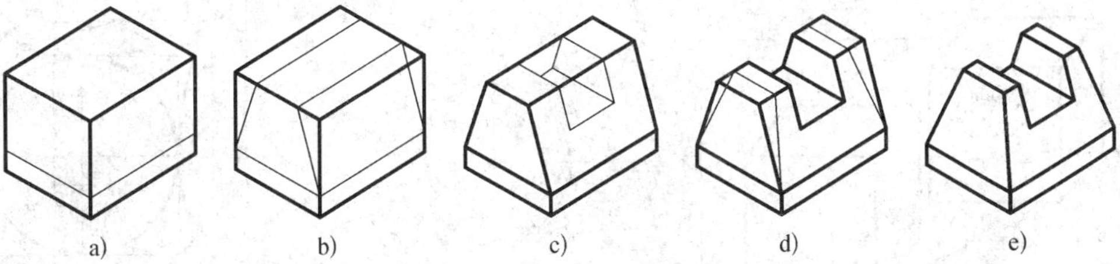

图 4-15　切割体的正等轴测图作图过程

例 4-8　作出如图 4-16 所示支架的正等轴测图。

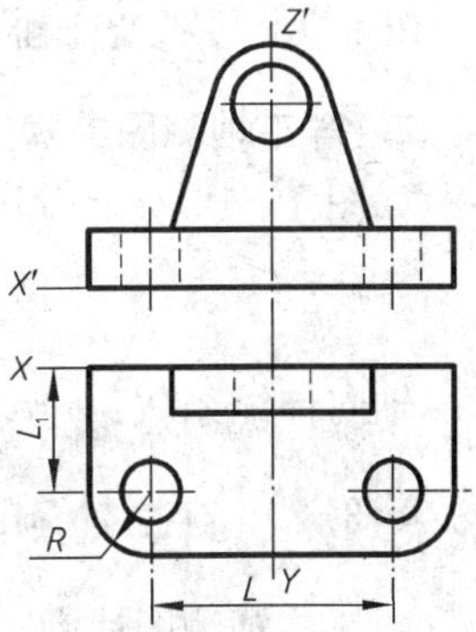

图 4-16　支架的视图

作图过程如下:

① 先画底板轮廓,确定竖板后孔口圆心 O_1,由 O_1 求出前孔口圆心 O,作竖板顶部圆柱面的轴测椭圆弧,如图 4-17a)所示。

② 作出竖板上的圆孔及竖板轮廓,如图 4-17b)所示。

③ 作底板上的两个圆角。必须注意,底板在底面上的一段可见圆弧不要漏画,如图 4-17c)所示。

④ 作出底板上两小孔的轴测椭圆,擦去作图线,描深,完成作图,如图 4-17d)所示。

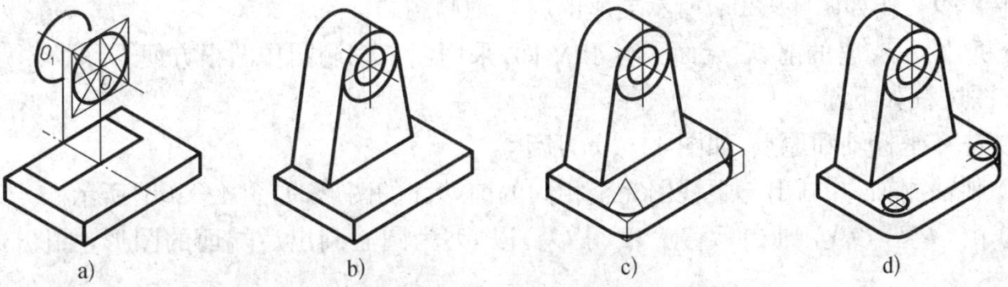

图 4-17　支架的正等轴测图的作图过程

4.3　斜二轴测图的画法

4.3.1　斜二轴测图的基本概念

1. 斜二轴测图的形成

当物体上的两个坐标轴 OX 和 OZ 与轴测投影面平行,而投射方向与轴测投影面倾斜时,所得的轴测图称为斜二轴测图,如图 4-18 所示。由于坐标面 XOZ 平行于轴测投影面,故它在轴测投影面上的投影反映实形。X_1 和 Z_1 间的轴间角为 90°,X 和 Z 的轴向伸缩系数都等于 1,因而叫斜二轴测图。当零件只有一个方向有圆或形状复杂时,为了便于画图,宜采用斜二轴测图表示。

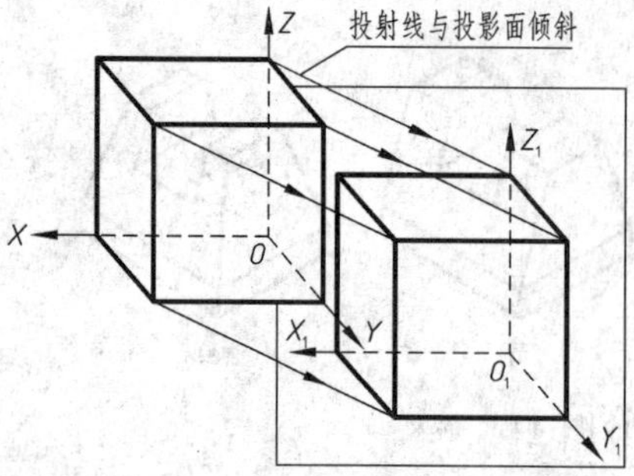

图 4－18　斜二测轴测图的形成

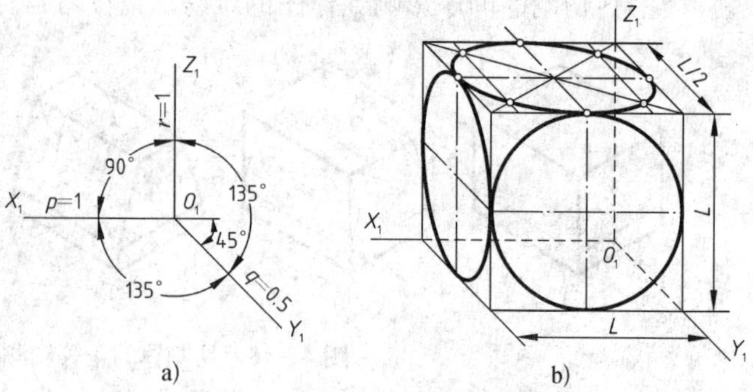

图 4－19　斜二测轴测图的规定

2. 斜二轴测图的规定

如图 4－19 所示，斜二轴测图的轴间角：$\angle X_1O_1Z_1 = 90°$

$$\angle X_1O_1Y_1 = \angle Y_1O_1Z_1 = 135°$$

轴向伸缩系数：$p = r = 1, q = 0.5$

4.3.2　斜二轴测图的画法

画斜二轴测图通常从最前面的面开始，沿 Y_1 轴方向分层定位，在 $X_1O_1Z_1$ 轴测面上定形，注意 Y_1 方向伸缩系数 0.5。

例 4－9　作如图 4－20a)所示支座的斜二轴测图。

分析：图示支座的前、后端面平行于 V 面，采用斜二轴测图作图很方便。

作图过程如下：

① 选择坐标轴和原点，如图 4－20a)所示。

② 画轴测轴，并画出与主视图完全相同的前端面的图形，如图 4－20b)所示。

③ 由 O_1 沿 O_1Y_1 轴向后移 $L/2$ 得 O_2，以 O_2 为圆心画出后端面的图形，如图 4－20c)所示。

④ 画出其他可见轮廓线以及圆弧的公切线，描深，完成作图，如图 4－20d)所示。

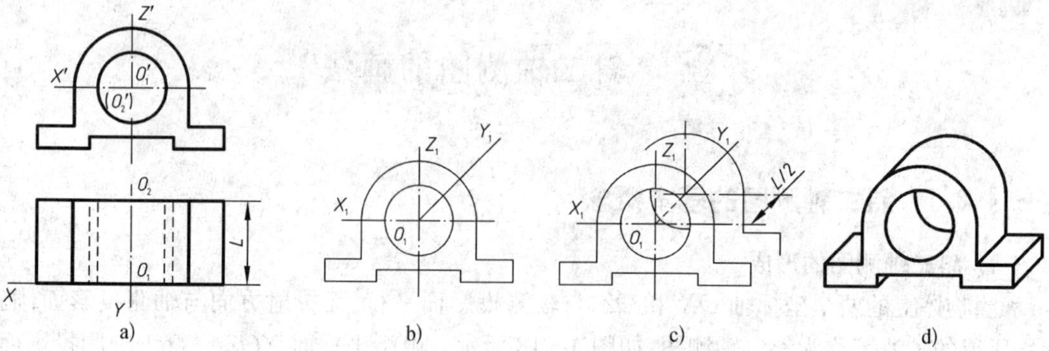

图 4－20　支座的斜二轴测图作图过程

例 4-10 作如图 4-21 所示零件的斜二轴测图。

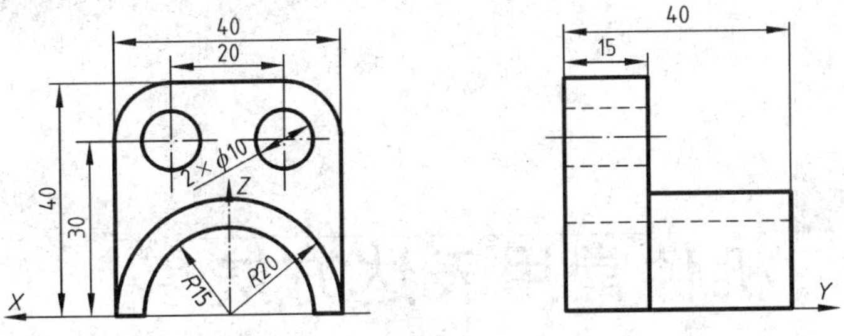

图 4-21

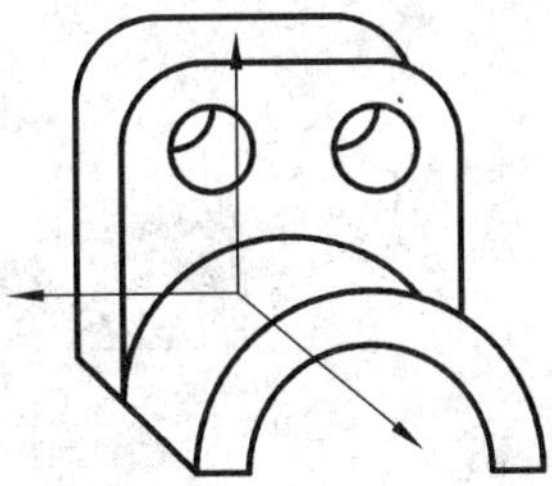

图 4-22

完成的图形如图 4-22 所示,请读者自行画出。

4.4 轴测剖视图的画法

为了表达物体内部形状和结构,可假想用两个剖切平面沿轴向剖切物体,画成轴测剖视图。并按图 4-23 所示的方向在剖面区域画上剖面符号。

图 4-24 和图 4-25 是轴测剖视图示例。

a) 正等轴测图上剖面线的画法　　b) 斜二轴测图上剖面线的画法

图 4-23　轴测图上剖面线的方向

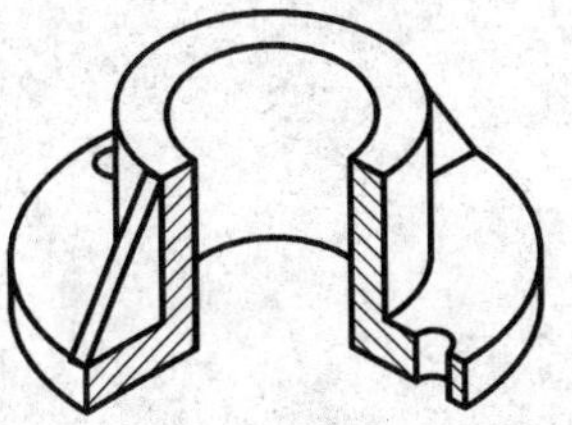

图 4-24　正等轴测剖视图

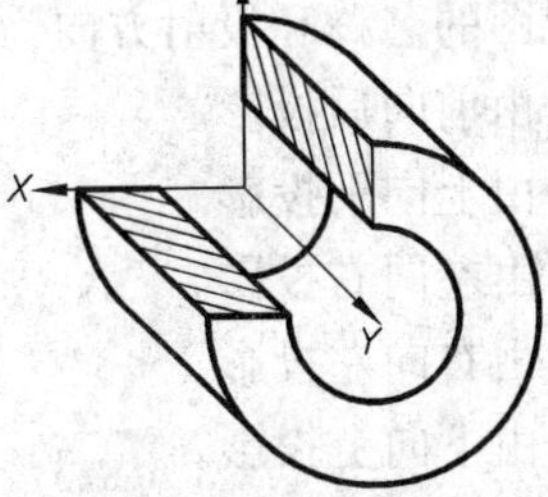

图 4-25　斜二测轴测剖视图

第5章 机件常用表达方法

在实际生产中，机件的结构形状是多种多样的，为了完整、清晰、简便地表达出它们的内外形状，国家标准《技术制图与机械制图》中规定了视图、剖视图、断面图和其他各种规定画法等多种表达方法。

5.1 视　图

视图是用正投影法将物体向投影面投影所得的图形。它主要用来表达机件的外部形状，必要时才用虚线画出其内部不可见部分。视图分为基本视图、向视图、局部视图、斜视图和旋转视图。

5.1.1 基本视图

物体向基本投影面投影所得的视图，称为基本视图。

在原有三个投影面的基础上，再增设三个互相垂直的投影面，从而构成一个正六面体的六个侧面，这六个面称为基本投影面，如图 5－1a)所示。将物体放在此体系中分别投影，如图 5－1b)所示，并按规定方法展开 6 个投影面，如图 5－1c)，即得六个基本视图，如图 5－1d)所示。

六个基本视图的名称和投射方向为：

主视图——由前向后投影。

俯视图——由上向下投影。

左视图——由左向右投影。

右视图——由右向左投影。

仰视图——由下向上投影。

后视图——由后向前投影。

各视图的位置按图 5－1d)所示位置配置时，可不标注视图名称。六个基本视图间仍保持着与三个视图相同的投影规律，即主、俯、仰、后视图长对正；右、主、左、后视图高平齐；俯、左、仰、右视图宽相等。

在实际绘图时，应根据物体的结构特点，按实际需要选择基本视图的数量。总的要求是表达完整、清晰，又不重复，使视图的数量最少。

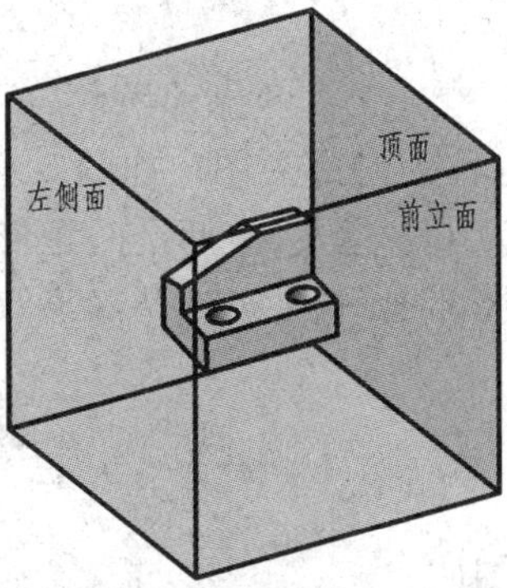

a）基本投影面

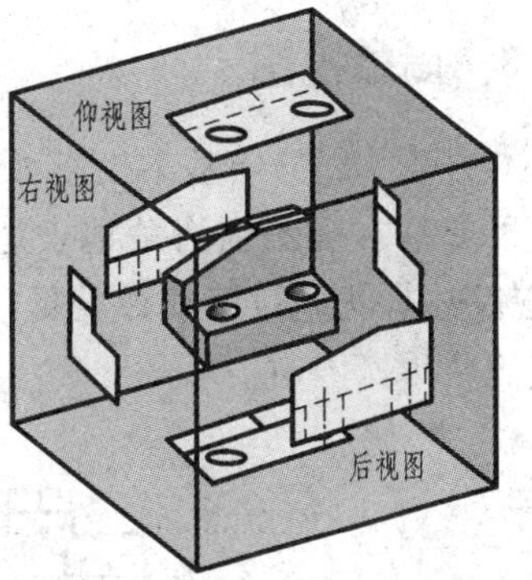

b）物体向投影面投影

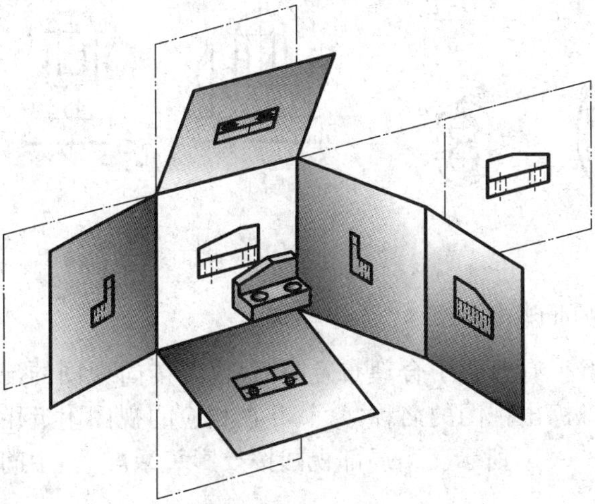

c）展开投影面

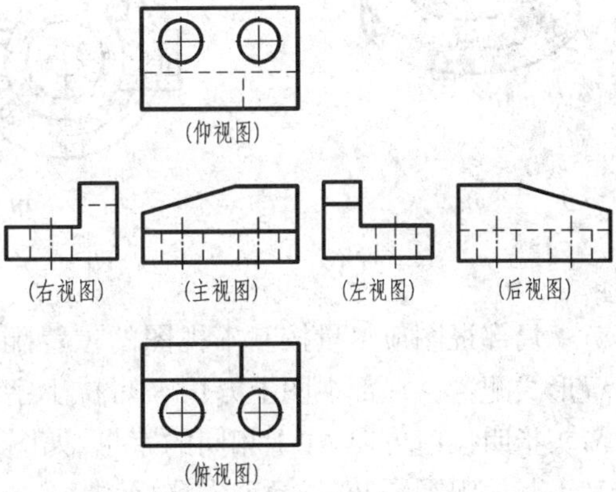

d）基本视图

图 5-1　六个基本视图的形成

5.1.2 向视图

由于六个基本视图配置固定，有时会给布图带来不便，因此，国家标准中规定了一种可以自由配置的视图，称为向视图。

画向视图时，一般应在向视图上方用大写拉丁字母标出视图的名称“×”，并在相应视图附近用箭头标明投影方向，注上同样的字母，如图 5-2 所示。

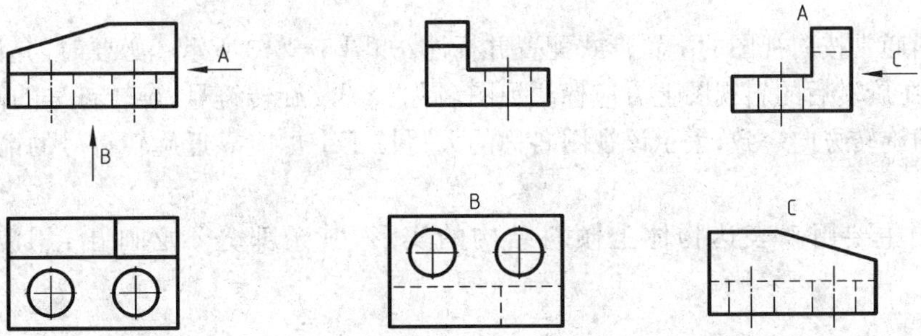

图 5-2　向视图

5.1.3 局部视图

将物体的某一部分向基本投影面投影所得的视图，称为局部视图。如图 5－3a)所示物体，主、俯两个基本视图已清楚地表达了主体形状，但为了表达左、右两个凸缘形状，再增加左视图和右视图，就显得繁琐和重复，此时可采用两个局部视图，来表达凸缘形状，既简练又突出了重点，如图 5－3b)所示。

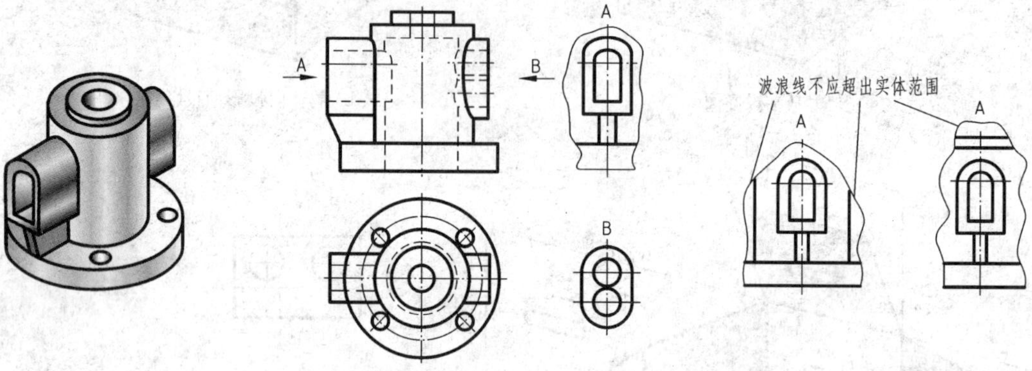

a)　　b)　　c) 错误画法

图 5－3　局部视图的画法

局部视图应尽量按基本视图的位置配置。有时为了合理布置图面，也可按向视图的配置形式配置。局部视图上方用大写拉丁字母标出视图的名称“×”，并在相应的视图附近用箭头指明投射方向，注上相同的字母，如图 5－3b)所示。当局部视图按投影关系配置，中间又无其他视图隔开时，允许省略标注。

局部视图的断裂边界用波浪线或双折线表示，如图 5－3b)中的 A 所示。但当所表示的局部结构完整，且其投影的外轮廓线又成封闭时，波浪线可省略不画，如图 5－3b)中的 B 所示。另外，波浪线不应超出机件实体的投影范围，如图 5－3c)所示。

5.1.4 斜视图

将物体向不平行于任何基本投影面的平面投影所得的视图，称为斜视图。

为表达倾斜部分的实形，可以设置一个平行于该倾斜部分的辅助投影面(该投影面应垂直于某一基本投影面)，则在该投影面上得到反映实形的倾斜部分的投影，即斜视图，如图 5－4a)所示。

斜视图通常按向视图的配置形式配置并标注，如图 5－4b)所示。必要时，允许将斜视图旋转配置，在旋转后的斜视图上方应标注视图名称“×”及旋转符号，旋转符号的箭头方向应与斜视图的旋转方向一致，表示该视图名称的大写拉丁字母应靠近旋转符号的箭头端，如图 5－4c)所示。

斜视图主要用来表达物体上倾斜结构的实形，其余部分不必画出，用波浪线断开即可。

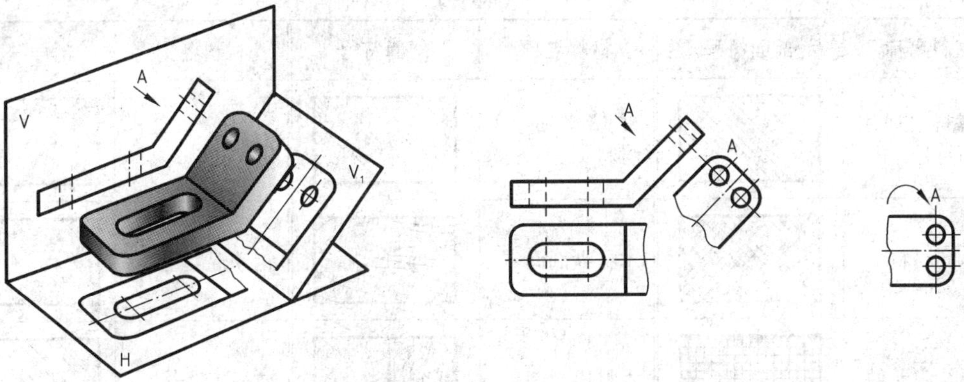

a) b) c)

图 5-4 斜视图的形成

5.2 剖视图

用视图表达物体形状时，内部的结构规定用虚线绘制。如果视图中虚线过多，则既影响图形表达的清晰性，又不利于标注尺寸，如图 5-5a)所示。为此，常采用剖视的方法表达。

5.2.1 剖视图概述

1. 剖视图的形成

假想用剖切面剖开机件，将处在观察者和剖切面之间的部分移去，而将其余部分向投影面投影所得的图形，称为剖视图，简称剖视，如图 5-5b)、c)所示。剖切面一般是平面或圆柱面，而平面用得最多。一般剖切面通过被剖切部分的对称面或轴线，且平行于某一投影面。

2. 剖面符号

剖切面与物体接触的部分称为剖面区域。画剖视图时剖面区域内应画上剖面符号。物体材料不同，其剖面符号也不同，见表 5-1。

金属材料的剖面符号是互相平行、间隔均匀的细实线，称为剖面线，国家标准中规定其为通用剖面线。当不需要在剖面区域中表示材料的类别时，可采用通用剖面线表示。

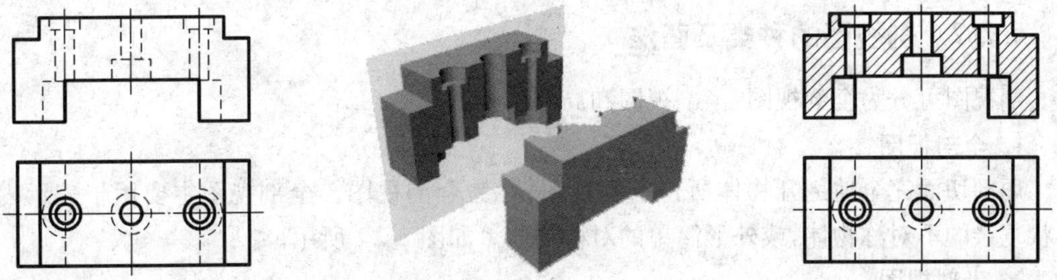
a) b) c)

图 5-5 剖视图的形成

表 5－1　　剖面符号

材料名称	剖面符号	材料名称	剖面符号	材料名称	剖面符号
金属材料通用剖面符号	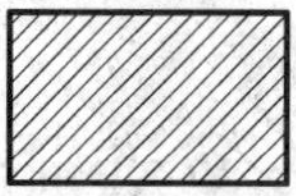	玻璃等透明材料	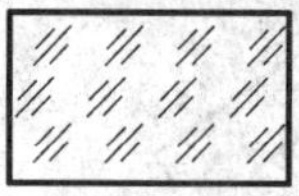	混凝土	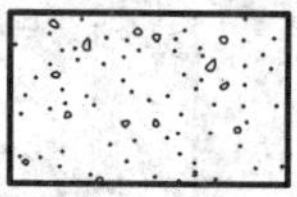
非金属材料	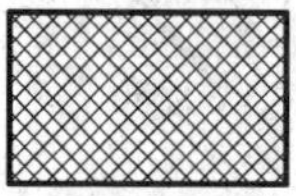	木材纵剖面	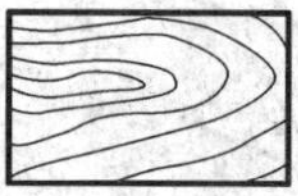	钢筋混凝土	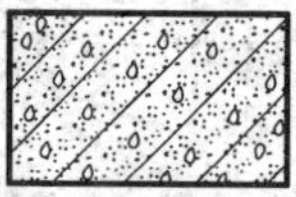
线圈绕组元件	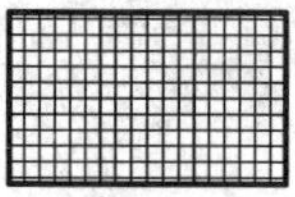	木材横剖面		砖	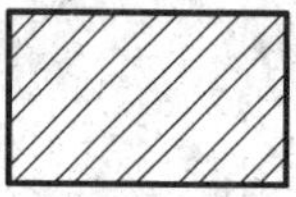
转子电枢变压器等的叠钢片	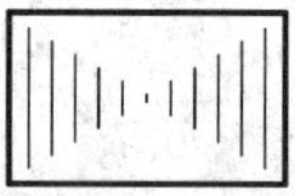	木制胶合板（不分层数）	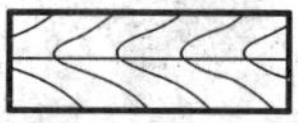	格网（筛网、过滤网）	
型砂、填砂、粉末冶金等	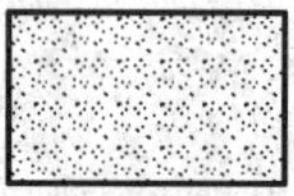	基础周围的泥土		液体	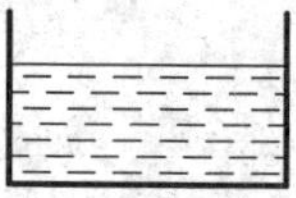

同一物体各剖视图中的剖面线应间距相等、方向相同。剖面线的方向应与主要轮廓线或对称线成 45°角，如图 5－6 所示。剖面线的间隔应按剖面区域的大小选定。

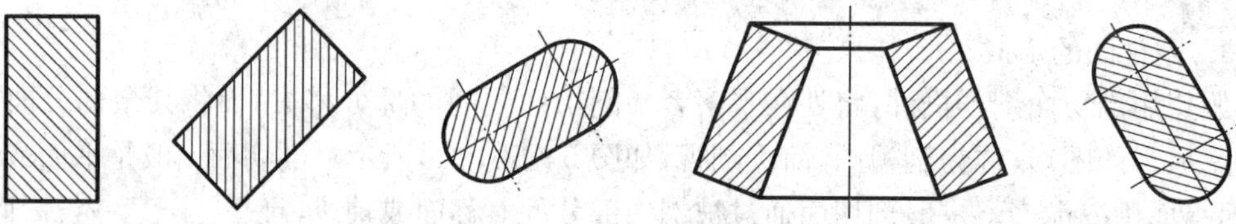

图 5－6　剖面线的方向

3. 剖视图的配置与标注

剖视图通常按投影关系配置在相应的位置上。必要时可以配置在其他适当的位置。这时应在剖视图上方用拉丁字母标出剖视图的名称“×—×”，在相应的视图上用剖切符号表示剖切位置，用箭头表示投射方向，并注上同样的字母。

5.2.2　剖视图的种类及画法

剖视图可分为全剖视图、半剖视图和局部剖视图。

1. 全剖视图

用剖切面完全地剖开物体所得的剖视图，称为全剖视图。全剖视图主要用于表示内部形状复杂的不对称物体，或外形简单的对称物体。如图 5－7 所示。

2. 半剖视图

当物体具有对称平面时，向垂直于对称平面的投影面投影所得的图形，以对称中心线为界，一半画成剖视图，另一半画成视图，这种剖视图称为半剖视图。半剖视图常用于表示内

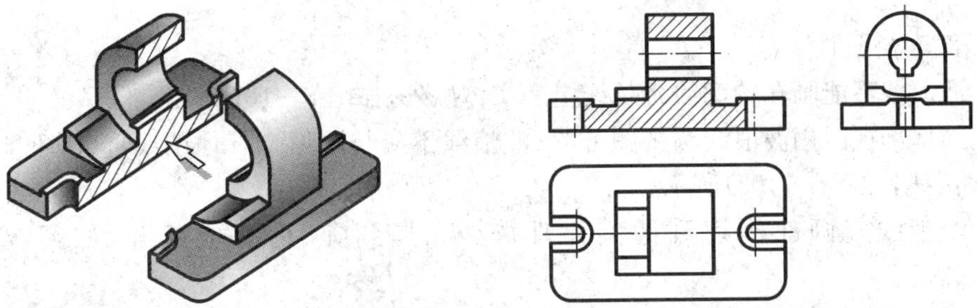

图 5-7　全剖视图

外形状都比较复杂的对称物体或接近对称的物体。如图 5-8 所示。

画半剖视图时注意：

(1) 表示外形的视图中的虚线不必画出，但孔、槽应画出中心线位置。

(2) 视图与剖视的分界线为点画线。

(3) 如果物体的内外形轮廓线与图形的对称线重合，则避免使用半剖视。

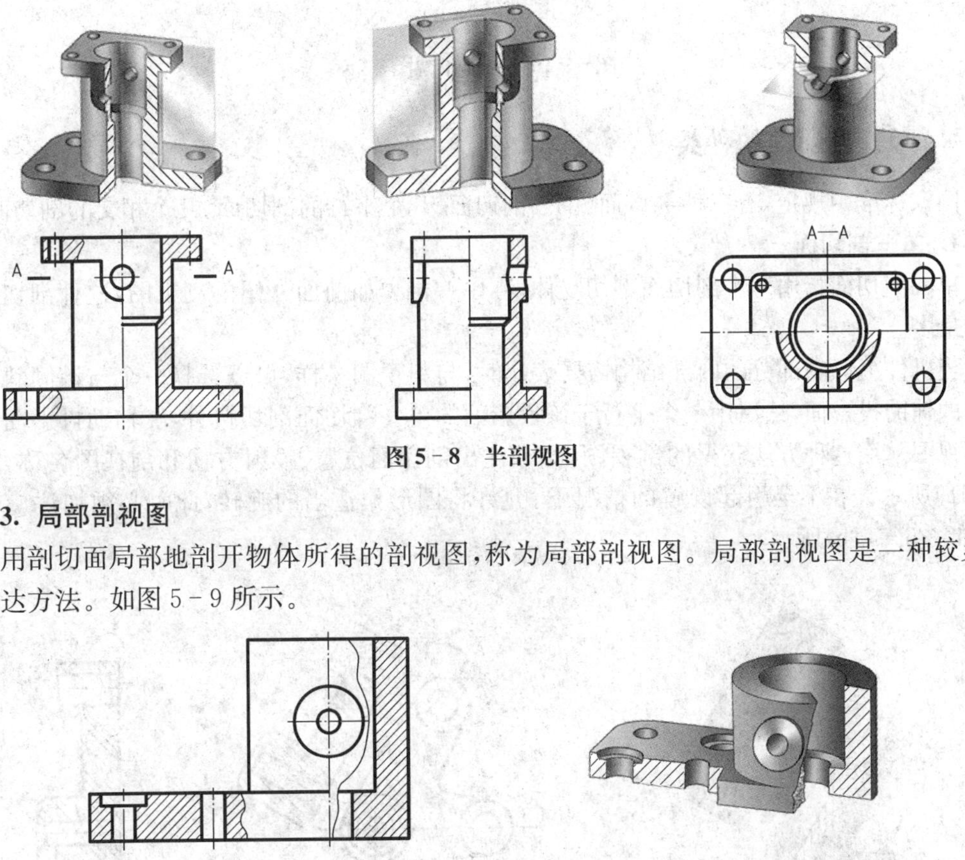

图 5-8　半剖视图

3. 局部剖视图

用剖切面局部地剖开物体所得的剖视图，称为局部剖视图。局部剖视图是一种较灵活的表达方法。如图 5-9 所示。

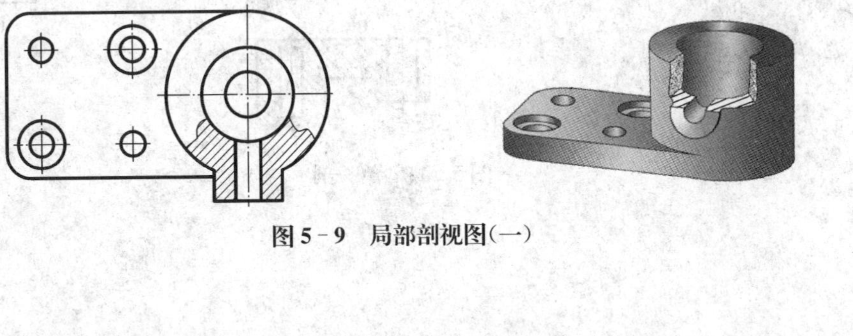

图 5-9　局部剖视图(一)

画局部剖视图时注意：

(1) 波浪线不能画在轮廓线延长线上和实体以外，如图 5-10b)所示。

(2) 局部剖视图用波浪线与视图分界，波浪线不应与图形上其他图线重合，不能用轮廓线代替波浪线，如图 5-10c)所示。

(3) 波浪线应画在剖切到的实体部分。如遇到孔、槽时应断开，如图 5-10d)所示。

(4) 剖切不宜过于零碎，不利看图。

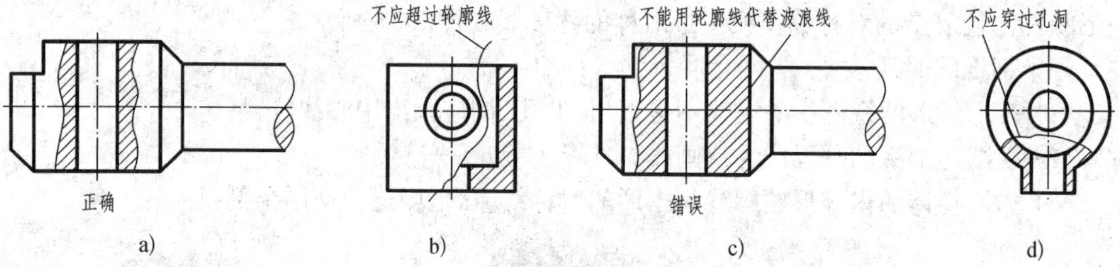

图 5-10　局部剖视图(二)

5.2.3　剖切面的种类

国家标准中规定，有三种剖切面：单一剖切面、几个平行的剖切面、几个相交的剖切面。

1. 单一剖切面

单一剖切面指用一个剖切面剖切物体，称单一剖。如前面介绍的剖视图，这种剖切方式应用最多。

当机件上倾斜部分的内部结构需要表达时，与斜视图一样，可以选择一个与该倾斜部分平行的辅助投影面，然后用一个平行于该投影面的单一剖切面剖切机件，在辅助投影面上获得剖视图。用这种方法获得的剖视图，必须注出剖切面位置、投射方向和剖视图名称，如图 5-11a)所示。在不至引起误解的情况下，允许将图形作适当的旋转，此时必须加注旋转符号，如图 5-11b)所示。

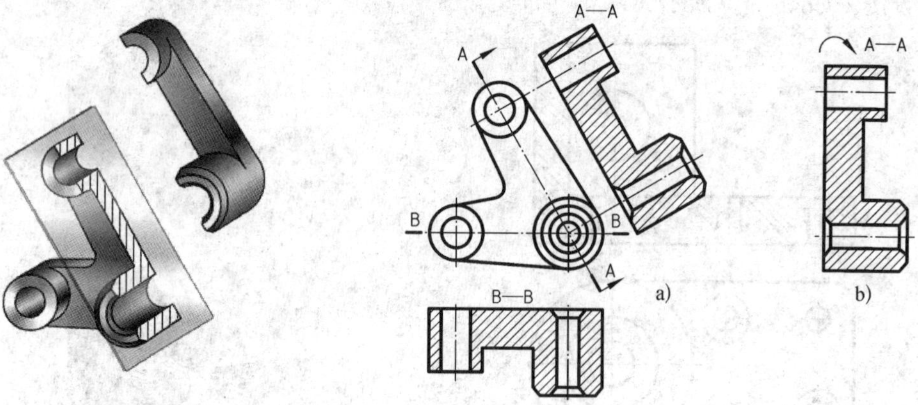

图 5-11　单一剖

2. 几个平行的剖切面

几个平行的剖切面指两个或两个以上平行的剖切平面，并且各剖切平面的转折处必须是直角，称阶梯剖，如图 5－12 所示。

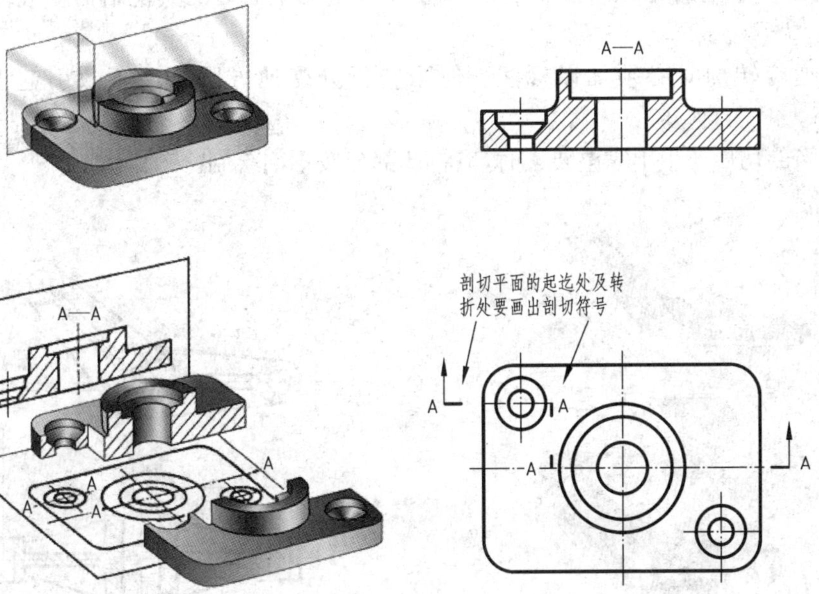

图 5－12　阶梯剖(一)

采用阶梯剖时应注意几点：

(1) 采用阶梯剖必须标注。在剖切平面的起、讫、转折处画上剖切符号，标上同一字母；在起、讫处画出箭头表示投影方向；在剖视图上方中间位置用同一字母写出其名称“×—×”如图 5－13b)所示。

(2) 剖视图上不允许画出剖切平面转折处的分界线，如图 5－13c)所示。

(3) 在剖视图内不允许出现孔或槽等结构的不完整投影，如图 5－13c)所示。

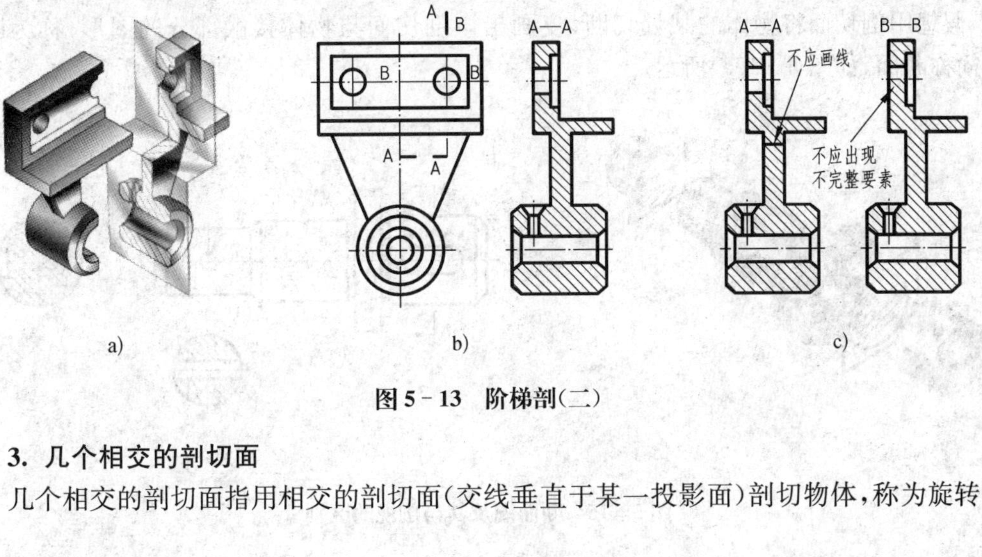

a)　　b)　　c)

图 5－13　阶梯剖(二)

3. 几个相交的剖切面

几个相交的剖切面指用相交的剖切面(交线垂直于某一投影面)剖切物体，称为旋转剖，如图 5－14 所示。旋转剖主要是用来表达孔、槽等内部结构不在同一剖切平面内，但又具有公共回转轴线的机件。

画旋转剖时应注意几点：

(1) 按“先剖切后旋转”的方法绘制剖视图。剖切平面后的其他结构一般仍按原来位置投射。

(2) 画旋转剖时必须加以标注。但当转折处受地方限制又不致引起误解时，允许省略。

(3) 当剖切后产生不完整要素时，应将此部分按不剖绘制。

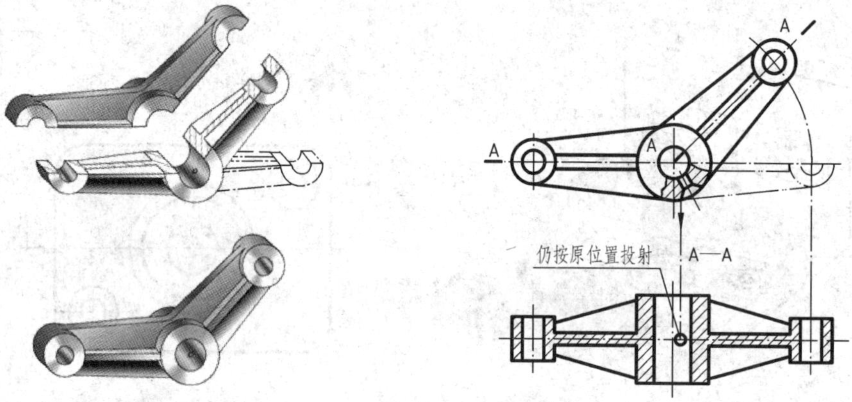

图 5－14 旋转剖

5.3 断面图

5.3.1 断面图的概念

假想用剖切面将物体的某处切断，仅画出该剖切面与物体接触部分的图形，称为断面图，简称断面，如图 5－15a)所示。

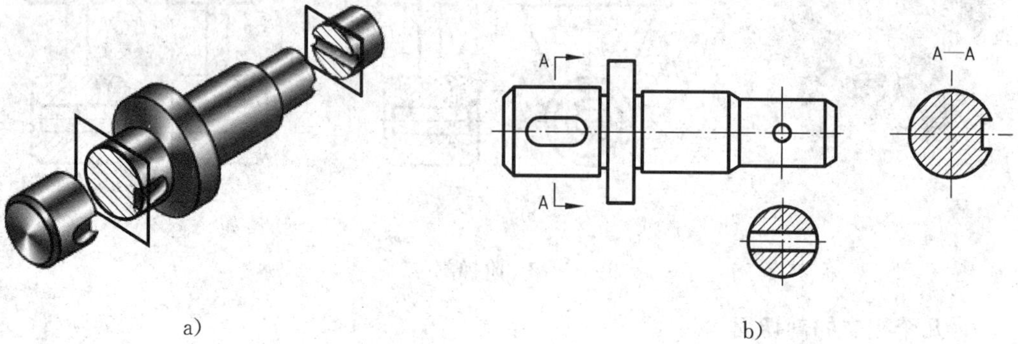

图 5－15 断面图及其与剖视的区别

断面图与剖视图的不同：前者仅画出机件被断开后的断面形状，而后者要画出剖切平面后机件结构形状的投影，如图5-15b)中A-A所示。

断面图常用于表达机件上的肋板、轮辐、键槽、孔等的横断面的断面形状。

5.3.2 断面图的分类及画法

断面图分移出断面图和重合断面图。

1. 移出断面图

画在视图轮廓之外的断面图，称为移出断面图，如图5-16所示。

画移出断面图应注意以下几点：

(1) 当剖切面通过回转面形成的孔或凹坑的轴线时，这些结构应按剖视绘制，如图5-17a)所示。

(2) 当剖切面通过非圆孔会导致完全分离的两个断面时，这些结构应按剖视图绘制，如图5-16c)所示。

(3) 当移出断面图画在视图中断处时，视图应用波浪线断开，如图5-17b)所示。

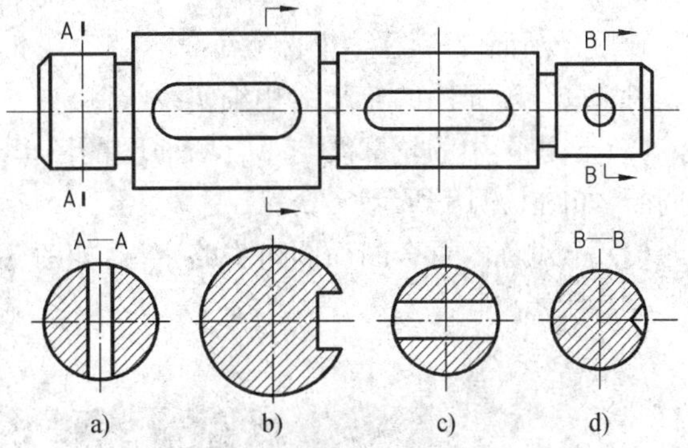

图5-16 移出断面图(一)

(4) 用两个或多个相交的剖切平面剖切获得的移出断面图，中间一般应断开，如图5-17c)所示。

(5) 移出断面图尽量配置在剖切符号的延长线上，也可以配置在其他适当位置，但需进行标注，如图5-16、图5-17所示。

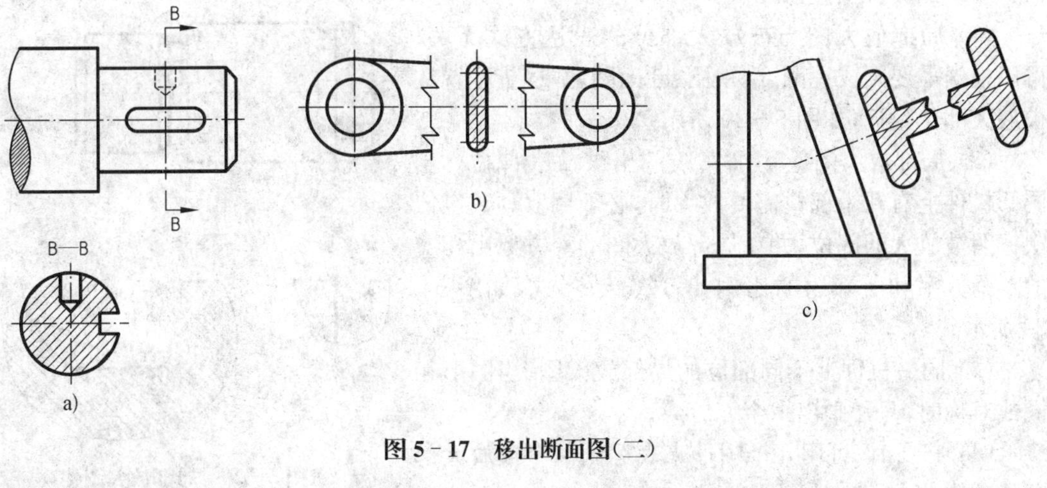

图5-17 移出断面图(二)

2. 重合断面图

剖切后将断面图形与原视图重叠在视图上，这样剖切称为重合断面图，如图5-18、图5-19所示。

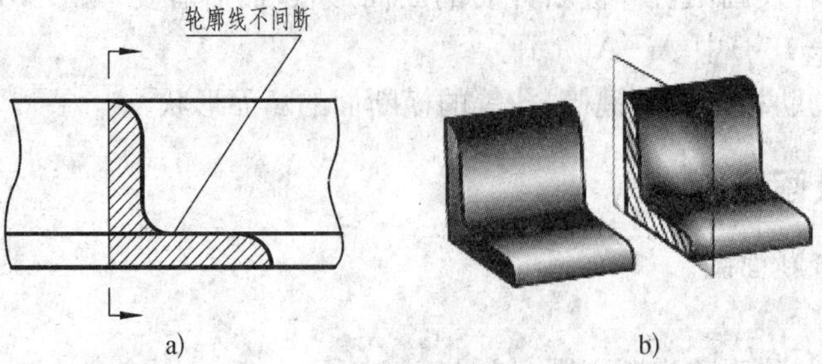

图 5－18　重合断面图(一)

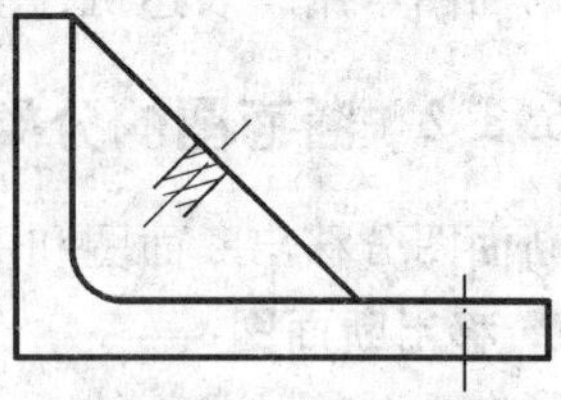

图 5－19　重合断面图(二)

画重合断面图应注意以下几点：

(1) 重合断面图的轮廓线用细实线绘制。

(2) 当视图中的轮廓线与重合断面图的图形重合时，视图中的轮廓线仍应连续画出，不可间断，如图 5－18 所示。

(3) 不对称的重合断面图可省略字母，如图 5－18 所示；对称的重合断面图可不标注，如图 5－19 所示。

5.4　局部放大图及常用简化画法

5.4.1　局部放大图

将机件的部分结构，用大于原图形所采用的比例画出的图形，称为局部放大图，如图 5－20 所示。

画局部放大图注意几点：

(1) 局部放大图与被放大部分的表达方式无关。可以根据需要画成视图、剖视图、断面图，并尽量配置在被放大部位附近，如图 5－20 所示。

(2) 局部放大图应用细实线圈出被放大部位。当同一机件上有几个部位需要放大时，必须用罗马数字依次标明被放大的部位，并在局部放大图的上方标出相应的罗马数字和所采用的比例，写成分数形式，如图 5－20 所示。

(3) 同一机件上不同部位的局部放大图，当图形相同或对称时，只需画出一个。

(4) 必要时，可用几个图形来表达同一个被放大部分的结构。

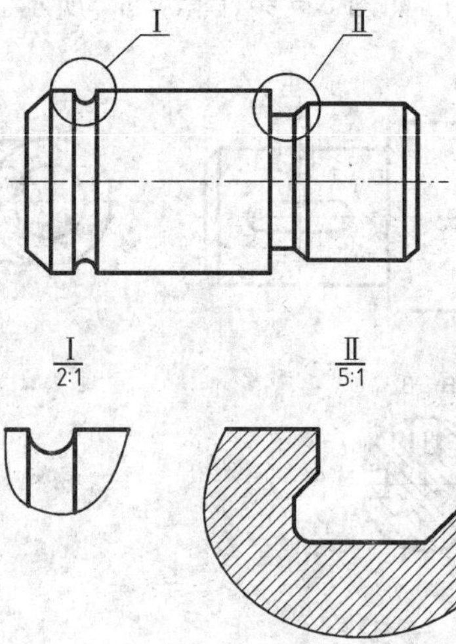

图 5－20　局部放大图

5.4.2　规定画法和简化画法

(1) 当机件具有若干相同结构如齿、槽等，并按一定规律分布时，只需画出几个完整的结构，其余用细实线连接，但在零件图中必须注明该结构的总数，如图 5－21 所示。

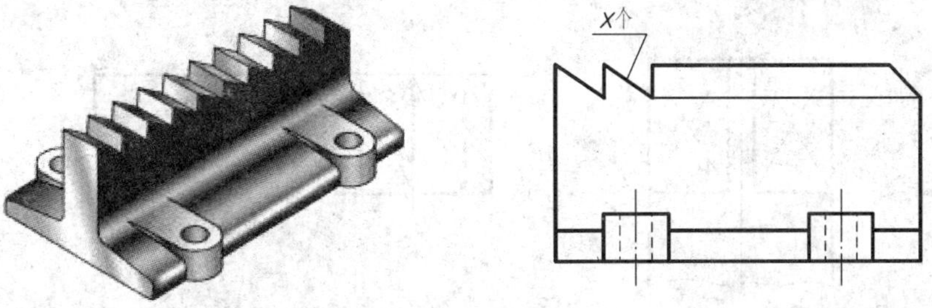

图 5－21　简化画法(一)

(2) 较长的机件沿长度方向的形状一致或按一定规律变化时，可断开后缩短绘制，如图 5－22 所示。

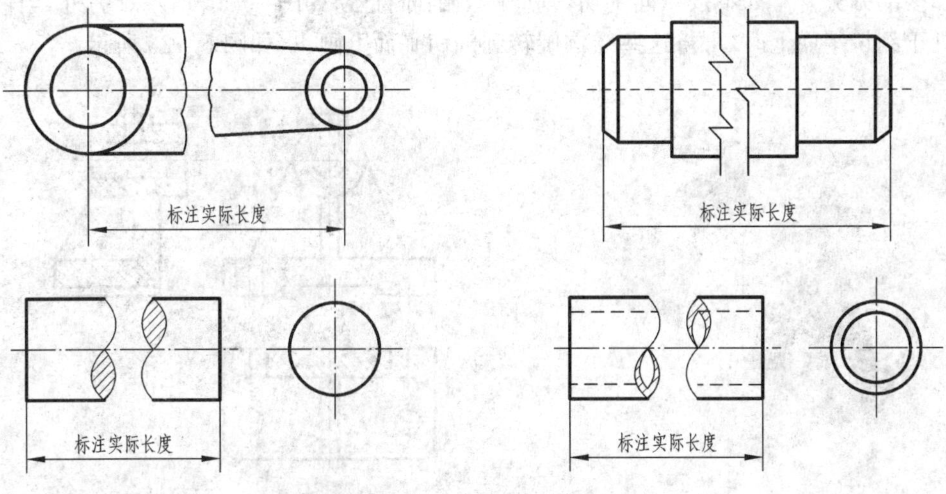

图 5－22　断开画法

(3) 若干直径相同且成规律分布的孔，可以仅画出一个或几个，其余用点画线表示其中心位置，并在零件图中注明总数，如图 5－23 所示。

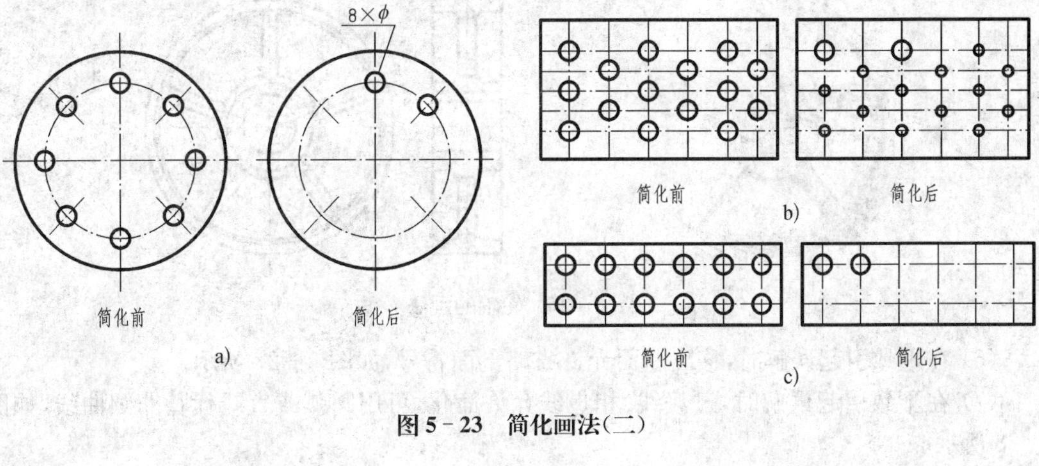

图 5－23　简化画法(二)

(4) 当回转体零件上的平面在图形中不能充分表达时，可用两条相交的细实线表示这些平面，如图 5 - 24 所示。

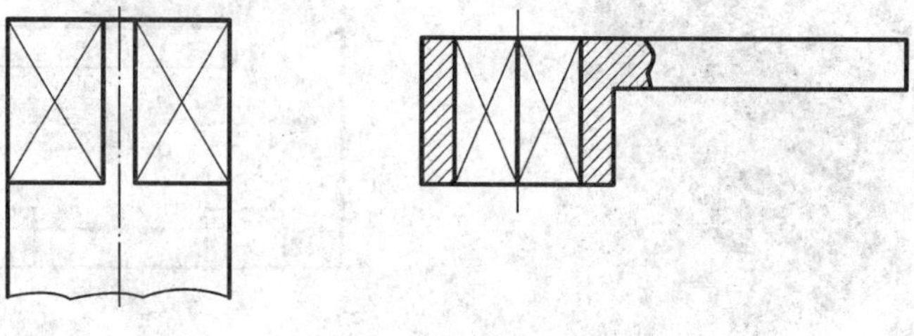

a)　　　　　　　　b)

图 5 - 24　平面符号表示平面

(5) 对于机件的肋、轮辐等结构，如按纵向剖切，则这些结构不画剖面符号，用粗实线将它与邻接部分分开。如不按纵向剖切，则应画上剖面符号，如图 5 - 25 所示。另外，当这些结构不处于剖切平面上时，可将这些结构旋转到剖切平面上画出，如图 5 - 26 所示。

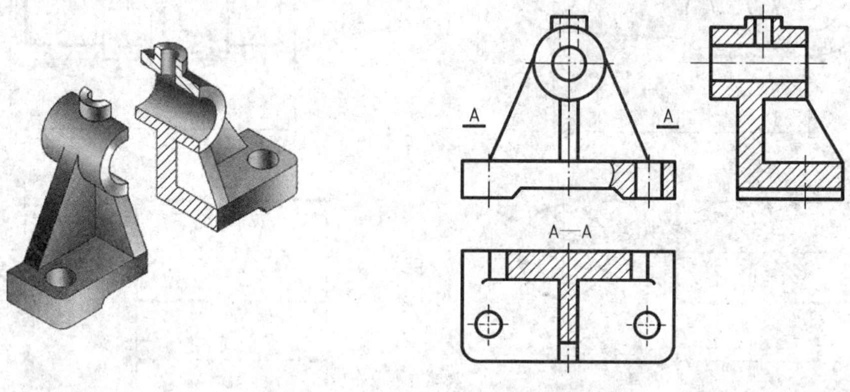

a)　　　　　　　　b)

图 5 - 25　肋的画法

图 5 - 26　轮辐的画法

(6) 在不致引起误解时，移出断面允许省略剖面符号，如图 5 - 27 所示。

(7) 在不致引起误解时，过渡线、相贯线允许简化，可用圆弧或直线代替非圆曲线，如图 5 -28 所示。

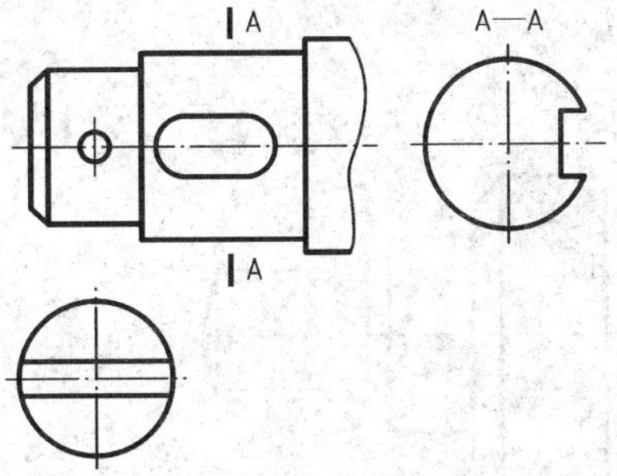

图 5-27 简化画法(三)

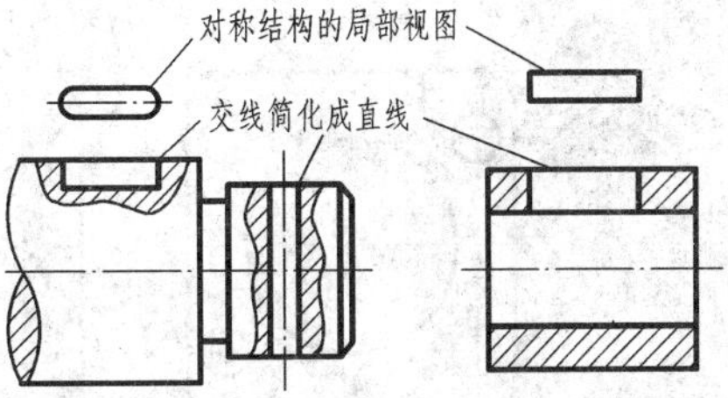

图 5-28 简化画法(四)

(8) 与投影面倾斜角度小于或等于 30°的圆或圆弧,其投影可以用圆或圆弧代替,如图 5-29 所示。

(9) 圆柱形法兰盘和类似机件上均匀分布的孔,可按图 5-30 所示的方法绘制。

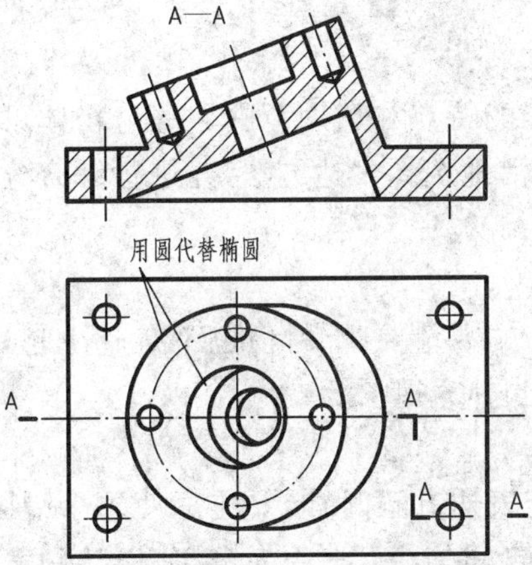

图 5-29 斜度不大的结构

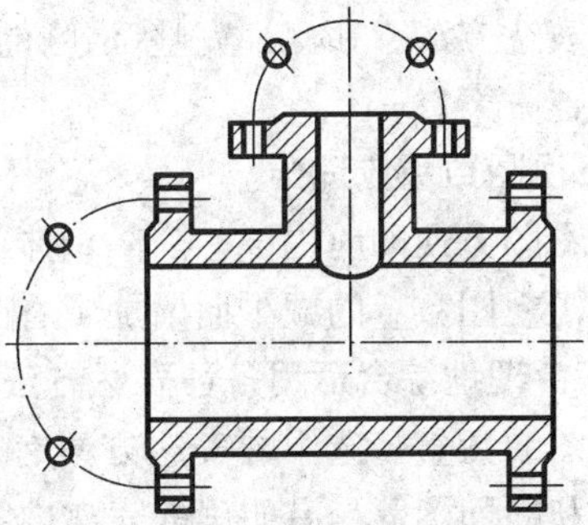

图 5-30 法兰和类似零件上均布孔的画法

(10) 在不致引起误解时,对于对称机件的视图可只画一半或 1/4,并在对称中心线的两端画出两条与其垂直的平行细实线,如图 5-31 所示。

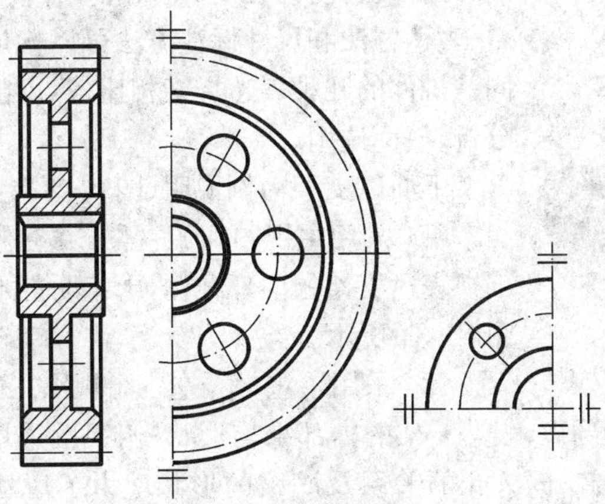

图 5-31 简化画法(五)

(11) 网纹、滚花的简化画法，如图 5-32 所示。

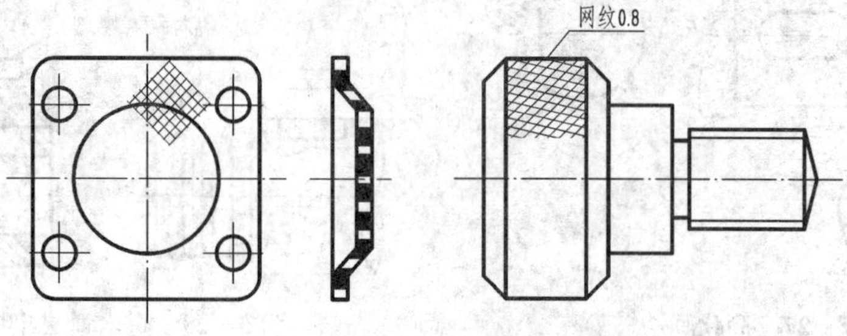

图 5-32　简化画法(六)

5.5　表达方法的综合应用

前面介绍了各种表达方法，每种表达方法都有自己的特点和适用范围。每个物体可以用多种表达方法。在保证完整、清晰的前提下，恰当、灵活地选择表达方法，并进行综合分析确定最佳方案。

1. 视图数量应适当

在看图方便的前提下，完整、清晰地表达机件，视图的数量要减少，但也不是越少越好，如果由于视图数量的减少而增加了看图的难度，则应适当补充视图。

2. 合理地综合运用各种表达方法

视图的数量与选用的表达方案有关。因此，在确定表达方案时，既要注意使每个视图、剖视图和断面图等具有明确的表达内容，又要注意它们之间的相互联系及分工，以达到表达完整、清晰的目的。在选择表达方案时，应首先考虑主体结构和整体的表达，然后针对次要结构及细小部位进行修改和补充。

3. 比较表达方案，择优选用

同一机件，往往可以采用多种表达方案。不同的视图数量、表达方法和尺寸标注方法可以构成多种不同的表达方案。同一机件的几种表达方案相比较，可能各有优缺点，但要认真分析，择优选用。

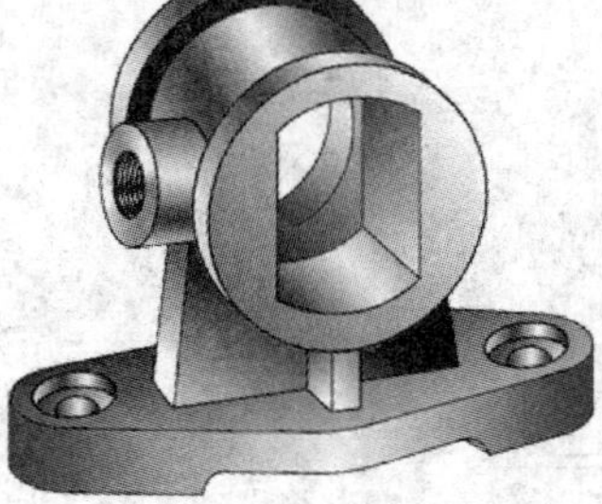

图 5-33　支架

下面以支架为例说明(图 5-33)：

(1) 采用主视图和俯视图，并在俯视图上采用了A—A全剖视表达支架的内部结构，十字肋的形状是用虚线表示的，如图 5-34 所示。

(2) 采用了主、俯、左三个视图。主视图上作局部剖视，表达安装孔；左视图采用全剖视，表达支架的内部结构形状；俯视图采用了 A—A 全剖视，表达了左端圆锥台内的螺孔与中间大孔的关系及底板的形状。为了清楚地表达十字肋的形状，增加了一个 B—B 移出断面图，如图 5-35 所示。

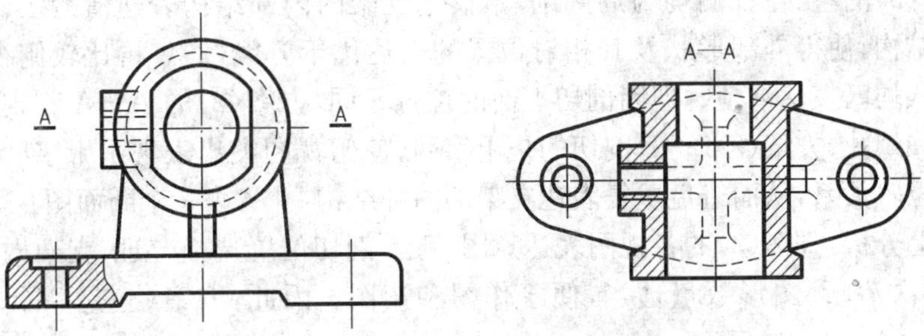

图 5-34 方案(1)

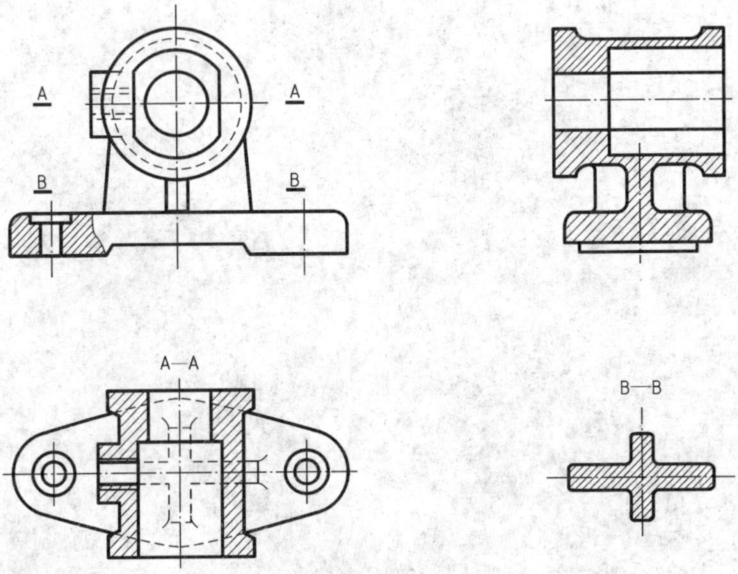

图 5-35 方案(2)

(3) 主视图和左视图作了局部剖视，使支架上部内、外结构形状表达得比较清楚，俯视图采用了 B—B 全剖视表达十字肋与底板的相对位置及实形，如图 5-36 所示。

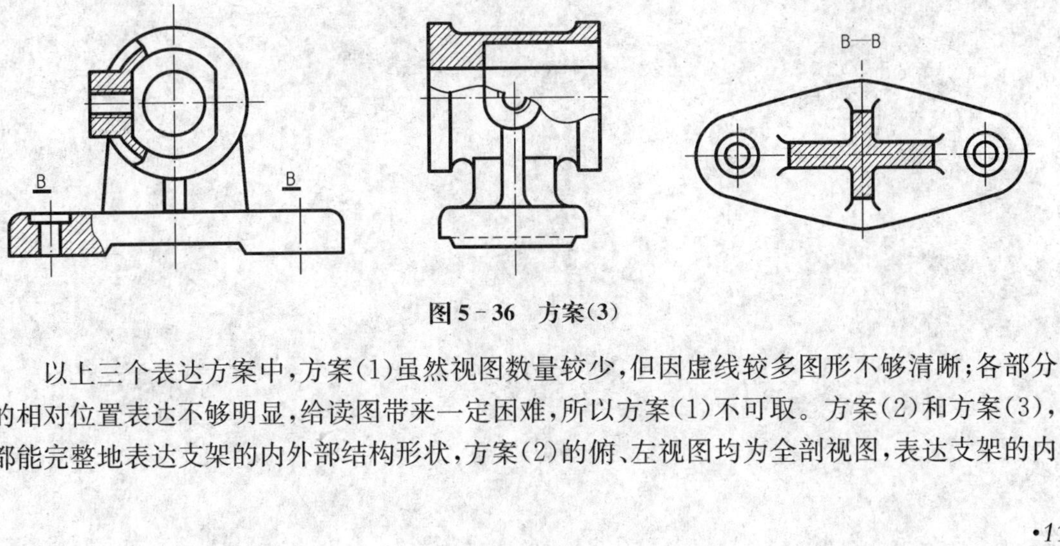

图 5-36 方案(3)

以上三个表达方案中，方案(1)虽然视图数量较少，但因虚线较多图形不够清晰；各部分的相对位置表达不够明显，给读图带来一定困难，所以方案(1)不可取。方案(2)和方案(3)，都能完整地表达支架的内外部结构形状，方案(2)的俯、左视图均为全剖视图，表达支架的内部结构;方案(3)的主、左视图均为局部剖,不仅把支架的内部结构表达清楚了,而且还保留了部分外部结构,使得外部形状及其相对位置的表达优于方案(2)。再比较俯视图,两方案对底板的形状均已表达清楚。但因剖切平面的位置不同,方案(2)的 A—A 剖视仍在表达支架内部结构和螺孔;方案(3)B—B 剖切的是十字肋,使俯视图突出表现了十字肋与底板的形状及二者的位置关系,从而避免重复表达支架的内部结构,并省去一个断面图。

综合以上分析:方案(3)的各视图表达意图清楚,剖切位置选择合理,支架内外形状表达基本完整,层次清晰,图形数量适当,便于作图和读图。因此,方案(3)是一个较好的表达方案。

第6章 零件图

任何一台机器(或部件)都是由若干个零件按一定的装配关系及技术要求装配而成的。制造机器或部件必须先依照零件图制造零件。表达零件结构、大小及技术要求的图样称为零件图。本章主要介绍零件图的内容、绘制和阅读零件图等的方法。

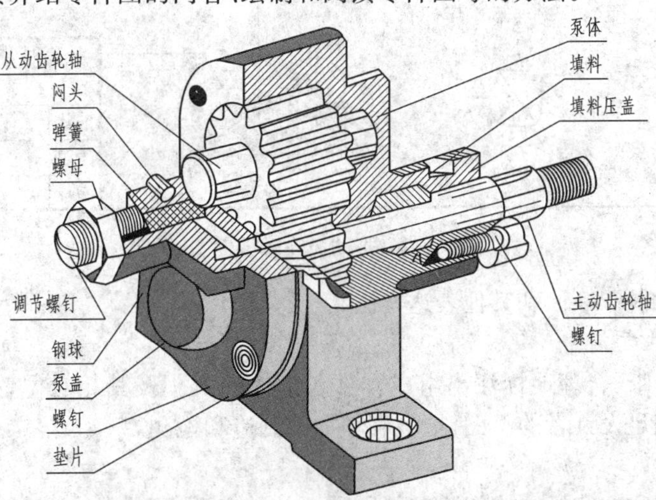

图6-1 齿轮泵轴装配图

6.1 零件图的作用及内容

6.1.1 零件图的作用

零件图是设计和生产部门的重要技术文件,它不仅反映了设计者的意图,同时表达了机器或部件对零件的技术要求如尺寸精度、形位公差和表面粗糙度。零件图也是制造和检测零件的依据,如工艺部门根据零件图进行工艺规程、工艺装备等的设计和制定。

6.1.2 零件图的内容

图6-2是齿轮泵中主动齿轮的零件图,从图中可知,一张完整的零件图应包括以下四个方面的内容:

1. 一组视图

在零件图中须用一组视图来正确、完整、清晰地表达零件各部分的形状和结构。这一组

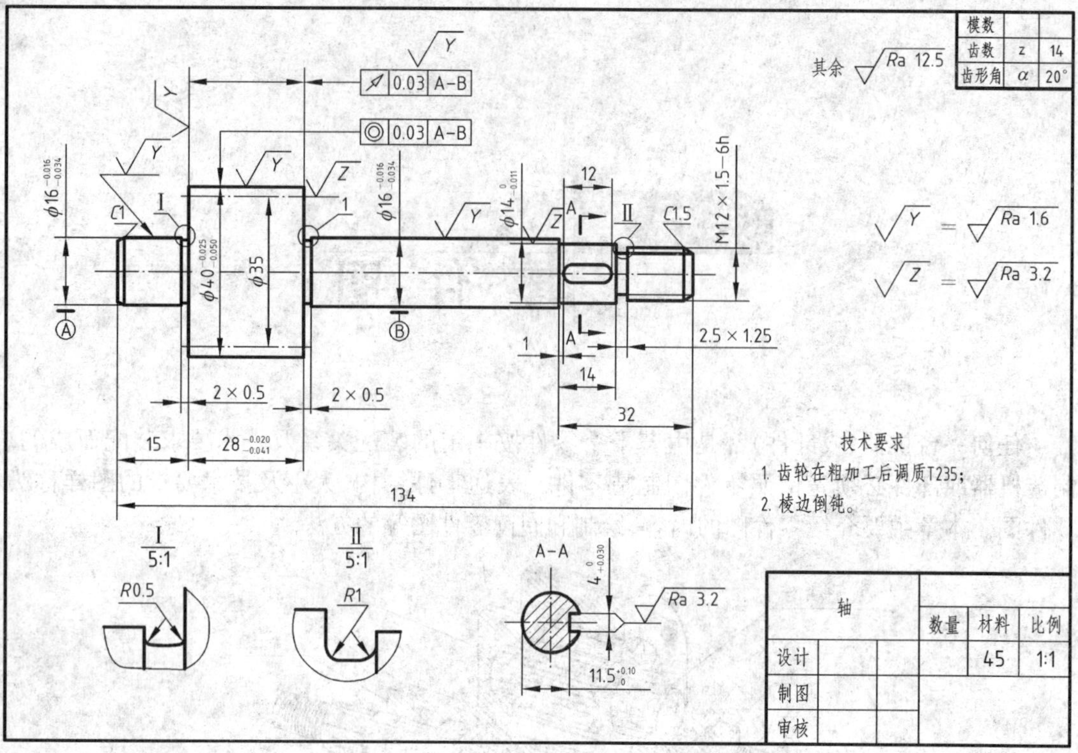

图 6-2 主动齿轮轴零件图

视图可以是视图、剖视、断面和其他表达方法。

2. 完整的尺寸

正确、完整、清晰、合理地标注出组成零件各形体的大小及其相对位置尺寸。尺寸标注得合理不仅能够满足设计者的意图,更有利于加工制造和检测。

3. 技术要求

用规定的代号和文字标注或阐述零件所需要的技术要求,它包括尺寸公差与配合、形位公差、表面粗糙度、热处理及其他特殊要求等。

4. 标题栏

零件图标题栏一般包括零件的名称、材料、数量、比例、图的编号、日期以及设计等有关人员的签名等内容。

6.2 零件表达方案的选择

零件的视图选择,首先应考虑看图方便。根据零件的结构特点,确定一组图形把零件的结构形状完整、清晰地表达出来,并力求绘图简便明了。这一组视图主要以主视图为主,然后根据结构关系和复杂程度恰当地选择其他视图。

6.2.1 主视图的选择

主视图是零件图中的核心,主视图的选择直接影响到其他视图的选择及读图的方便等。

选择主视图主要包括主视图的投射方向和零件安放位置的确定，应从以下几个方面考虑。

1. 零件形状的选择

零件属于组合体，主视图能将组成零件的各形体之间的相互位置和主要形体的形状、结构表达清晰完整。

2. 加工位置的选择

加工位置是指零件在机床上加工的装夹位置。主视图与零件主要加工工序中的加工位置相一致，便于看图加工和检测尺寸。如轴套零件主要在车床上进行加工，故其主视图尽量应按轴线水平位置绘制。

3. 工作位置的选择

工作位置是指零件在机器或部件中的工作位置。主视图与零件的工作位置相一致，有利于把零件图和装配图对照起来，以便于加工时看图。

6.2.2 其他视图的选择

主视图确定后，应根据零件结构形状的复杂程度，分析主视图是否表达完整、清晰，来确定是否需要其他视图来表达零件的结构和形状。在选择其他视图时其数量应可能少。具体选择表达方法时应注意以下几点：

(1) 所选的表达方法要恰当。每个视图都要有明确的表达重点，各个视图互相配合、互相补充，表达内容尽量不重复。

(2) 所选的视图数量要恰当。应尽量减少虚线或恰当运用少量虚线以减少视图个数。

(3) 根据零件的内部结构恰当应用剖视图或断面图，使其发挥更大作用。

(4) 对尚未表达清楚的局部形状和细小结构，可以用局部视图或局部放大图来表示。

(5) 视图表达力求简练，不出现多余视图，避免表达重复、繁琐。

6.3 零件的工艺结构

零件的结构形状除了满足零件工作要求、设计要求外，还必须考虑制造过程中提出的一系列工艺结构要求如加工、测量、装配等，否则将使制造工艺复杂化甚至无法制造。因此，应了解零件上常见的工艺结构。

6.3.1 机械加工工艺结构

1. 倒圆和倒角

为避免在轴肩、孔肩等转折处由于应力集中而产生裂纹，常以圆角过渡。轴或孔的端面上加工成45°或其他度数的倒角，其目的是为了便于安装和操作安全。轴、孔的标准倒角和圆角的尺寸可查国家标准，其尺寸标注方法如图6-3所示。其中，倒角45°时用代号C表示，与轴向尺寸n连注成Cn。若零件上的倒角尺寸全部相同时，可在图样右上角注明“全部倒角Cn”。当零件倒角尺寸无一定要求时，则可在技术要求中注明“锐角倒钝”。

2. 钻孔结构

用钻头加工孔时，被加工零件的结构设计应考虑到加工方便，以保证钻孔的主要位置准

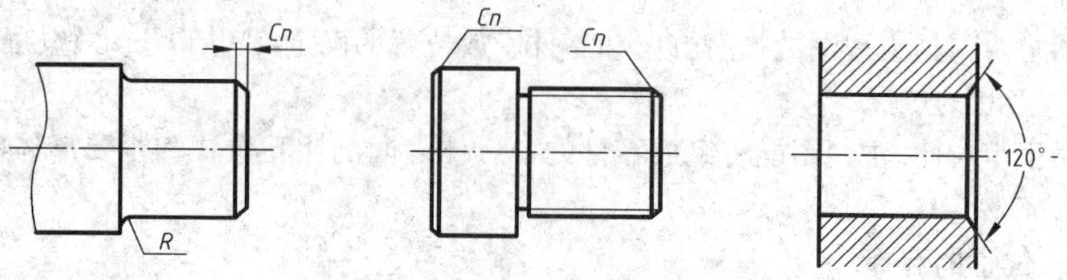

图 6-3　轴、孔的倒角及倒圆

确和避免钻头折断，因此，要求钻头的轴线尽量垂直于被钻孔的端面。如遇有斜面或曲面，应预先设置与钻孔方向垂直的平面、凸台或凹坑等结构，如图 6-4a)所示。图 6-4b)所示的画法则不合理。由于钻头的端部是一个接近 120°的尖角，所以钻不透孔时，末端便产生一个 120°的圆锥面。画法如图 6-5 所示。

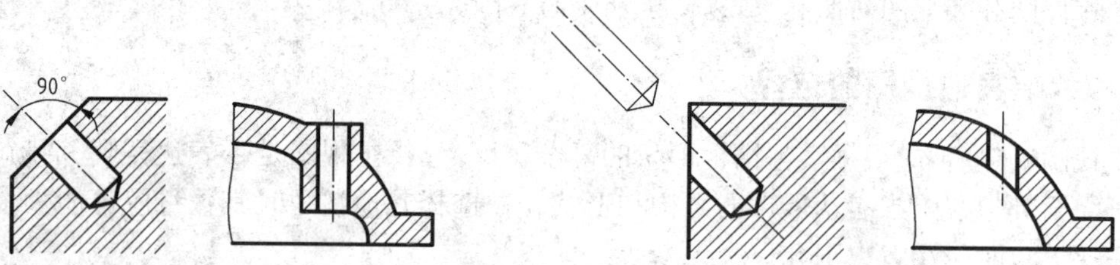

a) 正确　　　　b) 不正确

图 6-4　钻孔结构

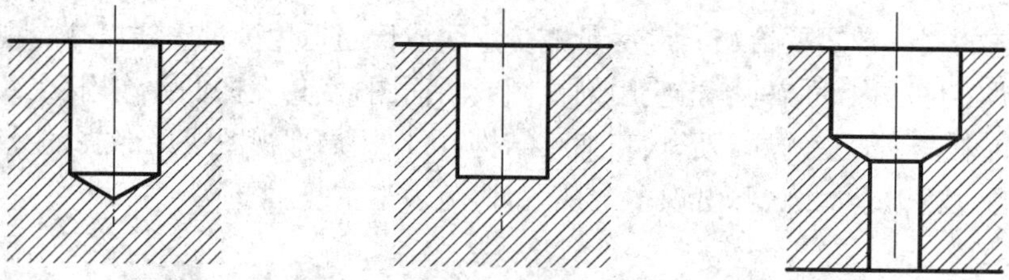

a) 正确　　　　b) 不正确　　　　c) 正确

图 6-5　不透孔结构

3. 退刀槽和越程槽

在切削加工中，为了使刀具容易退出，并在装配时容易与有关零件靠紧，常在加工表面的台肩处先加工出退刀槽或越程槽。常见的有螺纹退刀槽、砂轮越程槽、刨削越程槽等，画法如图 6-6 所示，其尺寸可按"槽宽×槽深"或"槽宽×直径"。当槽的结构比较复杂时，可画出局部放大图标注尺寸。

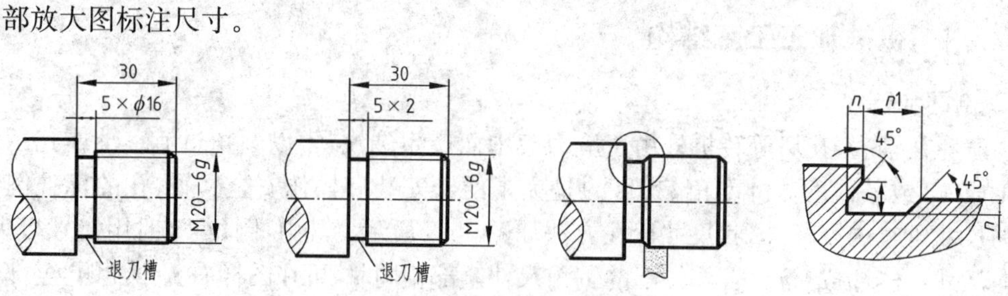

图 6-6　退刀槽和砂轮越程槽

4. 凸台和凹坑

为了保证零件表面的良好接触和减少机械加工的面积，降低加工费用，设计铸件结构时可在铸件表面铸成凸台和凹坑(或凹槽),如图 6－7 所示。凹坑或凹槽不需要机械加工。零件在与螺栓头部或螺母、垫圈接触的表面,常设置凸台或加工出沉孔,以保证两零件接触良好,沉孔的结构形式和尺寸标注见表 6－1。

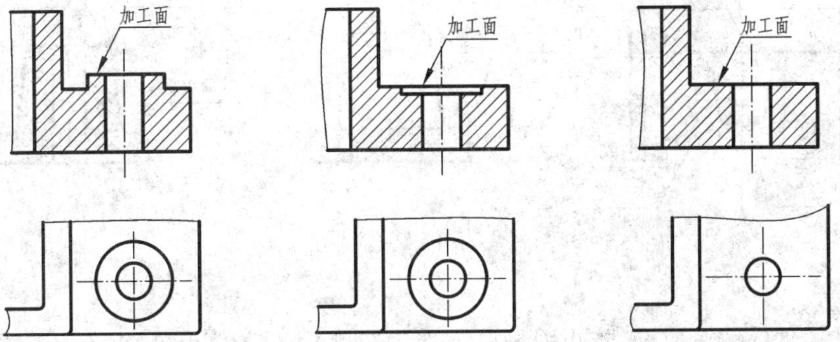

a) 合理　　b) 合理　　c) 不合理

图 6－7　凸台和凹坑

表 6－1　　**沉孔的结构尺寸注法**

结　构	普通标注	旁 注 法		说　　明
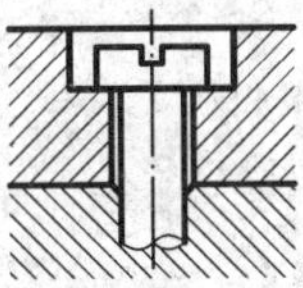	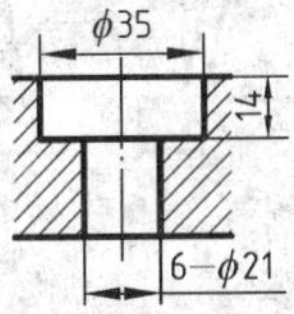	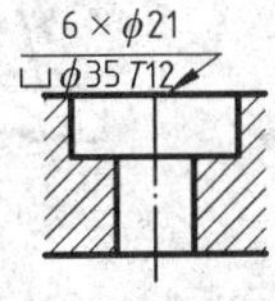	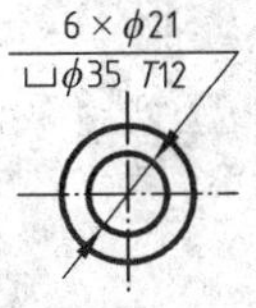	6×φ21 表示直径为 21 的六个孔 圆柱形沉孔的直径 φ35 及深长 12 均需注出
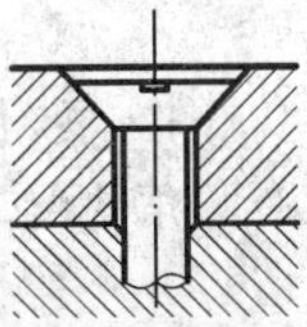	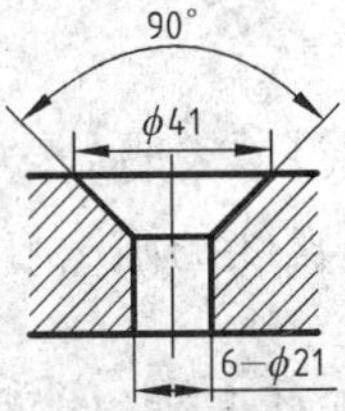	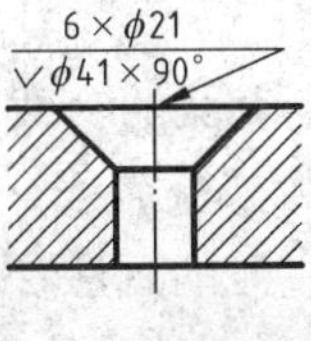	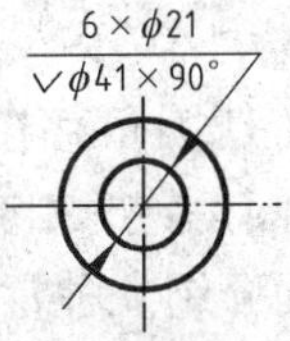	锥形沉孔的直径 φ41 及锥角 90°均需标出
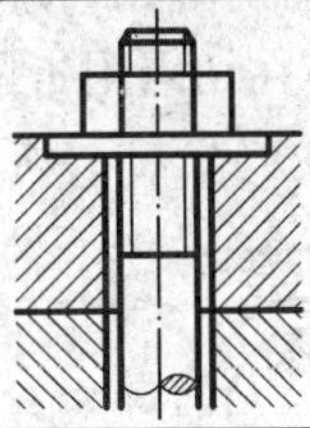	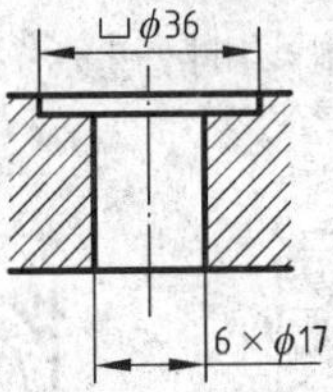	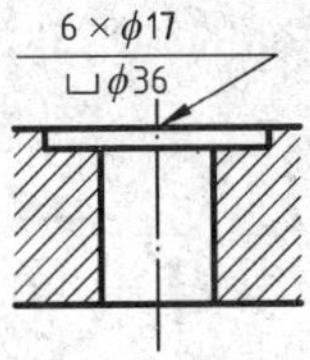	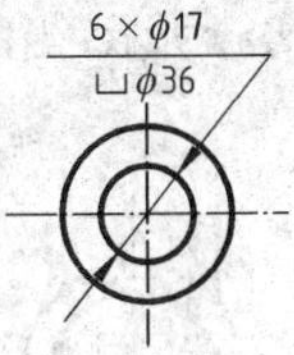	⌴φ36 的深长不需标注,一般锪平到不出现毛坯面为止

6.3.2　铸造工艺结构

1. 起模斜度

为了便于将木模从砂型中取出,在沿起模方向的内、外壁上应设有适当的斜度,称为起模斜度,一般为 1°～3°。在画零件图时,起模斜度在图上一般不画出,可在技术要求中用文字说明。

2. 铸造圆角

为了避免砂型尖角落砂,防止尖角处出现收缩裂纹,铸件两表面相交处应做出圆角,如

图 6－8 所示。铸造圆角的大小一般为 $R3\sim R5$，可集中标注在右上角，或写在技术要求中。铸件经机械加工后的表面，其圆角被切去，此时应画成尖角。

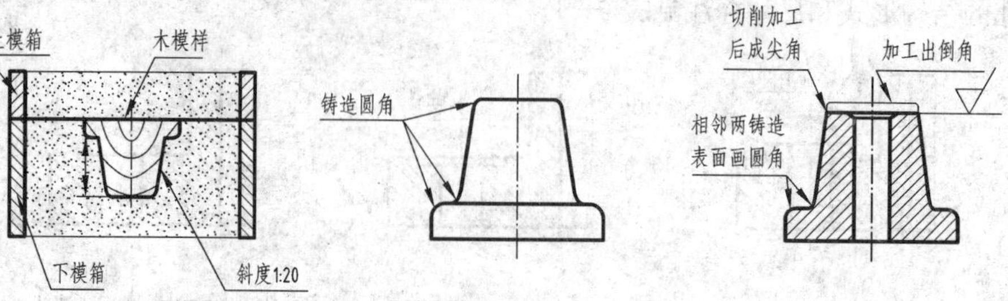

图 6－8　铸造圆角

3. 壁厚

为保证铸件的铸造质量，防止因壁厚不均匀造成冷却速度不同，而产生的缩孔和裂纹，如图 6－9a)所示。因此，设计时应使铸件壁厚均匀或逐渐变化。为了减少由于厚度减薄对强度的影响，可用加强肋板来补偿，如图 6－9b)所示。

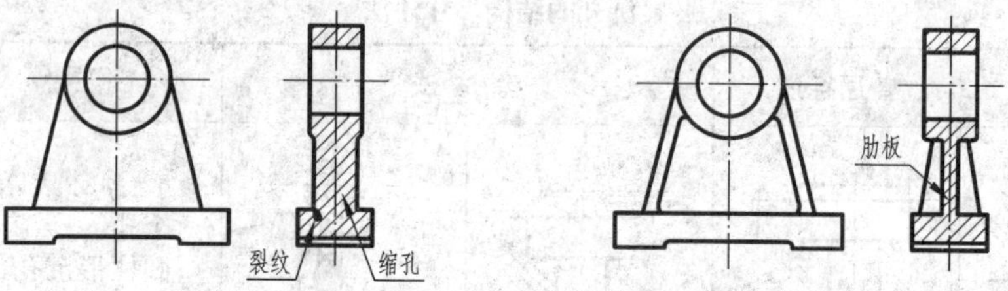

a)　　b)

图 6－9　铸件壁厚的选择

4. 过渡线

由于铸造表面相交处有铸造圆角存在，使表面的交线变得不太明显，为使看图方便，仍须画出这些交线，该交线不与圆角轮廓相交，称为过渡线。过渡线的画法与没有圆角情况下的相贯线画法基本相同。下面介绍几种常见过渡的画法。

当两曲面相交时，按没有圆角时的情况画出交线，然后在外形线相交处画出圆角，交线与圆角轮廓不相交，如图 6－10a)所示；当两曲面的外形轮廓相切时，过渡线应在切点附近断开，如图 6－10b)所示。

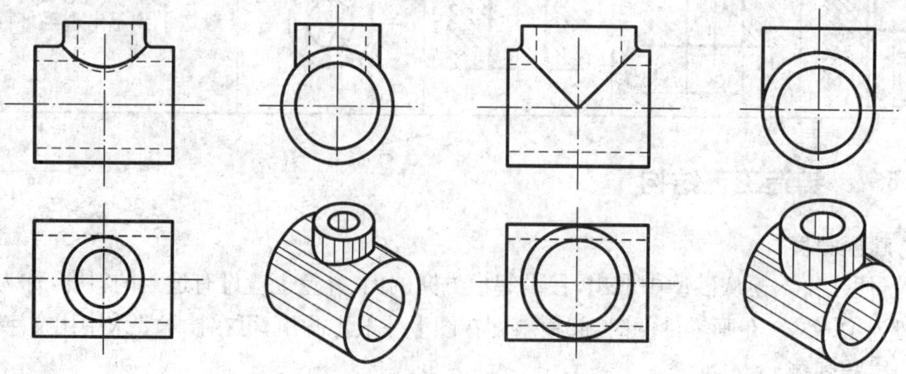

a)　　b)

图 6－10　两曲面相交的过渡线的画法

零件上肋板与圆柱结合时，其过渡线画法如图 6-11 所示。过渡线的形状，取决于肋板的断面形状以及肋板与圆柱面的结合方式。图 6-11a)是断面为长方形的肋板与圆柱面相交和相切的情况；图 6-11b)是断面为长圆形的肋板与圆柱面相切。

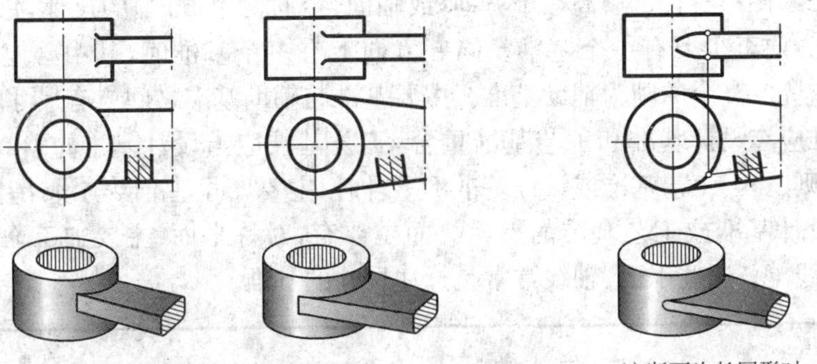

a) 断面为长方形时　　b) 断面为长圆形时

图 6-11　零件上肋板与圆柱结合时过渡线的画法

6.4　零件图的尺寸标注

零件图的尺寸标注是零件图的主要内容之一，是零件加工制造的主要依据。因此，在标注零件尺寸时既要符合尺寸标注的有关规定，又要达到完整、清晰、合理的要求。尺寸标注合理，是指所注尺寸既要满足设计要求，又要满足加工、测量和检验等制造工艺要求。为了能做到尺寸标注合理，必须对零件进行结构分析、形体分析和工艺分析，正确选择尺寸基准，选择合理的标注形式，结合零件的具体情况标注尺寸。

6.4.1　尺寸基准的选择

零件在设计、制造和检验时，计量尺寸的起点称为尺寸基准。根据基准的作用不同，分为设计基准和工艺基准。

1. 设计基准

根据机器的结构设计要求，用以确定零件表面在机器中位置所依据的点、线、面。

2. 工艺基准

零件加工制造、测量和检验等工艺要求所选定的点、线、面。

如图 6-12 所示齿轮轴在箱体中的安装情况，确定轴向位置依据的是端面 A，确定径向

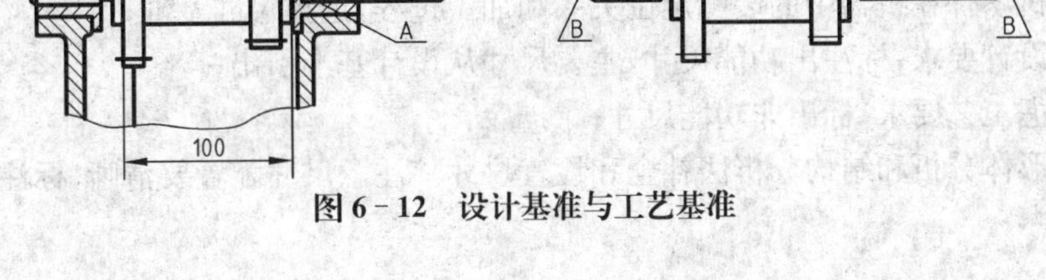

图 6-12　设计基准与工艺基准

位置依据的是轴线 B，所以设计基准是端面 A 和轴线 B。在加工齿轮轴时，大部分工序是采用中心孔定位，中心孔的轴线与机床主轴回转轴线重合，也是圆柱面的轴线，所以，轴线 B 又为工艺轴线。

任何一个零件都有长、宽、高三个方向（或轴向、径向两个方向）的尺寸，每个尺寸都有基准，因此每个方向至少要有一个基准。同一方向上有多个基准时，其中必定有一个是主要的，称为主要基准；其余的则为辅助基准。主要基准与辅助基准之间应有尺寸联系。

主要基准应与设计基准和工艺基准重合，工艺基准应与设计基准重合，这一原则称为“基准重合原则”。当工艺基准或设计基准不重合时，主要尺寸基准要与设计基准重合。

可作为设计基准或工艺基准的点、线、面主要有：对称平面、主要加工面、安装底面、端面、孔轴的轴线等。这些平面、轴线常常是标注尺寸的基准。

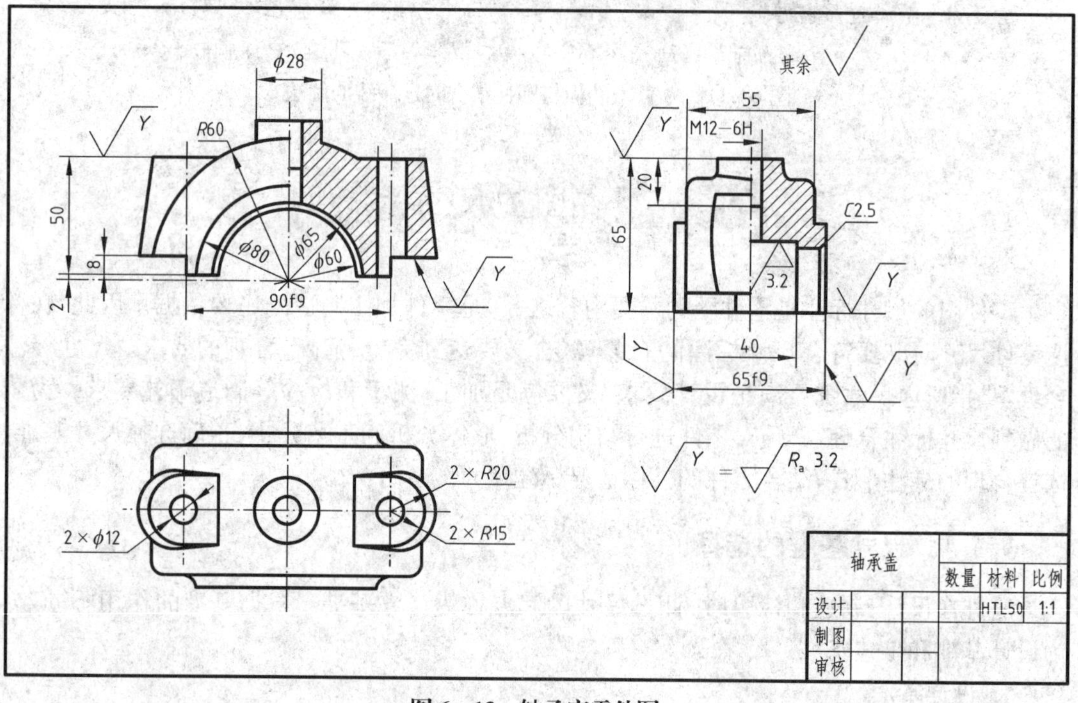

图 6－13　轴承座零件图

图 6－13 所示为一轴承座，长度方向尺寸是以对称平面为基准的，高度方向尺寸是以底面为基准的，宽度方向尺寸是以对称平面为基准的。

6.4.2　尺寸标注的步骤

当零件结构比较复杂，形体比较多时，完整、清晰、合理地标注出全部尺寸是一件非常复杂的工作，只有遵从合理科学的方法和步骤，才能将尺寸标注符合要求。

标注复杂零件的尺寸通常按以下几步进行：

(1) 分析零件在机器中的装配定位关系和加工过程，选择尺寸基准；

(2) 按设计要求，标注出功能尺寸，主要尺寸从设计基准引出；

(3) 考虑工艺要求，标出非功能尺寸；

(4) 用形体分析和结构分析法补全和检查尺寸。注意尺寸配置要清晰，标注方法和尺寸数值要符合标准规定。

标注尺寸是一件非常细致的工作，应严格遵守形体分析法的基本原则。不要看到一个尺寸就标注一个尺寸，毫无目的，不知所注尺寸的意义是什么。也不能一个形体没有注完就去标注另一个形体，这是产生重复标注或遗漏尺寸的主要原因。

6.4.3 标注尺寸应注意的事项

1. 零件图上的重要尺寸必须直接标出

凡是与其他零件有配合关系的尺寸，确定结构形状的位置尺寸，影响零件工作精度和工作性能的尺寸等，都是重要尺寸，都应直接标出。

2. 标注尺寸时，要考虑工艺要求

在满足零件设计要求的前提下，标注尺寸要尽量符合零件的加工顺序和测量方便。

1）按加工顺序标注尺寸

按加工顺序标注尺寸符合加工过程，方便加工和测量，从而保证工艺要求。表 6－2 表示齿轮轴在车床上的加工顺序，车削加工后还要铣削轴上键槽。从加工顺序的分析中可以看出，图 6－14 对该齿轮轴的尺寸注法是符合加工要求的。

表 6－2　　齿轮轴在车床上的加工顺序

序号	说　明	图　　例	序号	说　明	图　　例
1	车齿轮轴的两端面，使长度为 134，并打中心孔	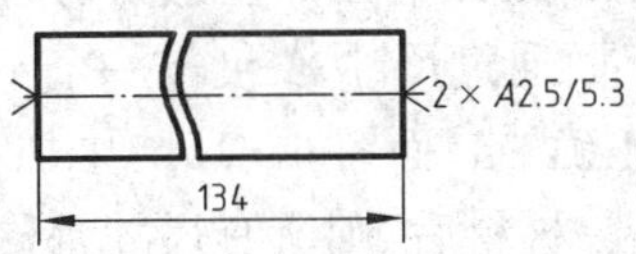	4	车外圆到 ϕ14，长度为 32	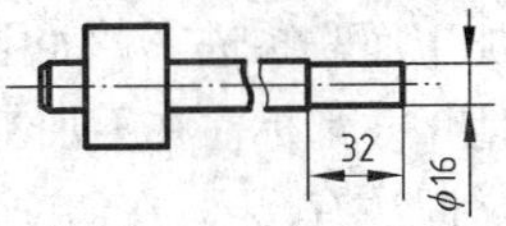
2	车齿轮坯齿顶圆到 ϕ40，车外圆到 ϕ16，长度为 15，并切槽，倒角	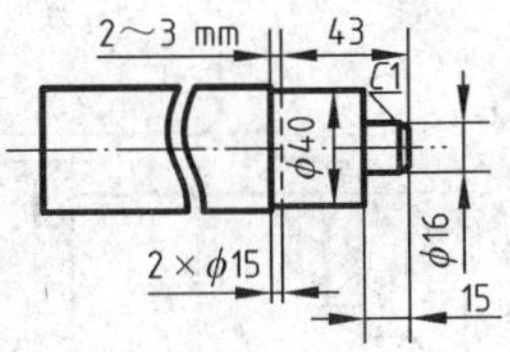	5	车外圆到 ϕ12，并控制 ϕ14 的长度为 14	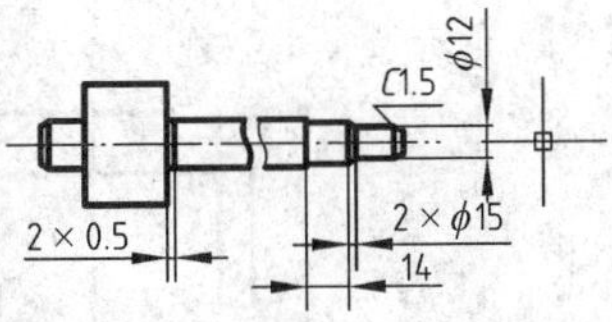
3	调头，车外圆到 ϕ16，并保证齿轮宽度为 28	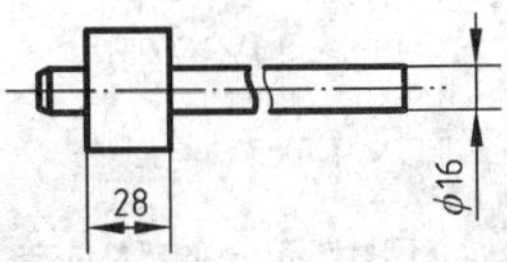	6	切槽，倒角，车螺纹	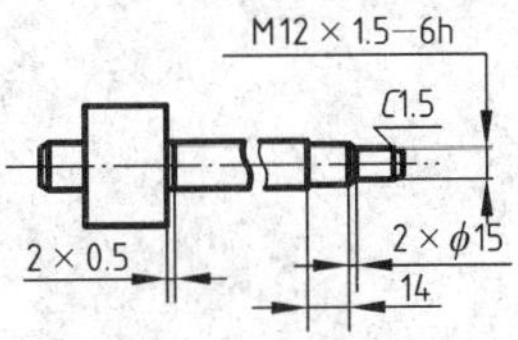

2）不同工种加工的尺寸应尽量分开标注

图 6－14 齿轮轴上的键槽是在铣床上加工的，标注键槽尺寸应与其他车削加工尺寸分开。图中将键槽长度尺寸及其定位尺寸注在主视图上方，车削加工的各段长度尺寸注在下方，键槽的宽度和深度集中注在断面图上，这样标注尺寸清晰，加工时看图也方便。

3）标注尺寸应尽量方便测量

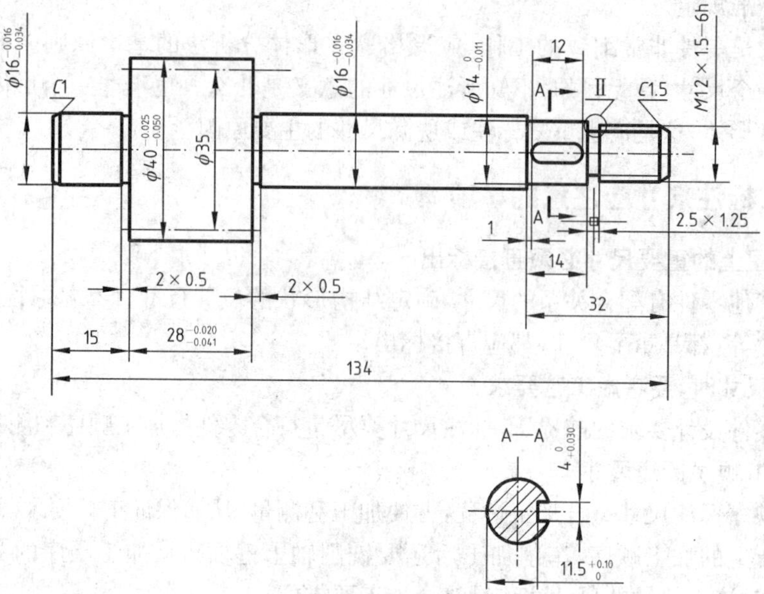

图 6-14　齿轮轴的尺寸标注

图 6-14 中键槽的尺寸标注形式，测量比较方便。

3. 毛坯面和加工面的尺寸标注

毛坯面和加工面之间的尺寸标注应把毛坯面尺寸单独标注，并且只使其中一个毛坯面和加工面联系进来。如图 6-15a) 所示，其加工面通过尺寸 A 仅与一个不加工面发生联系，其他尺寸都标注在不加工面之间，这种注法是正确的。而图 6-15b) 中加工面与三个不加工面之间注有尺寸，在切削该加工面时，当切去一层材料后，则所有尺寸都同时改变，而且不可能同时达到所标注的每个尺寸的要求。

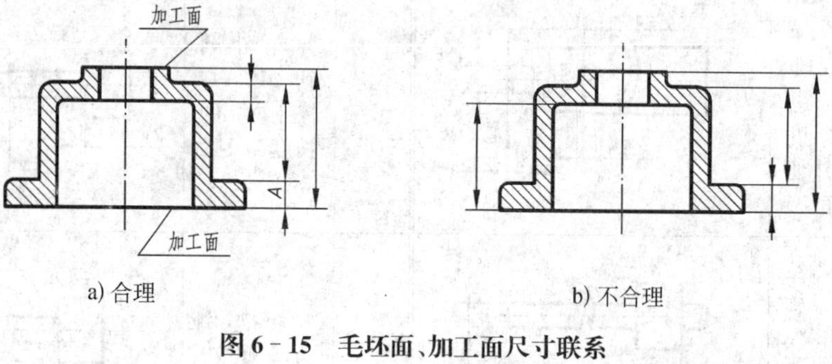

a) 合理　　　　b) 不合理

图 6-15　毛坯面、加工面尺寸联系

4. 零件图中的尺寸不允许注成封闭尺寸链

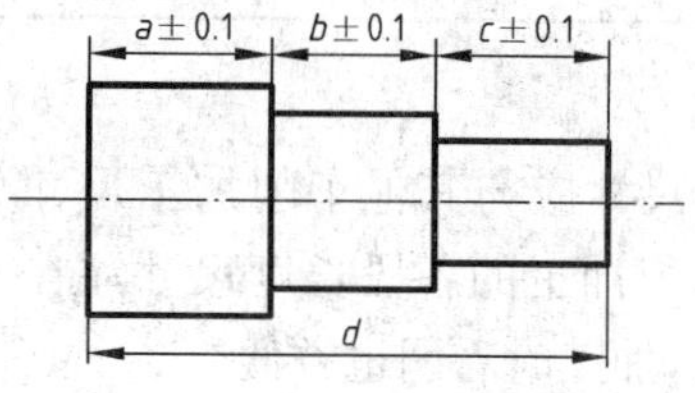

图 6-16　封闭的尺寸链

封闭的尺寸链是首尾相接，形成一个封闭圈的一组尺寸。图 6-16 中链状尺寸形式已注出尺寸 a、b、c，如再注出总长 d，这四个尺寸就构成封闭尺寸链。每个尺寸为尺寸链中的组成环。根据尺寸标注形式对尺寸误差的分析，尺寸链中任一环的尺寸误差，都等于其他各环尺寸误差之和。因此，如注成封闭尺寸链，欲同时满足各组成环的尺寸精度是办不到的。

5. 常见孔尺寸标注法

零件上常见的孔的尺寸标注法，如表 6-3 所示。

表 6-3　　零件上常见孔的尺寸标注

结构类型		简化注法	一般注法
螺孔	通孔	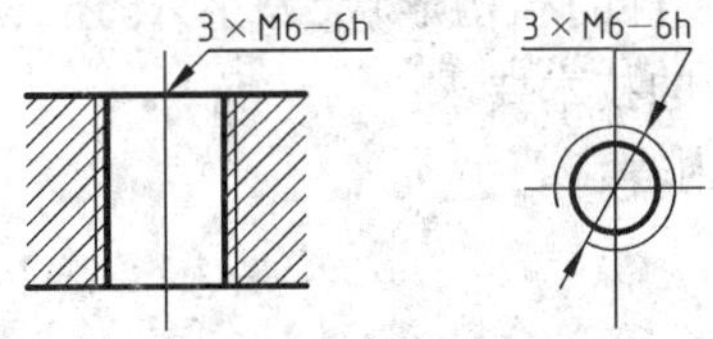	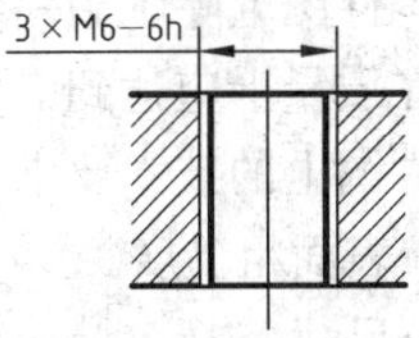
螺孔	不通孔	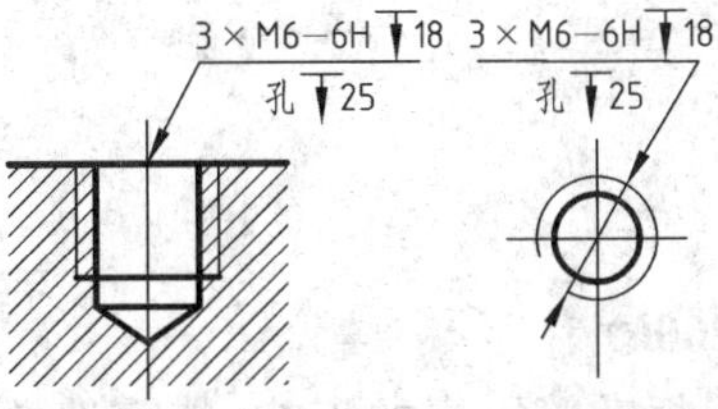	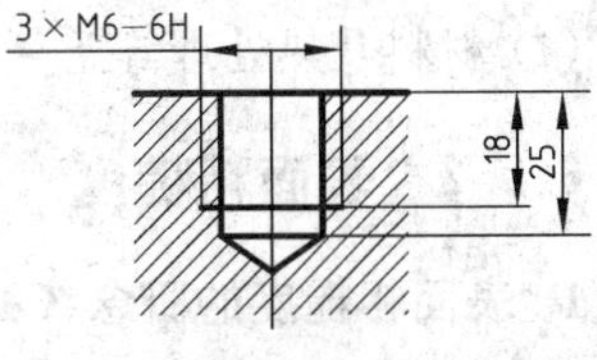
光孔	圆柱孔	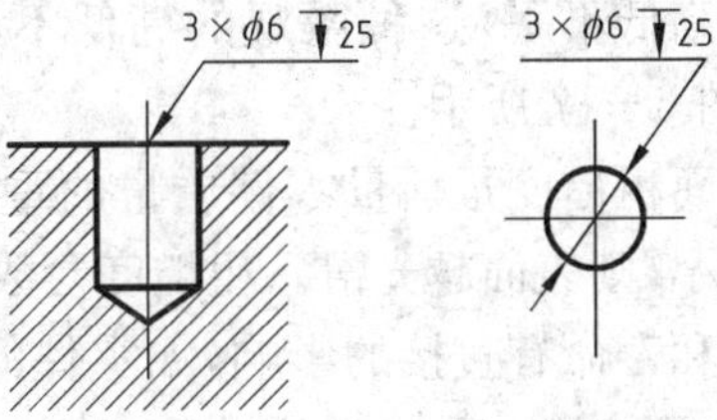	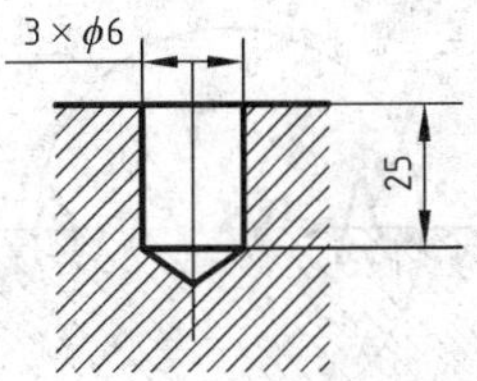
光孔	锥销孔	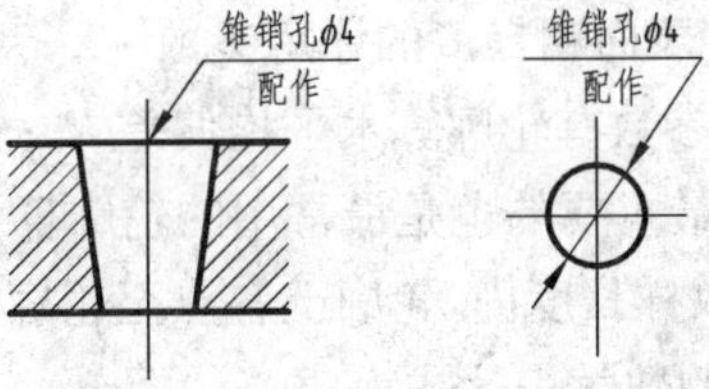	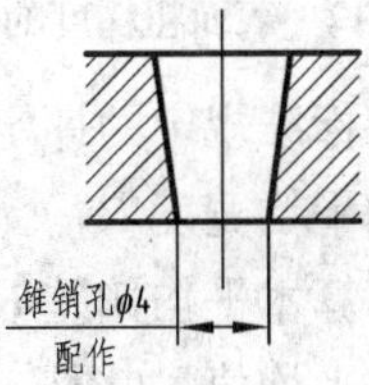
沉孔	锥形沉孔	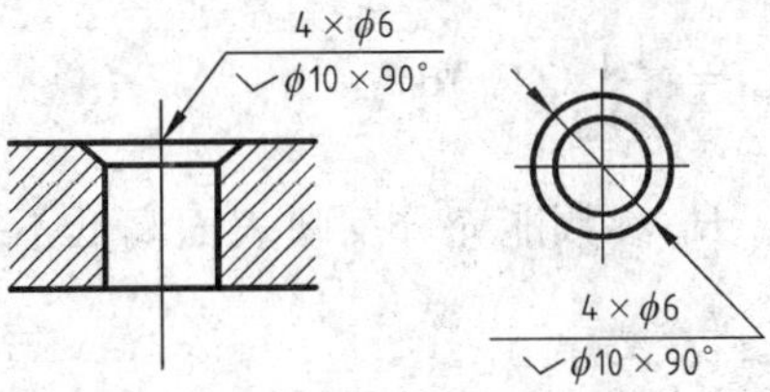	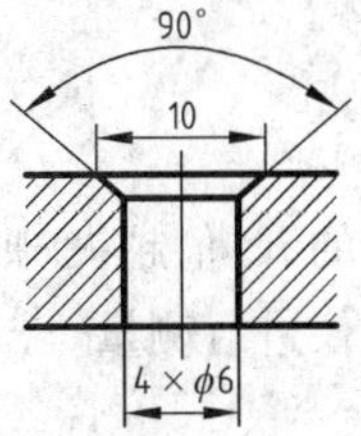
沉孔	柱形沉孔	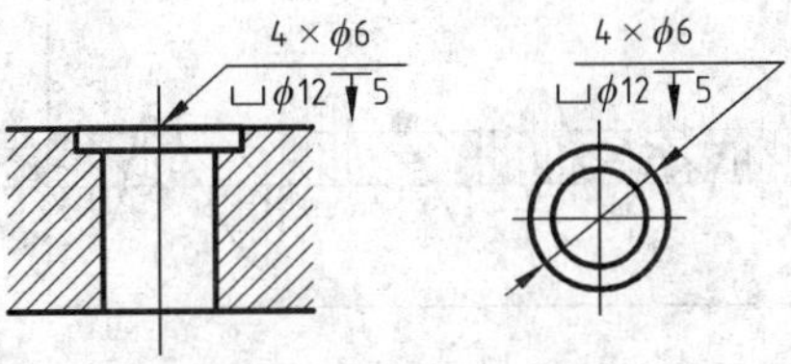	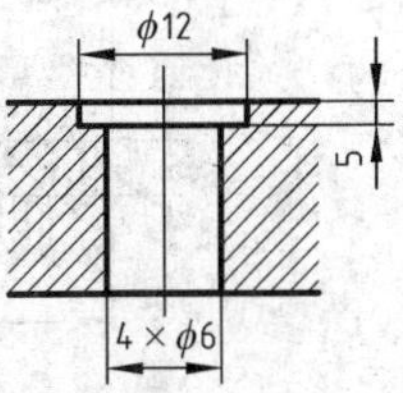

6.5 零件图的技术要求

6.5.1 技术要求的内容

在零件图上除了用一组视图来表示零件的结构形状、大小外，还必须注出零件在制造和检验时在质量上应达到的要求，称为零件的技术要求。

零件图上的技术要求主要包括以下内容：

(1) 表面粗糙度。

(2) 尺寸公差。

(3) 形状和位置公差。

(4) 材料及热处理等。

6.5.2 表面粗糙度

1. 表面粗糙度的概念(GB/T131—2006)

在加工零件时，由于切削变形和机床振动等因素的影响，使零件的实际加工表面存在着微观的高低不平，这种微观的高低不平程度称为表面粗糙度，如图 6-17 所示。

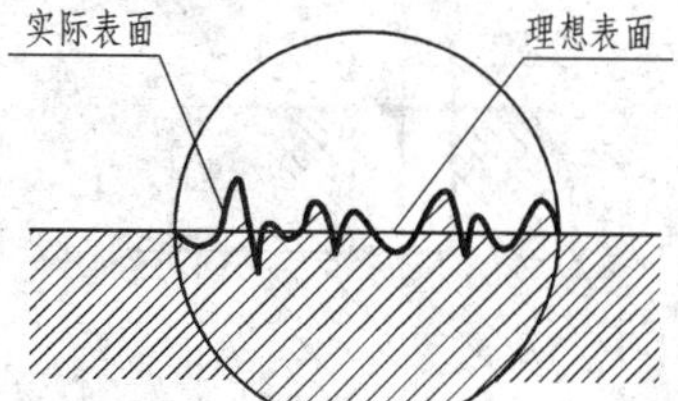

图 6-17　表面粗糙度的概念

表面粗糙度是衡量零件质量的重要指标之一。表面粗糙度越小，则表面越光滑。粗糙度参数值的大小对零件的使用性能和寿命有直接的影响，如零件的耐磨性、强度和抗腐蚀性等，还会影响配合性质的稳定性。

2. 表面粗糙度的评定参数

国家标准规定的评定表面粗糙度的参数有轮廓算术平均偏差 R_a；轮廓最大高度 R_z 和轮廓单元的平均宽度 R_{Sm}。这里主要介绍最重要的也是最常用的轮廓算术平均偏差 R_a。

轮廓算术平均偏差 R_a 值是在一个取样长度内，轮廓上各点至轮廓中线的距离 y_i 的绝对值的算术平均值，如图 6-18 所示。R_a 的数学表达式为：

$$R_a = \frac{1}{l_r}\int_0^{lr} Z(x)\mathrm{d}x$$

测得的 R_a 值越大，则表面越粗糙。R_a 参数能充分反映表面高低不平度的特征，一般用电动轮廓仪进行测量。

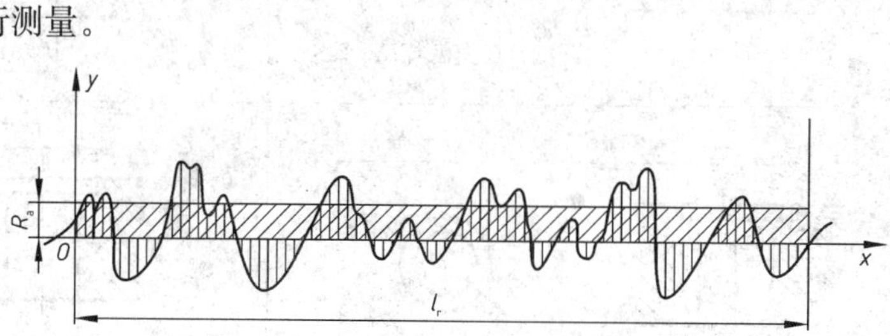

图 6-18　轮廓的算术平均偏差值 R_a

常用的轮廓算术平均偏差值 R_a 的数值见表 6-4。

表 6-4　　轮廓算术平均偏差值 R_a 的数值

基本系列	补充系列	基本系列	补充系列	基本系列	补充系列	基本系列	补充系列
	0.008						
	0.010						
0.012			0.125		1.25	12.5	
	0.016		0.16	1.60			16.0
	0.020	0.20			2.0		20
0.025			0.25		2.5	25	
	0.032		0.32	3.2			32
	0.040	0.40			4.0		40
0.050			0.50		5.0	50	
	0.063		0.63	6.3			63
	0.080	0.80			8.0		80
0.100			1.00		10.0	100	

3. 表面粗糙度的符号及标注

国家标准 GB/T131—2006 规定了表面粗糙度的符号、代号及其在图样上的标注方法。

1) 表面粗糙度的符号

表面粗糙度的符号及其意义见表 6-5。如仅需要加工而对表面粗糙度的其他规定没有要求时,允许只标注表面粗糙度符号。

2) 表面结构的图形代号

表面粗糙度完整图形符号是指在表面粗糙度符号周围,按功能要求加注表面粗糙度或有关其他文字。其注写位置如图 6-19 所示。

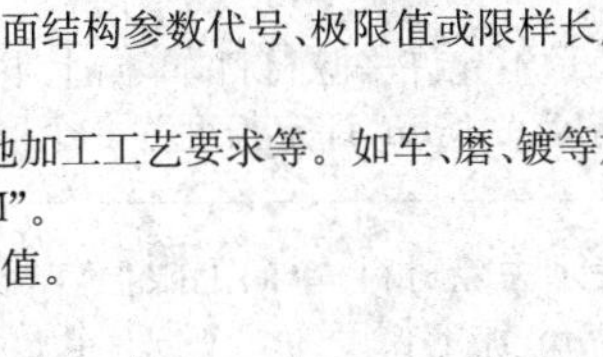

图 6-19　表面粗糙度补充要求的注写位置

a—注写表面粗糙度的单一要求,包括表面结构参数代号、极限值或限样长度(μm)。
b—注写两个或多个表面结构要求。
c—标注加工方法、表面处理、涂层或其他加工工艺要求等。如车、磨、镀等加工表面。
d—注写表面纹理方向,如“=”、“X”、“M”。
e—注写加工余量,以毫米为单位给出数值。

3) 表面粗糙度在图样上的标注方法

在图样上标注表面粗糙度要求时,除标注粗糙度参数(从粗糙度轮廓上计算所得的参数——R 轮廓参数)的代号和数值(如 R_a 1.6 和 R_a 6.3)外,还应标注取样长度、评定长度、极限值和传输带等信息(为了简化标注,标准中规定了一系列的默认值,不必在代号中标注)。

表 6－5　　表面粗糙度的符号及其意义

表面粗糙度符号	意义及说明
	基本符号，表示表面可用任何方法获得；当不加粗糙度参数值或有关说明(例如：表面处理、局部热处理状况等)时，仅适用于简化代号标注
	扩展图形符号，基本符号加一短画，表示表面是用去除材料的方法获得，如通过机械加工获得的表面
	扩展图形符号，基本符号加小圆，表示表面是用不去除材料的方法获得；或者是用于保持上道工序形成的表面，不管这种表面是通过去除材料或不去除材料形成的
表面粗糙度完整图形符号	**意义及说明**
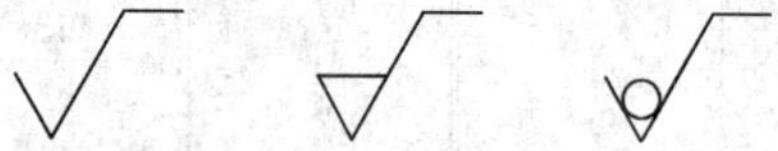	当要求标注表面结构特征的补充信息时，在上述三个符号的长边上均可加一横线
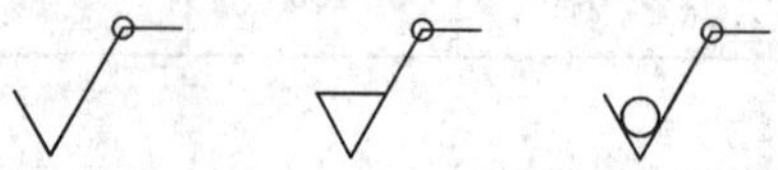	表面粗糙度完整图形符号上均可加一小圆，表示该视图上各表面有相同的表面结构要求

4) 极限值及其判断规则

极限值是指图样上给定的粗糙度参数值(单向上限值、下限值、最大值或双向上限值和下限值)。极限值的判断规则是指在完工零件表面上测出实测值后，如何与给定值比较，以判断其是否合格的规则。极限值的判断有两种：

(1) 16％规则　当所注参数为上限值时，用同一评定长度测得的全部实测值中，大于图样上规定值的个数不超过测得值总个数的 16％时，则该表面是合格的。

对于给定表面参数为下限值的场合，如果用同一评定长度测得的全部实测值中，小于图样上规定值的个数不超过测得值总个数的 16％时，则该表面也是合格的。

(2) 最大规则　是指在被检的整个表面上测得的参数值中，一个也不应超过图样上的规定值。为了指明参数的最大值，应在参数代号后增加一个“max”的标记，如 $R_a$max。

表 6－6　　表面粗糙度代号的含义

序号	符　号	含 义/解 释
1	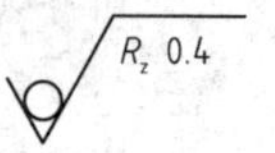	表示不允许去除材料，单向上限值，默认传输带，R 轮廓，粗糙度的最大高度 0.4 μm，评定长度为 5 个取样长度(默认)，“16％”规则(默认)
2	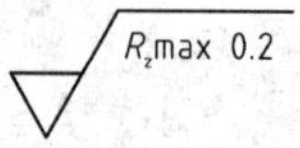	表示去除材料，单向上限值，默认传输带，R 轮廓，粗糙度的最大高度 0.2 μm，评定长度为 5 个取样长度(默认)，“最大规则”
3	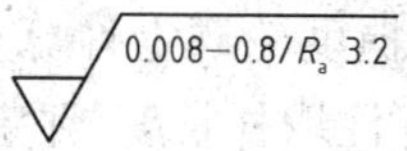	表示去除材料，单向上限值，传输带 0.008～0.8 mm，R 轮廓，算术平均偏差 3.2 μm，评定长度为 5 个取样长度(默认)，“16％”规则(默认)

续 表

序号	符 号	含 义/解 释
4	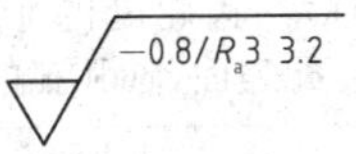	表示去除材料，单向上限值，传输带：根据 GB/T6062，取样长度 0.8 mm，R 轮廓，算术平均偏差 3.2 μm，评定长度为 3 个取样长度，“16%”规则（默认）
5	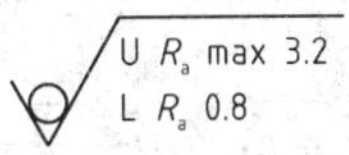	表示不允许去除材料，双向极限值，两极限值均使用默认传输带，R 轮廓，上限值：算术平均偏差 3.2 μm，评定长度为 5 个取样长度（默认），“最大规则”；下限值：算术平均偏差 0.8 μm，评定长度为 5 个取样长度（默认），“16%”规则（默认）

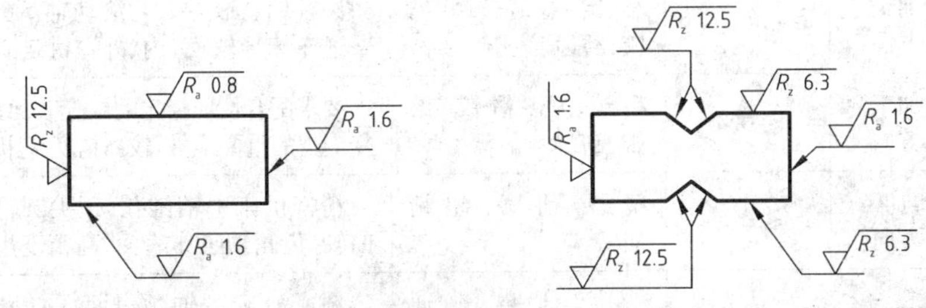

图 6-20　表面粗糙度标注方法

4. 表面粗糙度的选择

表面粗糙度参数的选择原则是：在满足功能要求的前提下，尽量选择较大的表面粗糙度参数值，以减小加工困难，降低生产成本。具体选用时，可参照生产中的实例，用类比法确定，同时注意下列几点：

(1) 同一零件上工作表面比非工作表面粗糙度参数值小；

(2) 摩擦表面比非摩擦表面、滚动摩擦表面比滑动摩擦表面的粗糙度参数值小；

(3) 承受交变载荷的表面及易引起应力集中的部分（如圆角、沟槽等），粗糙度参数值应小些；

(4) 要求配合稳定可靠时，粗糙度参数值小些。小间隙配合表面，受重载作用的过盈配合表面，其粗糙度参数值要小；

(5) 表面粗糙度与尺寸及形状公差应协调。同一尺寸公差的轴比孔的粗糙度参数值要小；

(6) 密封性、防腐性要求高的表面或外形美观的表面其表面粗糙度参数值都应小些；

(7) 凡有关标准已对表面粗糙度要求作出规定者（如轴承、量规、齿轮等）。应按标准规定选取表面粗糙度参数值。

表 6-7 中列出 R_a 值与表面特征、加工方法的对应关系及应用举例，供选用时参考。

表 6-7　表面粗糙度 R_a 值与表面特征、加工方法的对应关系及应用举例

表面微观特征		R_a/μm	加工方法	应 用 举 例
粗糙平面	微见刀痕	≤12.5	粗车、粗刨、粗铣、钻、毛锉、锯断	半成品粗加工的表面，非配合的加工表面，如轴端面、倒角、钻孔、齿轮带轮侧面、键槽底面等

续 表

表面微观特征		R_a/μm	加工方法	应用举例
半光表面	可见加工痕迹	≤6.3	车、刨、铣、钻、镗、粗铰	轴上不安装轴承、齿轮处的非配合表面，紧固件的自由装配表面，轴和孔的退刀槽等
	微见加工痕迹	≤3.2	车、刨、铣、钻、镗、磨、拉、粗刮滚压	半精加工表面，箱体、支架、盖面、套筒等和其他零件结合而无配合要求的表面，需要发蓝的表面等
	看不清加工痕迹	≤1.6	车、刨、铣、钻、镗、磨、拉、刮、压、铣齿	接近于精加工表面，箱体上安装轴承的镗孔表面，齿轮的工作面
光表面	可辨加工痕迹方向	≤0.8	车、镗、磨、拉、刮、精铰、磨齿、滚压	圆柱销、圆锥销、与滚动轴承配合的表面，普通车床导轨面，内、外花键定心表面等
	微辨加工痕迹方向	≤0.4	精镗、磨、精铰、滚压、刮	要求配合性质稳定的配合表面，工作时受交变应力的重要零件，较高精度车床的导轨面
	不可辨加工痕迹方向	≤0.2	精磨、研磨、超精加工	精密机床主轴锥孔、顶尖圆锥面，发动机曲轴、齿轮轴工作表面，高精度齿轮齿面
极光表面	暗光泽面	≤0.1	精磨、研磨、普通抛光	精密机床主轴颈表面，一般量规工作表面，气缸内表面，活塞销表面
	亮光泽面	≤0.05	超精磨、精抛光、镜面磨削	精密机床主轴颈表面，滚动轴承的滚珠，高压油泵中柱塞和柱塞套配合的高精度
	镜状光泽面	≤0.02		
	镜面	≤0.01	镜面磨削、超精研	高精度量仪、量块的工作表面，光学仪器中的金属镜面

6.5.3 极限与配合及其标注

1. 极限与配合的概念

1）零件的互换性

在成批或大量生产中，一批零件在装配前不经过挑选，在装配过程中不经过修配，在装配后即可满足设计和使用性能要求，零件的这种在尺寸与功能上可以互相代替的性质称为互换性。零件具有互换性，给产品的设计、制造和使用维修带来了很大的方便，也为机器的现代大生产提供了可能性。

从设计方面：可以最大限度地采用标准件、通用件，大大减少绘图、计算等工作量，缩短设计周期，并有利于产品多样化和计算机辅助设计。

从制造方面：有利于组织大规模专业化生产，有利于采用先进工艺和高效率的专用设备，以至用计算机辅助制造，有利于实现加工和装配过程的机械化、自动化，从而减轻工人的劳动强度，提高生产率，保证产品质量，降低生产成本。

从使用方面：可以及时更换已经磨损或损坏了的零件，因此可以减少机器的维修时间和费用，保证机器能连续而持久地运转。

2）尺寸有关的基本术语

零件在加工过程中，由于机床精度、刀具磨损、测量等诸多因素的影响，不可能把零件的尺寸加工得绝对准确。为了保证零件的互换性，必须将零件尺寸的加工误差限制在一定的范围内，规定出尺寸的允许变动量，从而形成了极限与配合的一系列概念。现以图 6－21 为例，介绍极限与配合的基本术语。

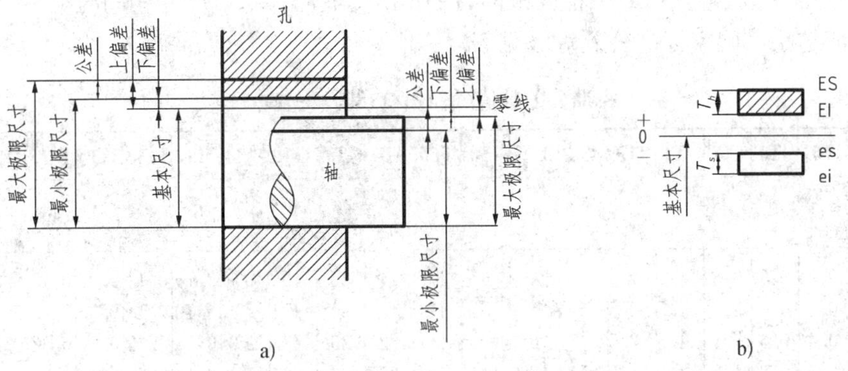

图 6－21　极限与配合的基本概念

基本尺寸：根据零件的强度和结构要求，设计时给定的尺寸，如ϕ50。

实际尺寸：通过测量所得的某一孔、轴尺寸。

极限尺寸：一个孔、轴允许尺寸的两个极限值。实际尺寸应位于其中，也可以达到极限尺寸。孔或轴允许的最大尺寸为最大极限尺寸（D_{max}、d_{max}），孔或轴允许的最小尺寸为最小极限尺寸（D_{min}、d_{min}）。

偏差：某一尺寸（实际尺寸、极限尺寸）减其基本尺寸所得的代数差。

极限偏差：有上偏差和下偏差。孔的上、下偏差代号用大写字母 ES、EI 表示，轴的上、下偏差代号用小写字母 es、ei。最大极限尺寸减其基本尺寸所得的代数差为上偏差；最小极限尺寸减其基本尺寸所得的代数差称为下偏差。

孔的上、下偏差　　$\mathrm{ES} = D_{max} - D$　　$\mathrm{EI} = D_{min} - D$

轴的上、下偏差　　$\mathrm{es} = d_{max} - d$　　$\mathrm{ei} = d_{min} - d$

实际偏差：实际尺寸减其基本尺寸所得的代数差，应位于极限偏差范围之内。由于极限尺寸可以大于、等于或小于基本尺寸，所以偏差可以为正、零或负值。偏差除零外，应标上相应的“＋”号或“－”号。极限偏差用于控制实际偏差。

尺寸公差（简称公差）：最大极限尺寸减最小极限尺寸之差，或上偏差减下偏差之差。它是允许尺寸的变化量，尺寸公差是一个没有符号的绝对值。

孔的公差　　$T_h = |D_{max} - D_{min}| = |\mathrm{ES} - \mathrm{EI}|$

轴的公差　　$T_s = |d_{max} - d_{min}| = |\mathrm{es} - \mathrm{ei}|$

偏差与公差的两个不同的概念，不能混淆。

零线：在极限与配合图解中，表示基本尺寸的一条直线，以其为基准确定偏差和公差。

公差带：在公差带图解中，由代表上偏差和下偏差或最大极限尺寸和最小极限尺寸的两条直线所限定的一个区域。如图 6－21b）所示。

公差带是由公差带大小和位置两个要素决定的。大小在公差带图中指公差带在零线垂直方向的宽度，由标准公差确定；位置指公差带沿零线垂直方向的坐标位置，由基本偏差确定。

3）标准公差与基本偏差

标准公差：GB/T《极限与配合》国家标准中所规定的任一公差。其大小由两个因素决定，一个是公差等级，另一个是基本尺寸。国家标准将公差划分为 20 个等极，分别为 IT01、IT0、IT1、…、IT18，其中 IT01 精度最高，IT18 精度最低。基本尺寸相同时，公差等级越高，标准公差值越小。国家标准公差等级见表 6－8。

表 6－8　　标准公差数值（摘 GB/T1800.3—1998）

公差等级	IT01	IT0	IT1	IT2	IT3	IT4	IT5	IT6	IT7	IT8	IT9	IT10	IT11	IT12	IT13	IT14	IT15	IT16	IT17	IT18
基本尺寸/mm	/μm													/mm						
≤3	0.3	0.5	0.8	1.2	2	3	4	6	10	14	25	40	60	0.10	0.14	0.25	0.40	0.60	1.00	1.40
>3～6	0.4	0.6	1	1.5	2.5	4	5	8	12	18	30	48	75	0.12	0.18	0.30	0.48	0.75	1.20	1.80
>6～10	0.4	0.6	1	1.5	2.5	4	6	9	15	22	36	58	90	0.15	0.22	0.36	0.58	0.90	1.50	2.20
>10～18	0.5	0.8	1.2	2	3	5	8	11	18	27	43	70	110	0.18	0.27	0.43	0.70	1.10	1.80	2.70
>18～30	0.6	1	1.5	2.5	4	6	9	13	21	33	52	84	130	0.21	0.33	0.52	0.84	1.30	2.10	3.30
>30～50	0.6	1	1.5	2.5	4	7	11	16	25	39	62	100	160	0.25	0.39	0.62	1.00	1.60	2.50	3.90
>50～80	0.8	1.2	2	3	5	8	13	19	30	46	74	120	190	0.30	0.46	0.74	1.20	1.90	3.00	4.60
>80～120	1	1.5	2.5	4	6	10	15	22	35	54	87	140	220	0.35	0.54	0.87	1.40	2.20	3.50	5.40
>120～180	1.2	2	3.5	5	8	12	18	25	40	63	100	160	250	0.40	0.63	1.00	1.60	2.50	4.00	6.30
>180～250	2	3	4.5	7	10	14	20	29	46	72	115	185	290	0.46	0.72	1.15	1.85	2.90	4.60	7.20
>250～315	2.5	4	6	8	12	16	23	32	52	81	130	210	320	0.52	0.81	1.30	2.10	3.20	5.20	8.10
>315～400	3	5	7	9	13	18	25	36	57	89	140	230	360	0.57	0.89	1.40	2.30	3.60	5.70	8.90
>400～500	4	6	8	10	15	20	27	40	63	97	155	250	400	0.63	0.97	1.55	2.50	4.00	6.30	9.70

基本偏差：确定公差带相对零线位置的那个极限偏差。它可以是上偏差或下偏差，一般为靠近零线的那个极限偏差，如图 6－22 所示。

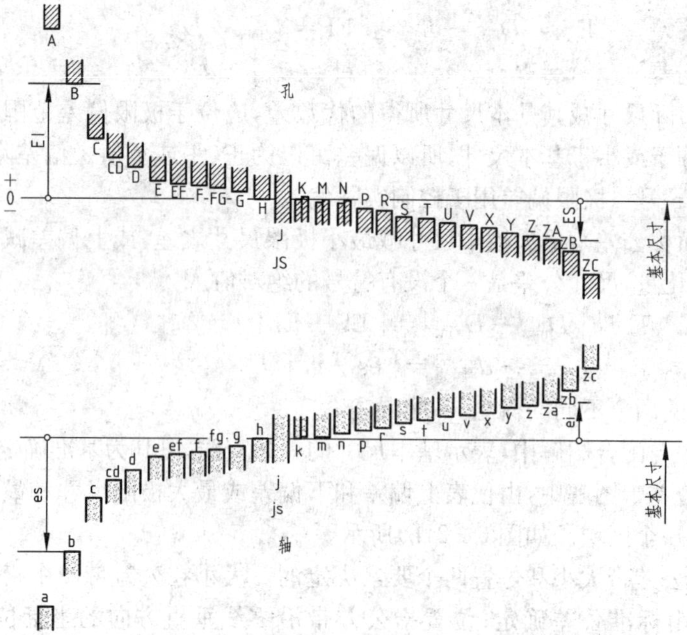

图 6－22　基本偏差系列

GB/T1800.2—1998 对孔和轴分别规定了 28 种基本偏差，其代号用拉丁字母表示，大写表示孔，小写表示轴。这 28 种基本偏差代号反映 28 种公差位置，构成了基本偏差系列。

从图中可以看出孔的偏差从 A 到 H 为下偏差 EI，从 J 到 ZC 为上偏差 ES。轴的基本偏差从 a 到 h 为上偏差 es，从 j 到 zc 为下偏差 ei。

公差带的宽度取决于标准公差等级，公差带的位置取决于基本偏差。因此，任何一个公差带都用基本偏差代号和公差等级数字表示，如ϕ50H7，ϕ50 是基本尺寸，H 是基本偏差代号，大写表示孔，公差等极为 IT7。又如ϕ50 f8，ϕ50 是基本尺寸，f 是基本偏差代号，小写表示轴，公差等极为 IT8。

基本偏差中的 H 和 h 的基本偏差为零，H 代表基准孔，h 代表基准轴。

4）配合的有关术语

在机器装配中，基本尺寸相同的、相互配合的孔和轴公差带之间的关系，称为配合。根据机器的设计要求、工艺要求和生产实际需要，国家标准将配合分为三大类，即间隙配合、过盈配合和过渡配合。

间隙配合：具有间隙（包括最小间隙等于零）的配合。此时，孔的公差带一般在轴的公差带的上方，如图 6－23a）所示。

过盈配合：具有过盈（包括最小过盈等于零）的配合。此时，孔的公差带一般在轴的公差带的下方。如图 6－23b）所示。

过渡配合：可能具有间隙或过盈的配合。此时，孔的公差带与轴的公差带相互交叠如图 6－23(c)所示。它是介于间隙配合和过盈配合之间的一种配合，但其间隙或过盈都不大。

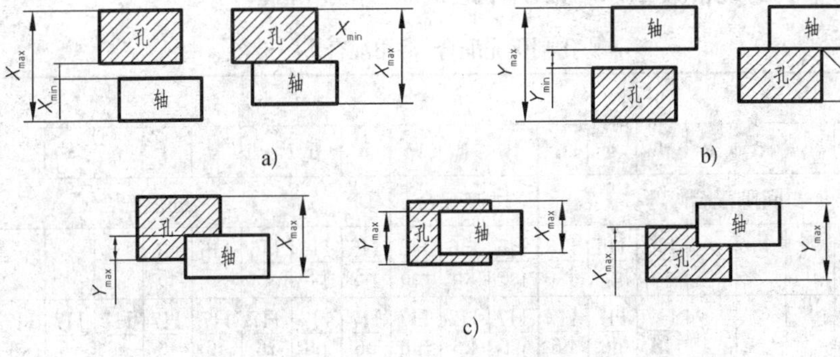

图 6－23　配合的种类

5）配合的基准制

国家标准对配合规定了两种基准制，即基孔制和基轴制。

基孔制：基本偏差为一定的孔的公差带，与不同基本偏差的轴的公差带形成各种配合的一种制度。如图 6－24a）所示。基孔制配合的孔为基准孔，用基本偏差 H 表示，它是配合的基准件，而轴是非准件。

基轴制：基本偏差为一定的轴的公差带，与不同基本偏差的孔的公差带形成各种配合的一种制度。如图 6－24b）。基轴制配合的轴为基准轴，用基本偏差 h 表示，它是配合的基准件，而孔是非准件。

基孔制配合和基轴制配合是规定配合系列的基础。按照孔、轴公差带相对位置的不同，基孔制和基轴制都有间隙配合、过盈配合和过渡配合三类配合形式。

6）常用配合和优先配合

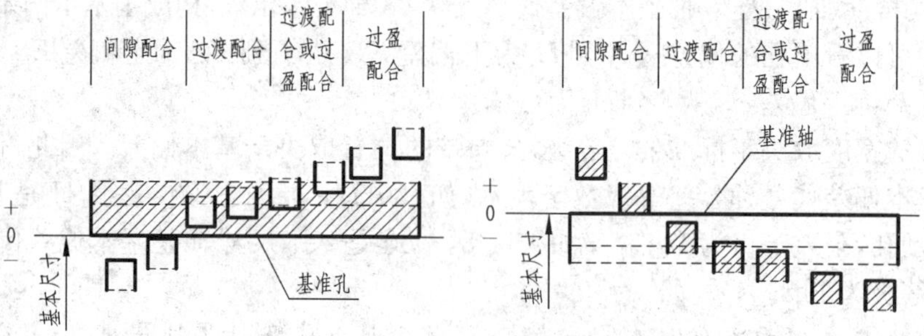

图 6-24　基孔制和基轴制配合公差带

国家标准规定的基孔制常用配合共 59 种，其中优先配合 13 种，见表 6-9；基轴制常用配合 47 种，其中优先配合 13 种，见表 6-10。

2. 极限与配合的选用

正确、合理地选择极限与配合，对产品的使用性能和制造成本将产生直接影响。极限与配合的选用主要包括基准制、配合类别和公差等级三项内容。

1）基准制的选择

基准制的选择主要是从经济方面考虑，同时兼顾功能、结构、工艺条件和其他方面的要求。国标规定一般优先选用基孔制。因为从工艺上看，加工中等尺寸的孔通常要用价格较贵的定值刀具，而加工轴则用一把车刀或砂轮就可加工不同的尺寸。因此，采用基孔制可以减少备用刀具和量具的规格数量，降低成本，提高加工和经济性。

表 6-9　　　　基孔制优先配合、常用配合

基准孔	轴																				
	a	b	c	d	e	f	g	h	js	k	m	n	p	r	s	t	u	v	x	y	z
	间隙配合								过渡配合			过盈配合									
H6						H6/f5	H6/g5	H6/h5	H6/js5	H6/k5	H6/m5	H6/n5	H6/p5	H6/r5	H6/s5	H6/t5					
H7						H7/f6	H7/g6	H7/h6	H7/js6	H7/k6	H7/m6	H7/n6	H7/p6	H7/r6	H7/s6	H7/t6	H7/u6	H7/v6	H7/x6	H7/y6	H7/z6
H8					H8/e7	H8/f7	H8/g7	H8/h7	H8/js7	H8/k7	H8/m7	H8/n7	H8/p7	H8/r7	H8/s7	H8/t7	H8/u7				
				H8/d8	H8/e8	H8/f8		H8/h8													
H9			H9/c9	H9/d9	H9/e9	H9/f9		H9/h9													
H10			H10/c10	H10/d10				H10/h10													
H11	H11/a11	H11/b11	H11/c11	H11/d11				H11/h11													
H12		H12/b12						H12/h12													

注：① H6/n5、H7/p6 在基本尺寸小于或等于 3 mm 和 H8/r7 在小于或等于 100 mm 时为过渡配合；
② 用黑三角标示的配合为优先配合。

表 6-10　　基轴制优先配合、常用配合

基准孔	孔																				
	A	B	C	D	E	F	G	H	JS	K	M	N	P	R	S	T	U	V	X	Y	Z
	间隙配合								过渡配合			过盈配合									
h6						F6/h5	G6/h5	H6/h5	JS6/h5	K6/h5	M6/h5	N6/h5	P6/h5	R6/h5	S6/h5	T6/h5					
h6						F7/h6	▲G7/h6	▲H7/h6	JS7/h6	▲K7/h6	M7/h6	▲N7/h6	▲P7/h6	R7/h6	▲S7/h6	T7/h6	▲U7/h6				
h7					E8/h7	▲F8/h7		▲H8/h7	JS8/h7	K8/h7	M8/h7	N8/h7									
h8				D8/h8	E8/h8	F8/h8		H8/h8													
h9				▲D9/h9	E9/h9	F9/h9		▲H9/h9													
h10				D10/h10				H10/h10													
h11	A11/h11	B11/h11	▲C11/h11	D11/h11				▲H11/h11													
h12		B12/h12						H12/h12													

注:用黑三角标示的配合为优先配合。

但在有些特殊情况下,选择基轴制更适宜,如:

(1) 由冷拉棒材制造的零件,其配合表面不经过切削加工。

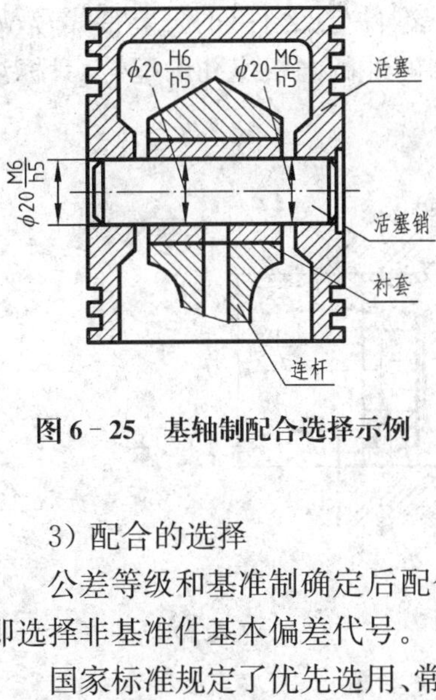

图 6-25　基轴制配合选择示例

(2) 与标准件相配合的孔和轴,应以标准件为基准来选择基准制。例如,与滚动轴承配合时,因滚动轴承是标准件,所以滚动轴承内圈与轴颈配合是基孔制配合,外圈与机座孔的配合是基轴制配合。

(3) 同一根轴上(基本尺寸相同)与几个零件孔配合,且有不同配合性质。如图 6-25 所示。

2) 标准公差等级的选择

在满足使用要求的前提下,尽可能选择较大的公差等级,以降低生产成本。

通常 IT01—IT4 用于块规和量规;IT5—IT12 用于配合尺寸;IT12—IT18 用于非配合尺寸。

3) 配合的选择

公差等级和基准制确定后配合的选择主要是确定非基准轴或非基准孔公差带的位置,即选择非基准件基本偏差代号。

国家标准规定了优先选用、常用和一般用途的孔、轴公差带。根据配合性质和使用功能要求,应尽可能地选用优先配合,其次是常用配合,再次是一般配合。对孔、轴配合的使用要求,一般有三种情况:

(1) 装配后有相对运动要求的,应选用间隙配合。

(2) 装配后需要靠过盈传递载荷的,应选用过盈配合。

(3) 装配后有定位精度要求或需要拆卸的,应选用过渡配合或小间隙、小过盈的配合。

3. 极限与配合的标注

(1) 极限与配合在零件图中的标注　一般有三种标注方法,如图 6-26 所示。

① 在基本尺寸后标注所要求的公差带,如:40H8, 80P7, ϕ50g6;

② 在基本尺寸后标注所要求的公差带对应的偏差值,如:$\phi 50^{+0.025}_{0}$;

③ 在基本尺寸后标注所要求的公差带和对应的偏差值,如:$\phi 50\text{H7}(^{+0.025}_{0})$。

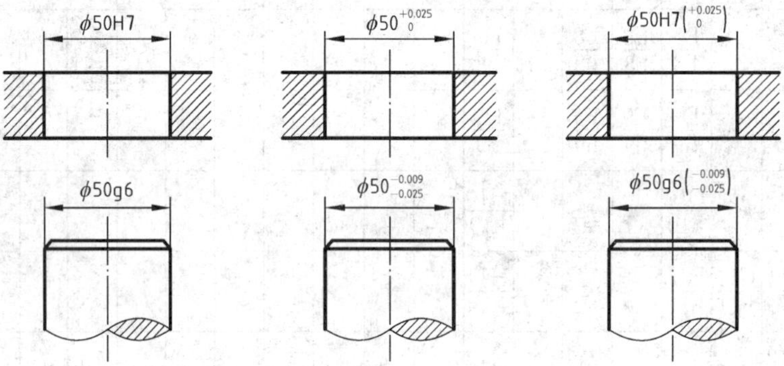

图 6-26　零件图中尺寸公差的标注

(2) 极限与配合在装配图上的标注　在基本尺寸后标注孔、轴公差带代号。这种标注常用于大批量生产中,由于与采用专用量具检验零件统一起来,因此,不需要标注出偏差值。如图 6-27a)所示。国家标准规定孔、轴公差带写成分数形式,分子为孔公差带,分母为轴的公差带。对于与轴承等标准件相配的孔或轴,则只标注非基准件(配合件)的公差带代号,如轴承内圈孔与轴的配合,只标注轴的公差带代号;轴承外圈的外圆与机座孔的配合,只标注机座孔的公差带代号,如图 6-27b)所示。

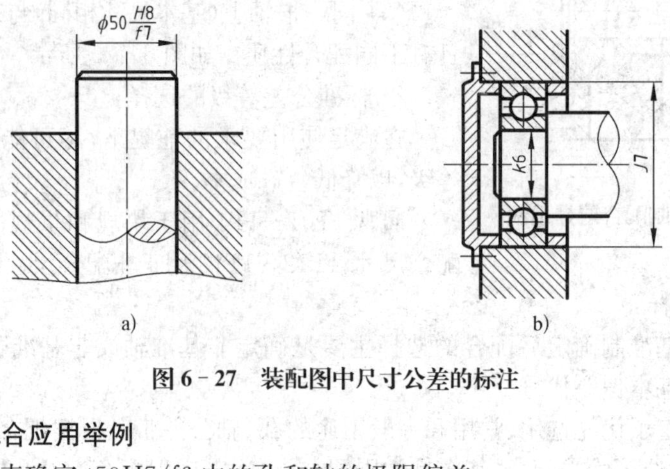

图 6-27　装配图中尺寸公差的标注

4. 极限与配合应用举例

例 6-1　查表确定ϕ50H7/f6 中的孔和轴的极限偏差。

解:此配合为基本尺寸为$\phi50$ 的基孔制配合。孔的公差代号为$\phi50H7$,其公差等级为 IT7,基本偏差代号为 H;轴的公差代号为$\phi50f6$,其公差等级为 IT6,基本偏差代号为 f,属间隙配合。由附表 4 和附表 5 查得孔的极限偏差为$\phi50(^{+0.025}_{0})$,轴的极限偏差(上偏差)为-0.025,根据标准公差与上、下偏差的关系,得出其下偏差为-0.041,公差带图如图 6－28 所示,即$\phi50(^{-0.025}_{-0.041})$。

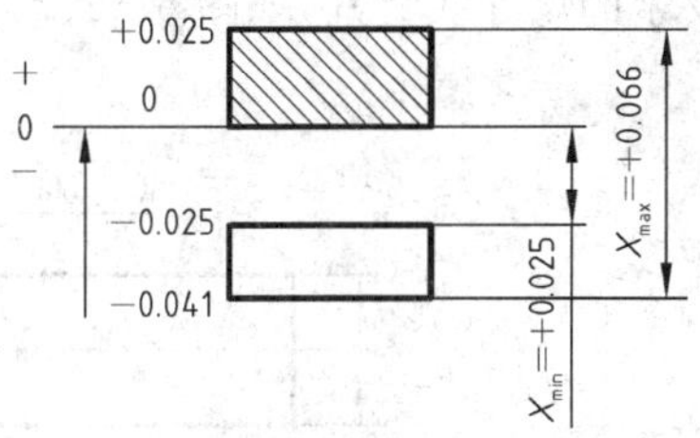

图 6－28　公差带图

6.5.4　形状与位置公差

1. 形状公差的概念

零件在加工过程中不仅有表面粗糙度和尺寸公差,而且会产生形状和位置误差(简称形位误差)。形位误差对机械产品工作性能的影响不容忽视。如,机床导轨的直线度误差使移动部件运动精度降低,影响加工质量。因此,为保证机械产品的质量和零件的互换性,必须对形状和位置误差加以控制。形状公差是指单一实际要素的形状对其理想要素形状的变动量,而位置误差是指关联实际要素的位置对其理想要素位置的变动量,理想位置由基准确定。形状和位置误差的允许变动量称为形状和位置公差(简称形位公差)。

2. 形位公差的特征项目及其代号

按国家标准 GB/T1182—1996《形状和位置公差通则、定义、符号和图样表示方法》的规定,形位公差特征项目共有 14 个,各项目的名称及符号见表 6－11 所示。

表 6－11　　形位公差的名称及符号

公差		特征	符号	有或无基准要求
形状	形状	直线度	—	无
		平面度	▱	无
		圆度	○	无
		圆柱度	⌭	无
形状或位置	轮廓	线轮廓度	⌒	有或无
		面轮廓度	⌓	有或无

公差		特征	符号	有或无基准要求
位置	定向	平行度	//	有
		垂直度	⊥	有
		倾斜度	∠	有
	定位	位置度	⌖	有或无
		同轴(同心)度	◎	有
		对称度	⌯	有
	跳动	圆跳动	↗	有
		全跳动	⌰	有

3. 形位公差的标注

国家标准规定,形位公差在图样中应采用代号标注。代号由公差项目符号、框格、指引线、公差数值、基准要素(对位置公差)和其他有关符号组成。

被测要素的标注方法是用带箭头的指引线将被测要素与公差框格的一端相连,当被测要素为表面或线时,指引线箭头应指向被测要素的表面或线的延长线上,箭头应明显地与该要素的尺寸线错开，如图 6－29a)所示。

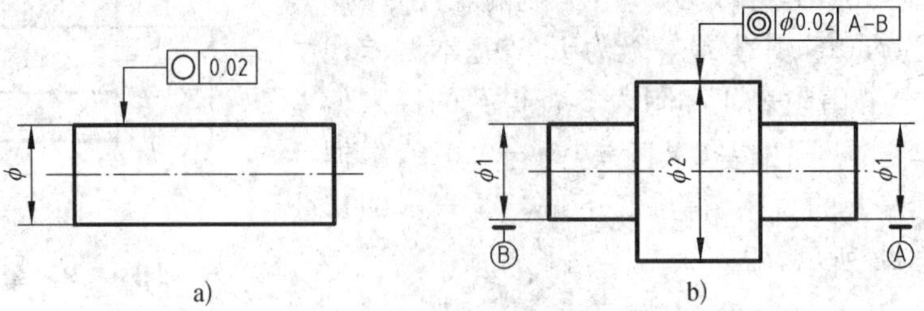

图 6－29　形位公差的标注

当被测要素为轴线、球心或中心线（平面）时，指引线箭头应与该要素的尺寸线对齐，如图 6－29b)所示。框格中的字符高度与尺寸数字的高度相同。基准中的字母一律水平书写。如图 6－30 所示。

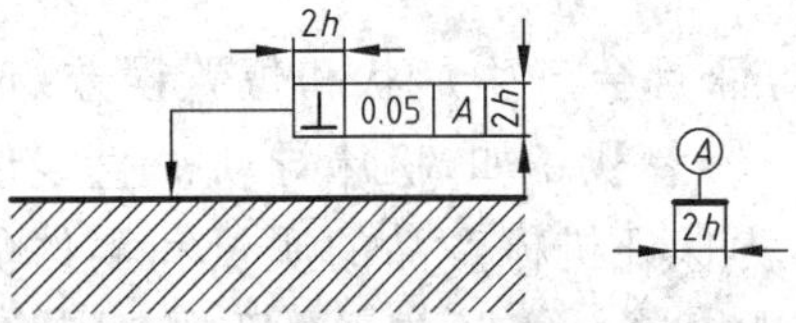

图 6－30　形位公差框格和基准代号

4. 形位公差的标注图例

例 6－2　解释图 6－31 所示形位公差所表示的含义。

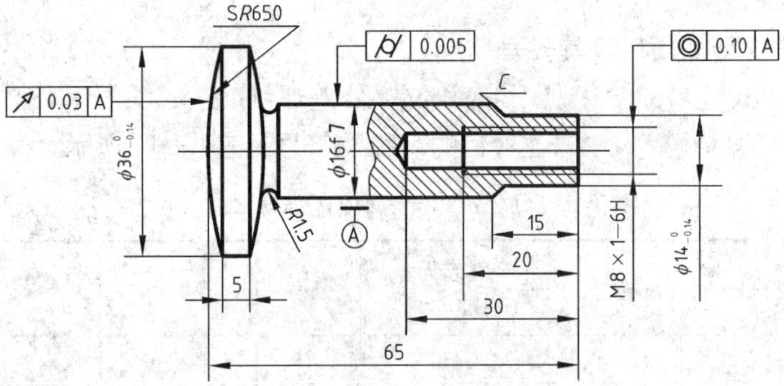

图 6－31　形位公差标注举例

图中，[⌭ 0.005] 表示该阀杆杆身φ16 的圆柱度公差为 0.005 mm；

[◎ 0.10 A] 表示 M18×1—6H 螺纹孔的轴线对于φ16 轴线的同轴度公差为φ0.10 mm；

[↗ 0.03 A] 表示 SR650 的球面对于φ16 轴线的圆跳动公差为 0.03 mm。

零件图上除了有表面粗糙度、形位公差和尺寸公差外，还有零件的材料、热处理工艺等技术要求，将在其他课程中讲述，也可查相关资料。

6.6 典型零件的分析

根据零件结构形状的特点和用途，零件大致可分为轴套类、轮盘类、叉架类和箱体类四种典型零件。每类零件的表达方法和尺寸标注有共同的一面，但各有不同的特点，下面对它们的零件图分别进行分析。

6.6.1 轴套类零件

轴套类零件包括各种轴、丝杆、套筒等。它们在机器中主要用来支承传递零件(齿轮、链轮、带轮等)和传递动力。

1. 结构特点

轴套类零件结构主要是由大小不同的同轴回转体(圆柱、圆锥等)组成,具有轴向尺寸大于径向尺寸的特点,结构形状比较简单。轴类零件结构常有轴肩、键槽、螺纹、销孔、中心孔、倒角、退刀槽、砂轮越程槽等。这些结构都是由设计要求和加工要求所决定的,多数已标准化。

2. 表达方式

轴套类零件一般都在车床、磨床上加工,一般按加工位置确定主视图,即将轴线水平放置,这样也基本上符合其工作位置,同时也反映了零件的形状特征。因为轴类零件一般是实心的,所以主视图多采用不剖或局部剖视图,对轴上的沟槽、孔洞可采用移出断面或局部放大图,如图 6－2 所示。

由于轴套类零件的主要结构形状是回转体,在主视图上注出相应的直径符号“ϕ”,即可表示形体特征。

6.6.2 轮盘类零件

轮盘类零件包括各种用途的轮和盘盖零件,其毛坯多为铸件或锻件。轮一般用键、销与轴联接,通常用以传递扭矩。盘盖可起支承、定位和密封等作用。

1. 结构特点

轮常见的有手轮、带轮、链轮和齿轮等,盖有法兰盘、端盖等。轮盖类零件主体部分多为回转体,一般其径向尺寸大于轴向尺寸。这类零件上常均布有孔、肋、槽等结构。轮一般由轮毂、轮辐和轮缘三部分组成。

2. 表达方式

轮盘类零件主要是在车床上加工,故与轴类零件相同,也按加工位置将其轴线水平放置作为主视图。对有些不以车削加工为主的某些盘类零件也可按工作位置选放主视图。这类零件一般需要两个基本视图,主视图一般采用单一剖、旋转剖或阶梯剖等剖切方式来表达其轴向结构特征,如图 6－32 所示。零件上的细节结构,如轮辐、沟槽等可采用局部剖视图、断面图或局部放大图来表达。

轮盘类零件尺寸标注,从图 6－32 可以看出,通常以轴线作为径向基准,用重要端面或对称平面作为长度方向的尺寸基准。

6.6.3 叉架类零件

叉架类零件包括各种用途的拨叉、连杆、支架、摇臂、杠杆等。叉杆零件多为运动件,通常起传动、连接、调节或制动等作用。支架零件通常起支承、连接等作用。

1. 结构特点

叉架零件结构形状差别较大,叉杆零件常有弯曲结构或倾斜结构,其上常有肋板、轴孔、耳板等结构,局部有油槽、油孔、螺孔等结构,如图 6－33 所示,但都是由支承部位、工作部位

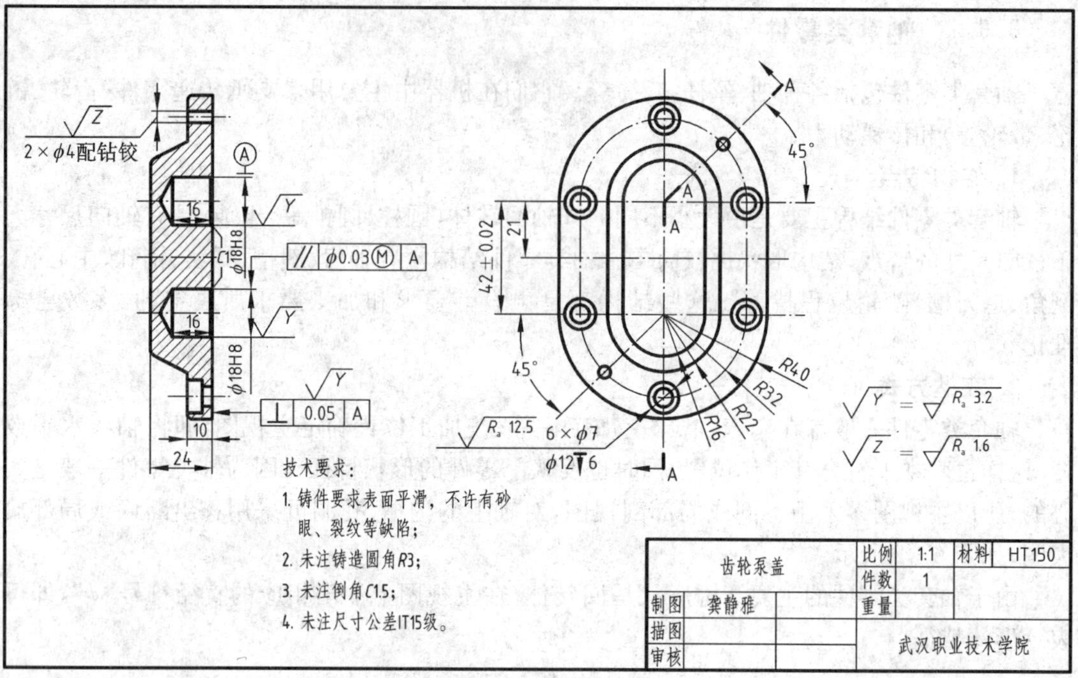

图 6-32　齿轮泵盖零件图

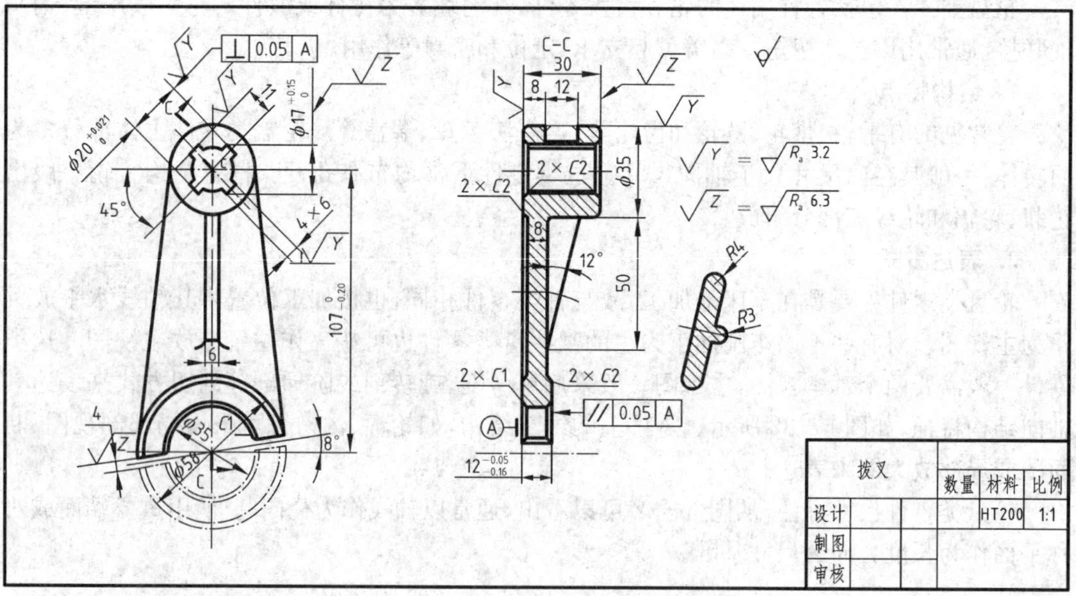

图 6-33　拨叉零件图

和连接部位所组成的。毛坯多为铸件或锻件，一般经多种工序加工。

2. 表达方式

叉架类零件加工时，各工序位置不同，较难区别主次，故一般都按工作位置画主视图。当工作位置是倾斜的或不固定时，可将其摆正画主视图。这类零件一般需要两个基本视图来表示结构。由于其某些结构不平行于基本投影面，因此常采用斜视图、斜剖、断面等视图来表达。对零件上一些内部结构常采用局部剖视；连接部分常采用断面图，如肋板。

叉架类零件常以主要孔轴线、对称平面、较大加工面或结合面为长、宽、高三个方向尺寸的主要基准。这类零件的定位尺寸较多，为保证定位精度，一般要标出孔轴线间的距离，定形尺寸用形体分析法标注，以避免漏标。

6.6.4 箱体类零件

箱体类零件一般是机器的主体，起承托、容纳、定位、密封和保护作用。

1. 结构特点

箱体类零件结构比较复杂，常有内腔、轴承孔、凸台或凹坑、肋板、螺孔等结构。其毛坯多为铸件。

2. 表达方式

箱体类零件加工部位较多，其切削加工要在刨床、铣床、镗床和钻床上进行。各工序加工位置是多样的，不便考虑，所以一般多以形状特征和工作位置来选择主视图，如图 6-34 所示。

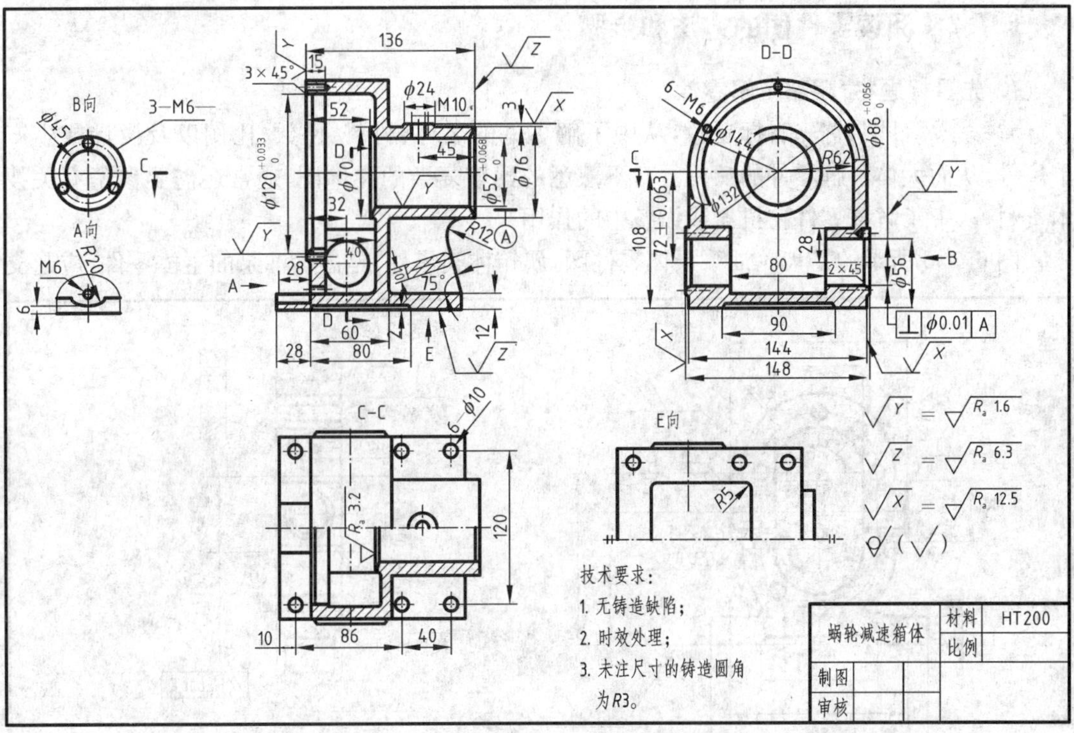

图 6-34　蜗轮减速箱体零件图

这类零件常需三个以上的基本视图来表达其复杂的结构形状。对其内部和外部结构常采用各种剖视（全剖、半剖、局部剖）及其不同剖切方法来表达。基本视图尚未表达清楚的局部结构可采用局部视图、剖面等表达。

箱体类零件常以主要孔的轴线、对称平面、较大的加工平面或结合面作为长、宽、高三个方向尺寸的主要基准。

6.7 读零件图

在设计和制造设备或仪器过程中，读零件图是一项非常重要的工作。在实际生产中不仅要读懂零件的形状、尺寸大小，还要弄清楚零件各部的结构、作用和技术要求等，以便进一步研究零件的加工方法，制订出合理的加工制造工艺。

6.7.1 读零件图的目的

（1）了解零件的名称、材料、比例以及设计或生产单位等。

（2）了解组成零件各部分结构的形状、特点和功能以及它们之间的相对位置。

（3）阅读零件图的尺寸，对零件各部分的大小有一个概念，进一步分析出各方向尺寸的重要基准。

（4）明确制造零件的主要技术要求，确定正确的加工方法。

6.7.2 阅读零件图的方法和步骤

1. 先看标题栏，粗略了解零件

看一张零件图，首先看标题栏，从中了解零件的名称、材料、件数、比例以及设计或生产单位等，从而大体了解零件的功用。对不熟悉的比较复杂的零件图，通常还需要参考有关技术资料，从中了解该零件在机器或设备中的作用。

图 6 - 35 所示的是齿轮油泵泵体零件图，属箱体类零件，是齿轮油泵的主体零件，应起支

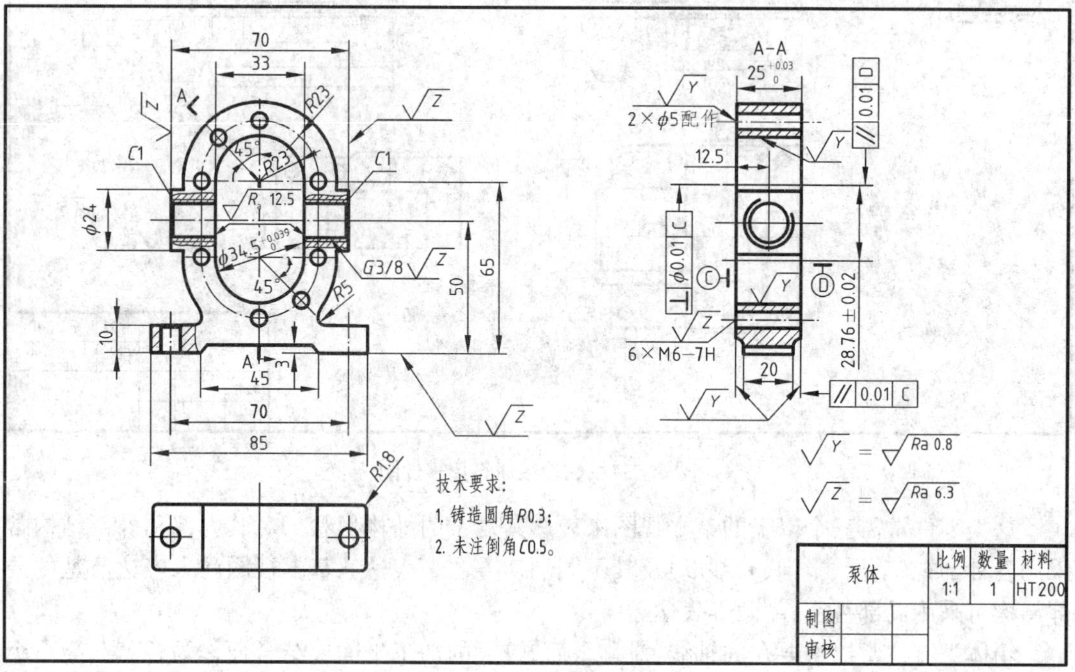

图 6 - 35 齿轮油泵泵体零件图

承和包容齿轮等传动零件的作用。材料为铸铁 HT200，说明零件毛坯的制造方法为铸造，所以具有铸造工艺要求的结构，如铸造圆角、铸造壁厚均匀等。

2. 明确视图关系

所谓视图关系就是指视图表达方法和各视图之间的投影联系。如图 6－35 所示的齿轮油泵泵体，采用了主、左两个基本视图和一个向视图。

主视图采用了局部剖，主要表达它的特征形状，中间“8 字形”空腔容纳一对齿轮，底板带有凹槽使泵体安装平稳，左右对称的带有螺纹孔的两个凸台为进出油口，以局部剖视表示。

左视图采用 A—A 旋转剖，表示泵体的厚度以及销孔、螺孔等内容。B 向局部视图表示底面及安装孔。

3. 分析视图，想象零件结构形状

对阅读零件图来说，分析视图、想象零件的结构形状是最关键的一步。分部位对投影，形体分析看大概，线面分析攻细节，综合起来想整体。

(1) 底板　是箱体的支承和安装部分。将主视图、B 向视图和左视图结合进来看，其基本形状为长方形，钻有两个 $\phi7$ 的沉头孔，供安装螺栓用，底板下表面中部为凹槽毛坯面，可以减少加工表面面积，同时使泵体与相邻件机架安装平稳。

(2) 泵体　将主、左视图结合进来看，为了容纳两啮合齿轮与泵体相配合，泵体的内腔做成中空圆柱体结构，该面上有六个螺孔与泵盖联接，两个销孔作定位孔。集油腔分置在两侧，齿轮工作时，一边进油，另一边出油，因此集油腔两侧配置了进出油口，有内螺纹与管子连接。内凸台主要是便于加工，外凸台主要是减少加工面。

通过上述分析，综合起来就可以完整地想象出该箱体零件的各部分结构形状及其相对位置，可想象出的油泵箱体的完整结构如图 6－35 所示。

4. 分析尺寸

零件图上的尺寸是制造、检验零件的重要依据。分析尺寸的主要目的是：

(1) 根据零件的结构特点、设计和制造工艺要求，找出尺寸基准，分清设计基准和工艺基准，明确尺寸种类和标注形式。

(2) 分析影响性能的主要尺寸标注是否合理，标准结构要素的尺寸标注是否符合要求，其余尺寸是否满足工艺要求。

(3) 校核尺寸标注是否完整等。

先找出该零件各方向的尺寸基准。经分析，泵体长度方向的尺寸基准是泵体的左右对称平面，由此注出进出油口凸台间的长度 70，内腔长度 33 及安装螺栓孔的定位尺寸 70。宽度方向基准为泵体与端面相结合的端面，注出了泵体的宽度 $25^{+0.03}_{0}$。泵体的安装基面为高度方向尺寸的主要基准，由此注出 65，传动轮轴的轴线的水平面为高度方向的辅助基准；再注出两孔轴线的中心距 28.76 ± 0.02，定出另一齿轮轴的轴线的水平面为高度方向尺寸的另一个辅助基准。这两条轴线就是两个高度方向的辅助基准面与长度方向的基准面的交线，以这两条轴线作为径向基准，分别注出内腔容纳齿轮的两个孔的直径 $\phi34.5^{+0.027}_{0}$。

5. 分析技术要求

零件图的技术要求是制造零件的质量指标。看图时应根据零件在机器中的作用，分析零件的技术要求，以在低成本的前提下保证产品质量。主要分析零件的表面粗糙度、尺寸公差和形位公差及热处理等要求，特别是主要加工表面或有配合的表面的加工精度要求。

如图 6－35 所示，图中 28.76±0.02、$\phi 34.5^{+0.027}_{0}$ 等尺寸具有尺寸公差，表示该尺寸制造时，允许的偏差数值；与端盖联接的两端面、容纳齿轮的内腔、安装底面的底板具有表面粗糙度；左视图上标注有平行度、垂直度形位公差，主要表示泵体两端面相互平行、两高度方向的辅助基准与端面 B 垂直并相互平行，主要保证齿轮传动平稳。

其他技术要求为铸件加工工艺要求。

6.8 零件测绘

零件测绘是根据已有零件画出零件图的过程，其过程包括绘制零件草图、测量出零件的尺寸和确定技术要求，然后绘制零件图。零件测绘对仿制、改造设备、推广先进技术、交流都有重要作用。是工程技术人员必须掌握的技能。

6.8.1 零件草图的绘制

1. 对零件草图的要求

(1) 内容完整　零件草图是画零件工作图的重要依据，有时也直接用以制造零件，因此必须具有零件工作图的全部内容，即一组完整视图、尺寸、技术要求和标题栏，如图 6－36 所示。

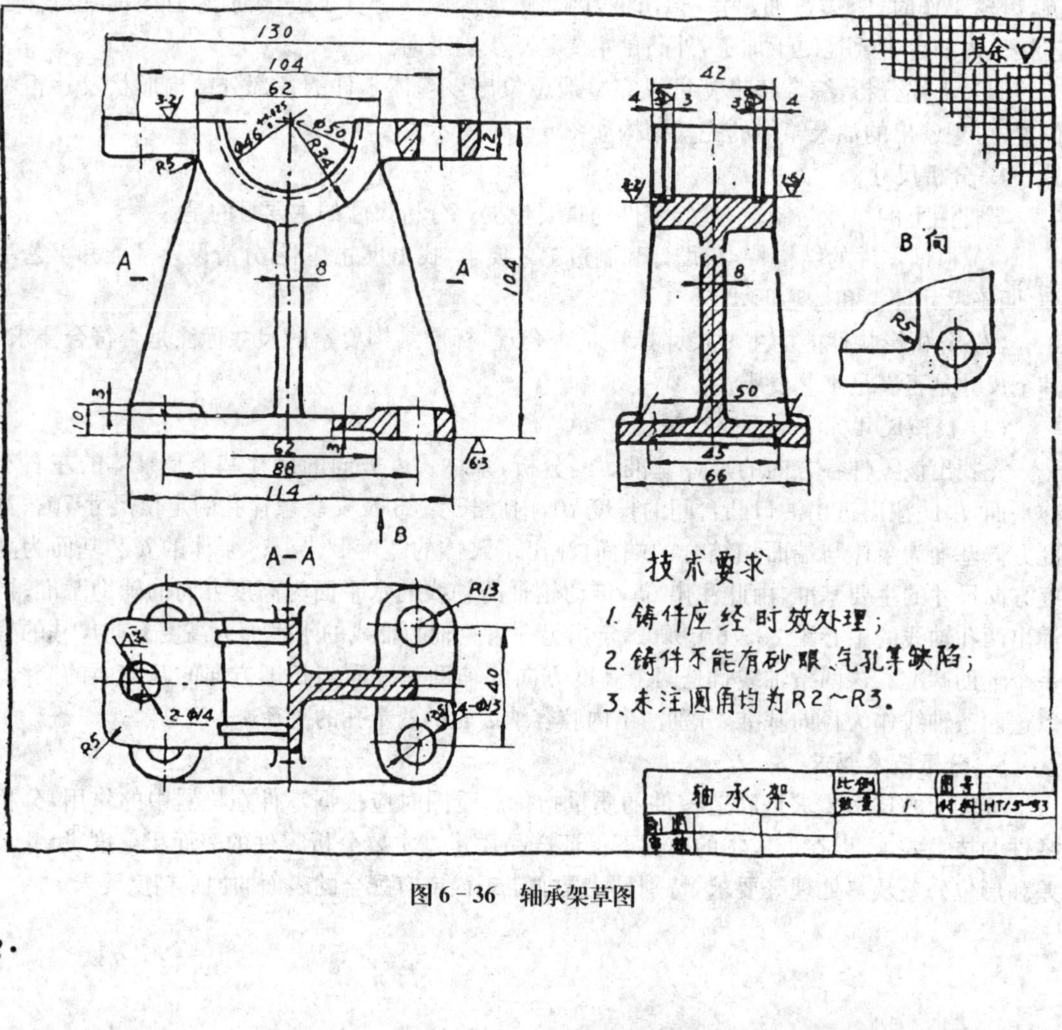

图 6－36　轴承架草图

(2) 目测徒手绘图　零件草图是不使用测图工具的，只凭目测实际零件形状大小和大致比例关系，用笔徒手绘出零件图的图形，然后集中测时标注相应尺寸和技术要求。

(3) 图形不草　画出的零件应做到：图形正确、比例匀称、表达清楚；尺寸完整清晰；线条粗细分明、图面干净、字体工整，一定不要认为草图是潦草图的错误想法。

2. 零件尺寸的测绘

画出各视图后，再画出全部尺寸。然后用量具精确测量出主要尺寸及部分结构尺寸，能计算出的主要尺寸，如齿轮啮合中心距等要通过计算再标注。

1）测量工具

常用的测量工具有直尺、内外卡钳、游标卡尺、螺纹规、量角器等，如图6-37所示。

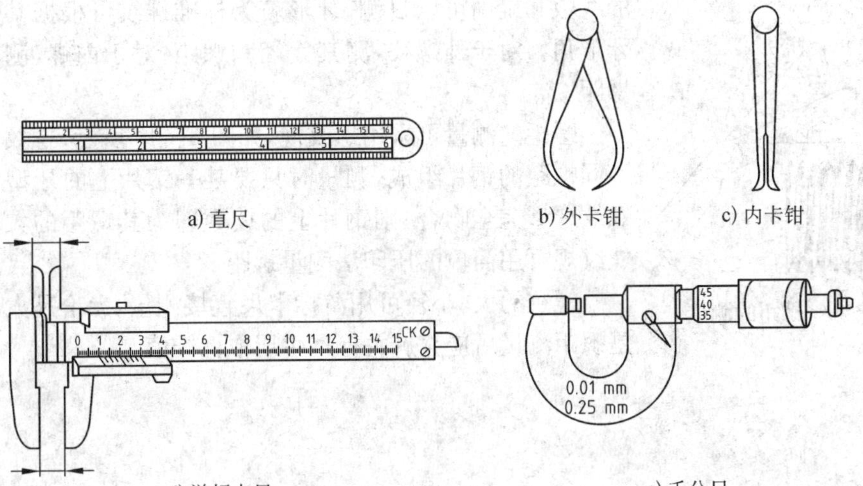

a) 直尺　b) 外卡钳　c) 内卡钳

d) 游标卡尺　e) 千分尺

图6-37　测量工具

2）测量方法

(1) 测量直线尺寸　测量直线一般用直尺或游标卡尺，也可用直尺与三角板配合进行。如图6-38所示。

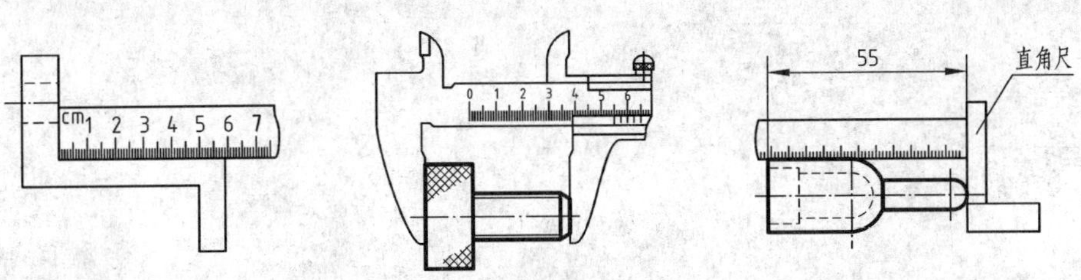

图6-38

(2) 测量回转体内、外径　一般常用游标卡尺、螺旋千分尺直接测量，如图6-39a)所示。也可用内外卡钳。测量时应使两测量点的连线与回转面的轴互垂直相交，如图6-39b)所示。当用内卡钳或内径千分尺时，要适当摆动或转动量具，使两测量点的连线与孔的轴线正交，如图6-39c)所示。

(3) 测量螺纹　螺纹的测量可用螺纹规。测量螺纹要测出其直径和螺距的数据，而螺纹

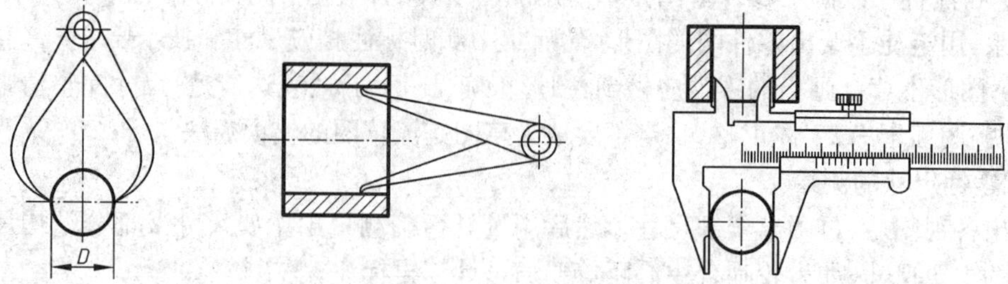

图 6-39　测量回转体内、外径

的线数和旋向可以目测，牙形若为标准螺纹可根据其类型确定牙形角。对于外螺纹，测其大径和螺距；对于内螺，测其小径和螺距。

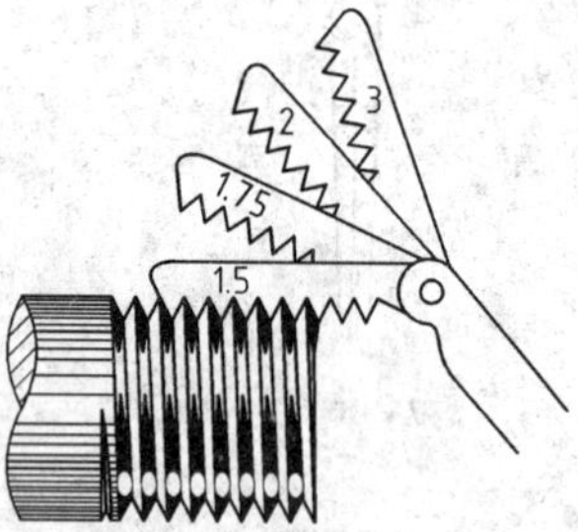

图 6-40　螺距的测量

螺距的测量可采用螺纹规，如图 6-40 所示，螺纹规由一组不同螺距的钢片组成，测量时只要某一钢片上的牙型与被测的螺纹牙型完全吻合，则钢片上的读数即为其螺距的大小。没有螺纹规可用简单的压印法测量螺距。

螺纹的大、小径可用游标卡尺直接测量，无论是大(小)径还是螺距测量后应查有关标准手册取标准值。

第7章 常用标准件和齿轮、弹簧的画法

在各种不同的机械设备中，广泛应用着螺钉、螺母、螺栓、键、销、齿轮、弹簧、轴承等零件或部件，工程上称之为标准件或常用件。其中，有一些常用件的结构、尺寸已完全标准化了，如螺钉、螺栓、螺母、键、销、滚动轴承等称为标准件。另一些常用件，如齿轮、弹簧等其部分结构和尺寸也已经标准化了。若将这些标准件和常用件按照前述的绘图方法将其真实投影画出，则显得相当复杂也无必要，为减少绘图工作量，国家标准对标准件和常用件规定了一系列的画法、代号和标记。

本章主要介绍螺纹及螺纹紧固件、键、销、滚动轴承、齿轮、弹簧等标准件和常用件的基本知识、规定画法及标记。

7.1 螺纹和螺纹紧固件

7.1.1 螺纹

1. 螺纹的形成

螺纹是在圆柱或圆锥表面上，沿螺旋线所形成的连续凸起和沟槽，称为螺纹。在圆柱或圆锥外表面上所形成的螺纹称为外螺纹，在其内孔表面上形成的螺纹称为内螺纹。

螺纹的加工方法很多，最常见的方法是在车床上车削螺纹，如图 7 - 1a）所示，工件绕轴线作等速旋转运动，刀具沿轴线方向作等速移动，便可在工件表面上加工出螺纹，车刀刀刃形状不同，可以得到不同形状的螺纹，如图 7 - 2 所示。图 7 - 1b）为用丝锥加工小直径内螺纹示意图，此时需先用钻头钻出光孔，再用丝锥攻出螺纹。

2. 螺纹的要素

1）牙型

螺纹轴向断面的形状称为螺纹的牙型。螺纹牙两侧边间的夹角称为牙型角（α）。常用的螺纹牙型有三角形、梯形、锯齿形等，如图 7 - 2 所示。

2）直径

（1）大径（d、D）　与外螺纹牙顶或内螺纹牙底相切的假想圆柱或圆锥的直径，螺纹标准中的公称直径即指大径，如图 7 - 3 所示。

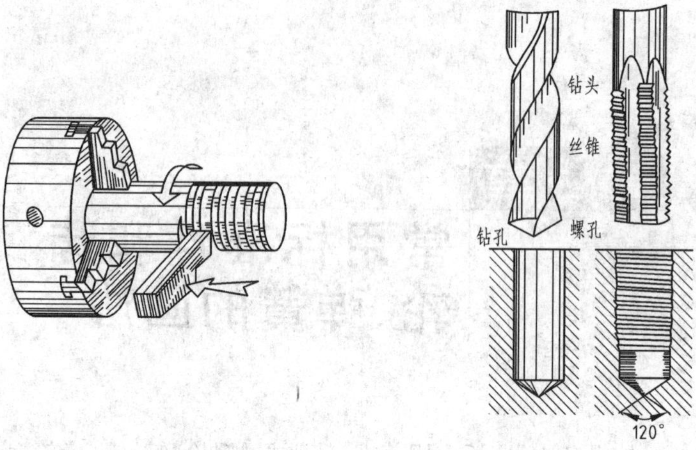

a) 车削螺纹　　b) 丝锥加工

图 7-1　螺纹加工方法

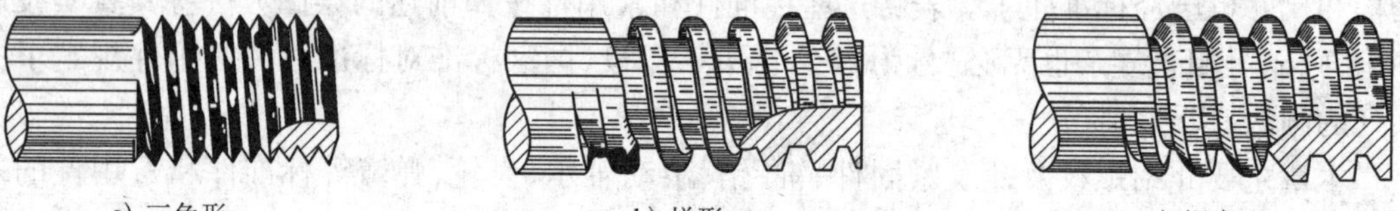

a) 三角形　　b) 梯形　　c) 锯齿形

图 7-2　不同形状的螺纹

(2) 小径(d_1、D_1)　与外螺纹牙底或内螺纹牙顶相切的假想圆柱或圆锥的直径。

(3) 中径(d_2、D_2)　母线通过螺纹的牙厚与牙间宽相等处的假想圆柱或圆锥的直径。

3) 线数

线数(n)为螺纹螺旋线的数目。分单线和多线,如图 7-4 所示。

4) 螺距(P)和导程(P_h)

螺纹相邻两牙在中径线上对应点间的轴向距离称为螺距;同一条螺旋线上相邻两牙在中径线上对应点间的轴向距离称为导程。导程与螺距的关系为 $P_h = nP$。

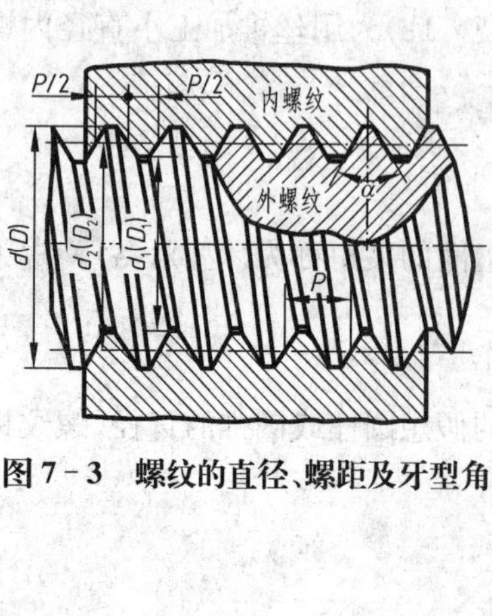

图 7-3　螺纹的直径、螺距及牙型角

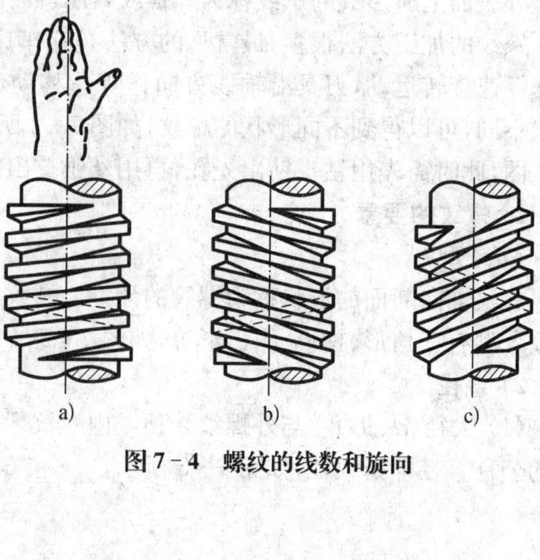

a)　　b)　　c)

图 7-4　螺纹的线数和旋向

5）旋向

螺纹分为左旋和右旋，顺时针旋转时旋入的螺纹为右旋螺纹，如图 7 – 4a)所示；逆时针旋转旋入的螺纹为左旋螺纹。旋向可用右手来判定，如图 7 – 4b)所示。

上述五项是螺纹的基本要素，只有牙型、大径、螺距、线数和旋向都相同的内、外螺纹才能相互旋合。其中前三项称为螺纹三要素，三要素都符合国家标准规定的称为标准螺纹；只有牙型符合标准规定的称为特殊螺纹；都不符合标准规定的称非标准螺纹。

3. 螺纹的画法

1）外螺纹的画法

如图 7 – 5 所示，外螺纹的牙顶及螺纹终止线用粗实线画出，牙底用细实线画出，并且画入倒角或倒圆内。在投影为圆的视图中，牙顶圆用粗实线表示，牙底用 3/4 圈细实线圆表示，倒角圆省略不画。在剖视图中，螺纹终止线只画到小径处，剖面线画到粗实线。

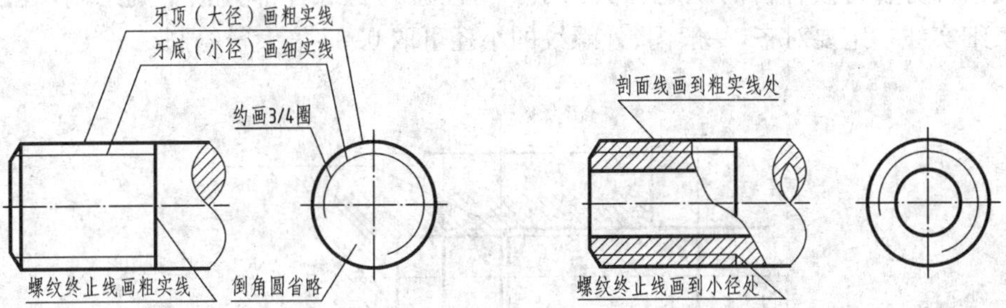

图 7 – 5　外螺纹画法

2）内螺纹的画法

如图 7 – 6a)所示，画内螺纹通常采用剖视图，牙顶及螺纹终止线用粗实线画出，牙底用细实线画出，剖面线画到粗实线。在投影为圆的视图中，牙顶圆用粗实线表示，牙底用 3/4 细实线圆表示，倒角圆省略不画。

不剖时，螺纹不可见的所有图线均画出虚线，如图 7 – 6b)所示。

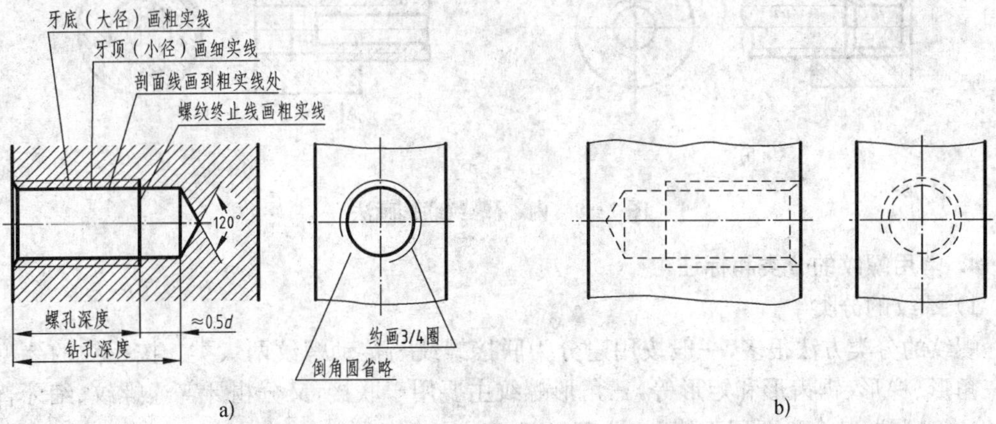

图 7 – 6　内螺纹的画法

内、外螺纹的螺尾部分一般不必画出，若需表示螺尾时，螺尾部分的牙底用与轴线成 30° 的细实线绘制，如图 7 – 7a)所示。

对于不穿通(盲孔)螺孔的画法如图 7－7b)所示。钻孔深度与螺纹深度应分别画出,前者应比后者深约 0.5d,钻孔底部应画出 120°的锥顶角。

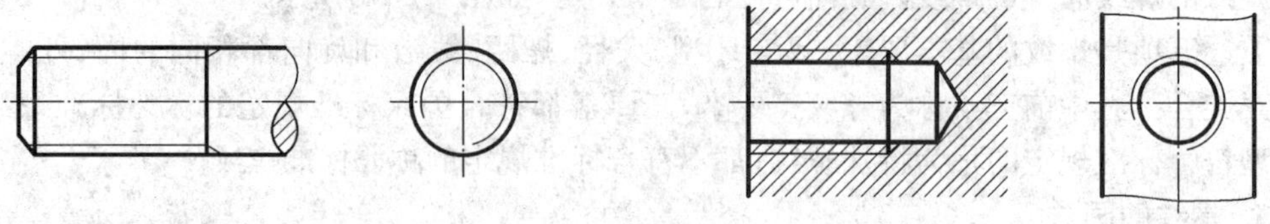

a)　　b)

图 7－7　螺尾的画法

3）内、外螺纹联接的画法

内、外螺纹联接通常用剖视图表示。如图 7－8 所示。其旋合部分按外螺纹的规定画法画出,其余部分各自按各自的规定画法画出。需注意的是螺杆部分按不剖绘制,表示大、小径的粗、细实线一定要对齐,一般内、外螺纹的小径可取 0.85 倍大径绘制。

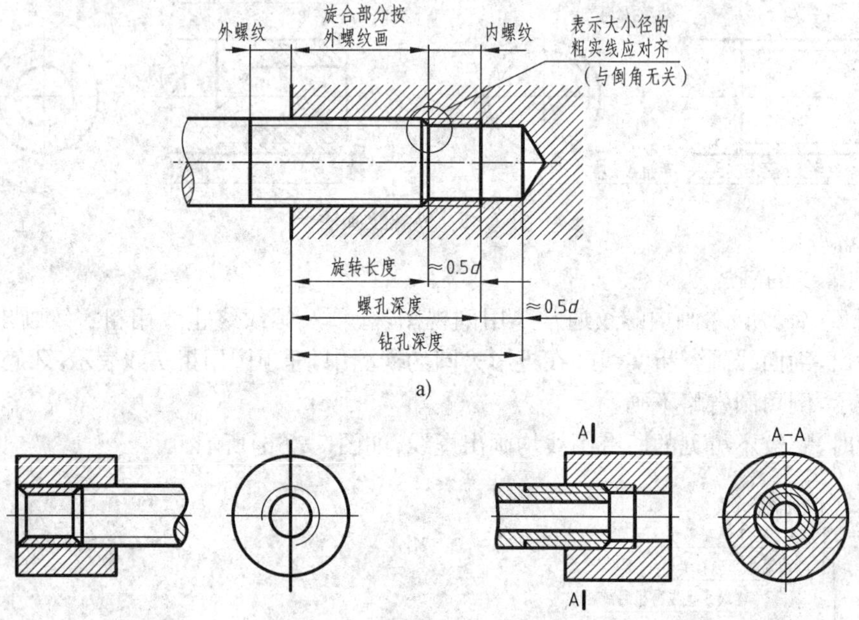

a)

b)　　c)

图 7－8　内、外螺纹联接画法

4. 常用螺纹的分类和标注

1）螺纹的分类

螺纹的分类方法很多,一般按用途分为联接螺纹与传动螺纹两大类。按螺纹的牙型分为三角形、梯形、锯齿形和矩形等,三角形螺纹主要用于联接,又分粗牙普通螺纹、细牙普通螺纹和管螺纹,其余主要用于传动,见表 7－1。

2）螺纹的标注

由于各种标准螺纹的规定画法都是一致的,所以为了区别螺纹的种类和要素,必须按国家标准所规定的标记在螺纹图样上进行标注。

表 7-1　　常用标准螺纹的牙型,特征代号及标注示例

螺纹种类		牙　型	螺纹特征代号	标注示例	说　明
联接螺纹	粗牙普通螺纹	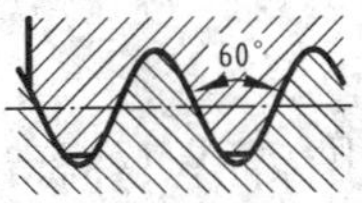	M	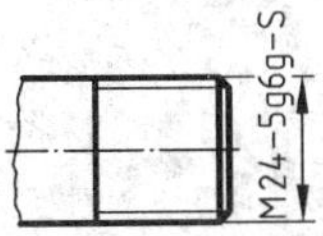	① 粗牙螺纹不注螺距 ② 左旋螺纹注“LH”,右旋不注 ③ 中、顶公差带相同,只注一个代号 ④ 旋合长度为 S、N、L 三种,N 省略不注
	细牙普通螺纹			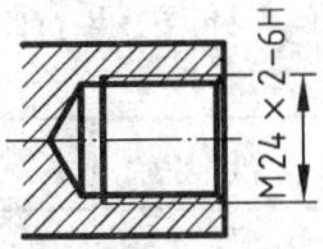	
	55°密封管螺纹	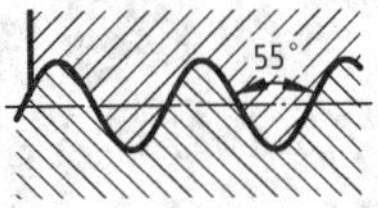	R_1 R_2 R_c R_p	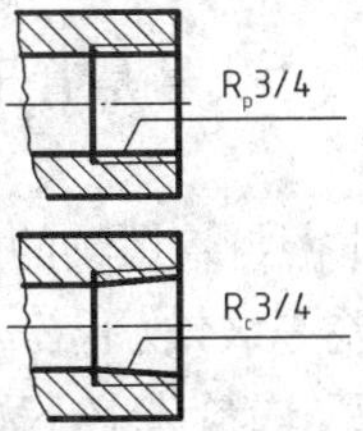	① 左旋螺纹注“LH”,右旋不注 ② R_1—与圆柱内螺纹相配合的圆锥外螺纹;R_2—与圆锥内螺纹相配合的圆锥外螺纹;R_c—圆锥内螺纹;R_p—圆柱内螺纹
	55°非密封管螺纹	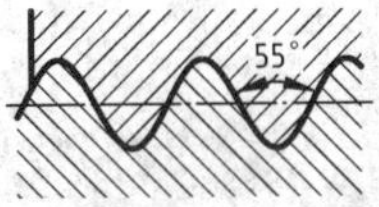	G	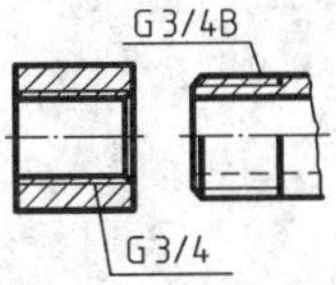	左旋螺纹注“LH“,右旋不注
传动螺纹	梯形螺纹		T_r	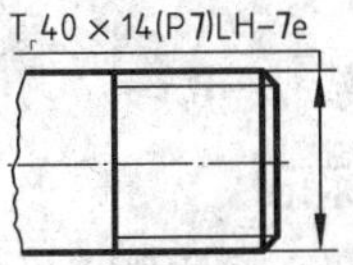	① 左旋螺纹注“LH”,右旋不注 ② 只注中径公差带代号 ③ 旋合长度分为 N、L 两种,N 省略不注
	锯齿形螺纹	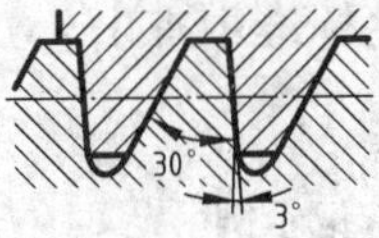	B	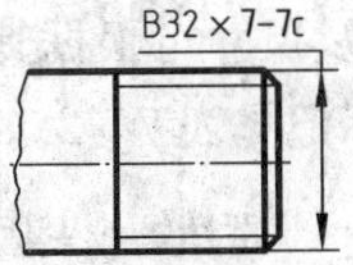	

(1) 普通螺纹、梯形螺纹和锯齿形螺纹的标注　这几种螺纹将规定的标记注写在尺寸线或其延长线上,具体的标记格式为:

螺纹特征代号	公称直径	导程(*P* 螺距)	公差带代号	旋合长度代号	旋向

① 螺纹特征代号,见表 7-1。

② 公称直径,即为螺纹大径。

③ 导程、螺距,单线螺纹只注螺距,不必写“*P*”,普通粗牙螺纹不注螺距。

④公差带代号,由公差等级和表示公差带位置的字母组成。中径公差带代号注写在前,顶径公差带代号注写在后,若二者相同,则只注一个代号。梯形与锯齿形螺纹只注中径公差带代号。

⑤ 旋合长度代号，普通螺纹分短、中、长三种，分别用字母要 S、N、L 表示，梯形螺纹与锯齿形螺纹分中、长两种，用字母 N、L 表示。一般多用中等旋合长度(N)，可省略不注。

⑥ 旋向，左旋螺纹标注"LH"，右旋螺纹不注旋向。

标记示例：

M16×1—5g6g—S—LH

Tr40×14(P7)LH—8e—L

(2) 管螺纹的标注

管螺纹的标记应用引出线(细实线)由螺纹大径引出标注，具体标记格式为：

螺纹特征代号	尺寸代号	公差等级代号	旋向

① 螺纹特征代号，见表 7-1。

② 尺寸代号，管螺纹尺寸代号是管子的通径，而不是螺纹的大径，用 1/2、3/4、1…表示。

③ 公差等级代号，55°非密封管螺纹的外螺纹公差等级代号有 A、B 两种，而其内螺纹及 55°密封管螺纹只有一种公差等级，故不必标注。

④ 旋向，左旋标注"LH"，右旋省略不注。

标注示例：

G1/2A

R23/4

RC1/2

7.1.2 螺纹紧固件

1. 常用螺纹紧固件及标记

螺纹紧固件在机器设备中主要起联接作用，常用的有螺栓、螺柱、螺钉、螺母、垫圈等，它们均已标准化，各部分结构及尺寸可根据其标记从有关标准中查出。

常见螺纹紧固件及其标记见表 7-2。

表 7-2　　常用螺纹紧固件的种类及标记示例

名　称	图　例	标记示例
六角头螺栓	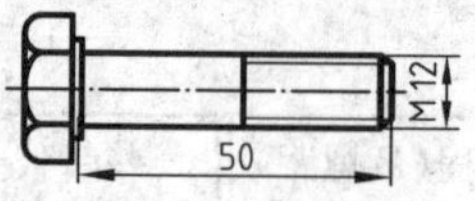	螺栓 GB/T5782 M12×50
六角螺母		螺母 GB/T6170 M12
垫圈	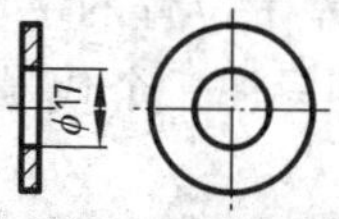	垫圈 GB/T97.1 16

续 表

名 称	图 例	标记示例
双头螺柱	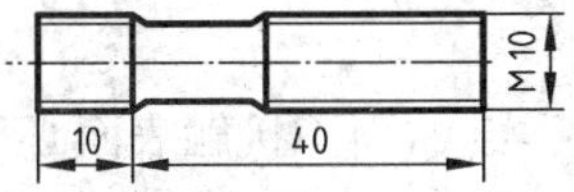	螺柱 GB/T897 M10×40
开槽圆柱头螺钉	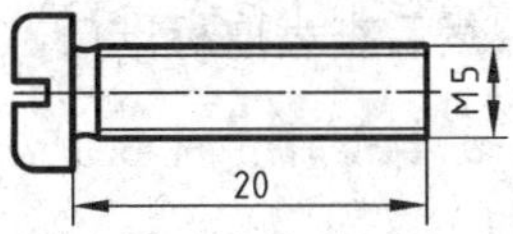	螺钉 GB/T65 M5×20
开槽沉头螺钉	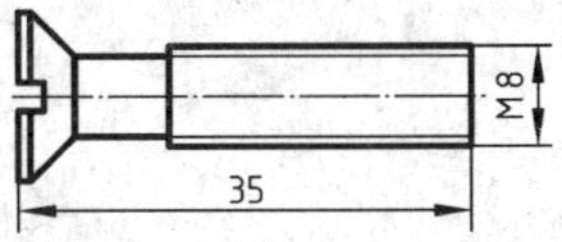	螺钉 GB/T68 M8×35

2. 常用螺纹紧固件及联接的画法

1）常用螺纹紧固件的比例画法

在螺纹联接的装配图中，为作图简便，可按螺纹紧固件各部分尺寸与螺纹大径 d 之间的一定比例关系简化画图，见图 7-9。

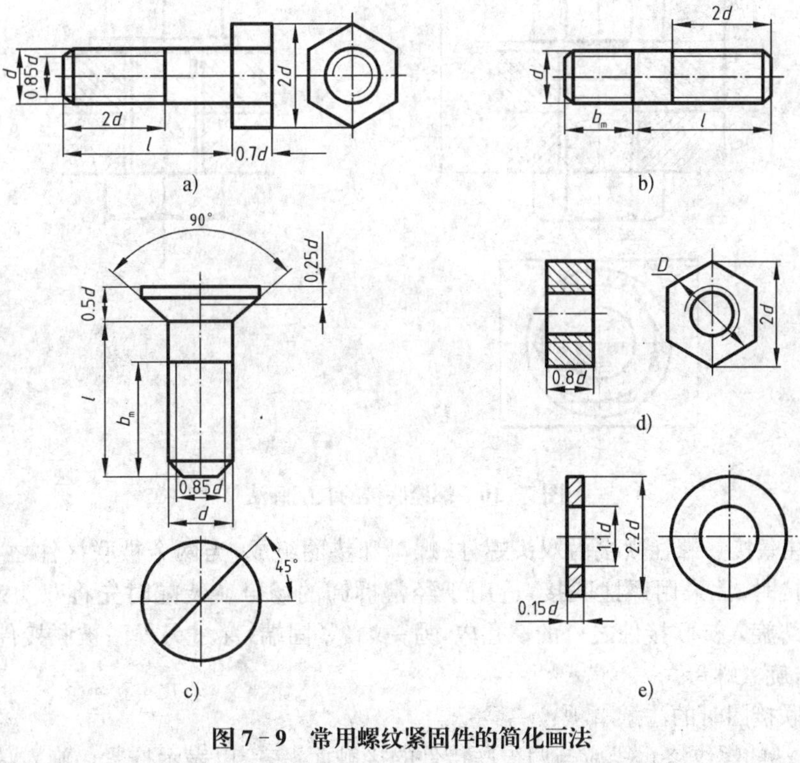

图 7-9 常用螺纹紧固件的简化画法

2）常用螺纹紧固件联接图的画法

(1) 螺栓联接　螺栓联接由螺栓、螺母、垫圈组成，通常用于联接两个不太厚的被联接件。在被联接件上要加工出通孔，其孔径一般取 1.1 倍螺纹大径，将螺栓穿入孔中，然后套上垫圈，拧紧螺母。

画螺栓联接图时的注意事项：

① 主视图按全剖视图绘制，当剖切平面通过螺纹紧固件的轴线时，这些紧固件均按不剖绘制。

② 两零件接触表面只能画一条粗实线，而不接触表面必须画两条粗实线表示有间隙。

③ 相邻两零件剖面线的方向应相反或相互错开。

④ 螺栓公称长度 l 可按下式计算，然后查表取标准值。

$$l = \delta_1 + \delta_2 + h + m + a = \delta_1 + \delta_2 + 0.15d + 0.8d + 0.3d$$

式中 δ_1、δ_2——两被联接件厚度；

h——垫圈厚度；

m——螺母厚度；

a——螺栓外伸的长度。

⑤ 螺栓的螺纹终止线必须画在垫圈下方，以表示可以拧紧螺母。

图 7－10 为螺栓联接的装配图画法。

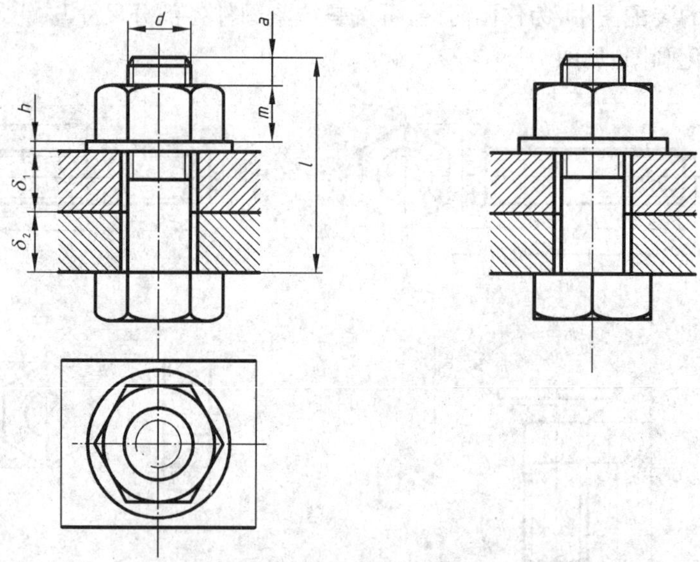

图 7－10　螺栓联接的装配画法

(2) 螺柱联接　螺柱联接由双头螺柱、螺母和垫圈组成，当两个被联接件之一较厚不适宜用螺栓联接时，常采用螺柱联接，适用于经常拆卸的场合。装配时先将双头螺柱的一端(旋入端)全部旋入被联接件之一的螺孔内，另一端(紧固端)穿过另外一被联接件的光孔，然后套上垫圈，旋紧螺母。

画螺柱联接图时的注意事项：

① 旋入端的螺纹终止线应与两被联接件的接触面平齐，以表示拧紧。旋入端长度 b_m 与被旋入件的材料有关：钢或青铜，$b_m = d$；铸铁，$b_m = 1.25d$ 或 $1.5d$；铝，$b_m = 2d$。

② 被联接件的螺孔深度一般取 $b_m + 0.5d$。

③ 螺柱的公称长度可按下式计算，然后查表取标准值。

$$l_1 = \delta + h + m + a = \delta + 0.15d + 0.8d + 0.3d$$

式中 δ——较薄被联接件厚度；

h——垫圈厚度；

m——螺母厚度；

a——螺柱紧固端外件长度。

两被联接件结合面以上部件的画法同螺栓联接。

图 7－11 所示为螺柱联接装配图画法。

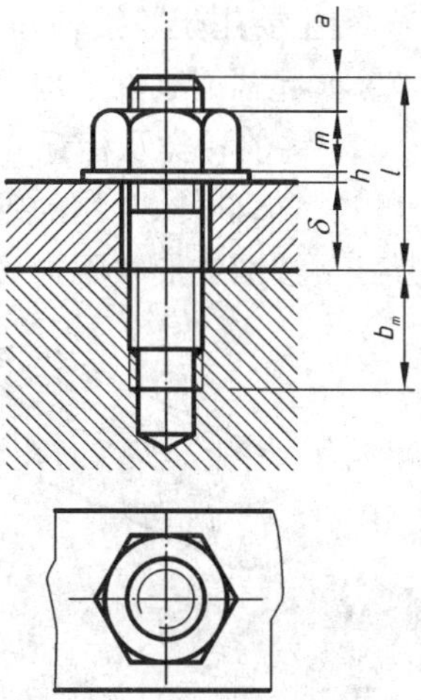

图 7－11 螺柱联接的装配画法

(3) 螺钉联接 螺钉联接不需与螺母、垫圈配用，常用于受力不大且不经常拆卸的场合。两被联接件之一加工出螺孔，另一个则加工出光孔，装配时将螺钉穿过光孔，然后与螺孔旋紧。

画螺钉联接图的注意事项：

① 螺钉的螺纹终止线必须高出两被联接件的接触面，以表示联接牢固。

② 螺钉的头部形状不同，画法也不同。其头部的一字槽在投影为圆的视图上应画成与中心线向右倾斜 45°。槽宽若小于 2 mm时可允许涂黑表示，黑线宽度为粗实线 2 倍。

③ 螺钉的公称长度 l 可用下式计算，然后查表取标准值。

$$l = \delta + l_1$$

式中 δ——较薄被联接件厚度；

l_1——旋入端长度。

④ 螺钉旋入端画法与螺柱联接相同。

⑤ 螺钉联接的装配图画法见图 7－12，图 7－13 为紧定螺钉的装配图画法。

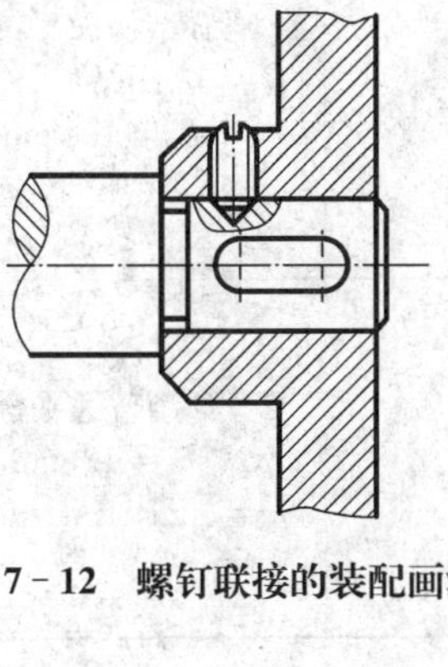

图 7－12 螺钉联接的装配画法

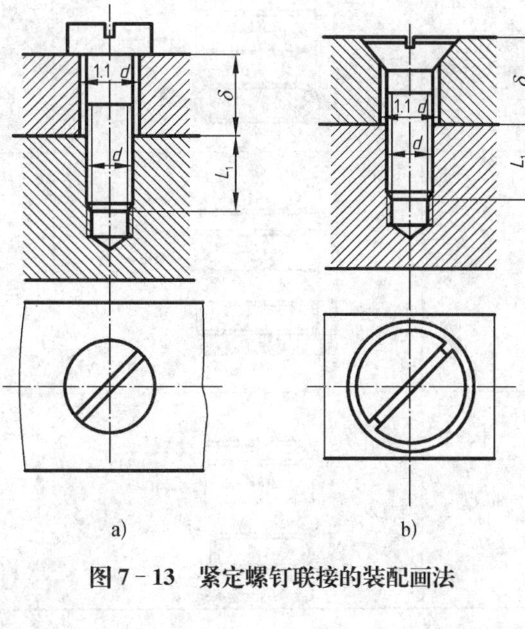

图 7－13 紧定螺钉联接的装配画法

7.2 键联接和销联接

7.2.1 键联接

键主要用于联接轴和轴上零件(如凸轮、齿轮、带轮等),使它们之间能同步旋转而无相对转动,起轴上零件的周向定位与传递转矩的作用。

1. 键的种类及标记

键是标准件,常用的键有普通平健、半圆键和钩头楔键等,见图 7-14。其中普通平键应用最广,按两端形状不同又分为 A 型、B 型和 C 型。

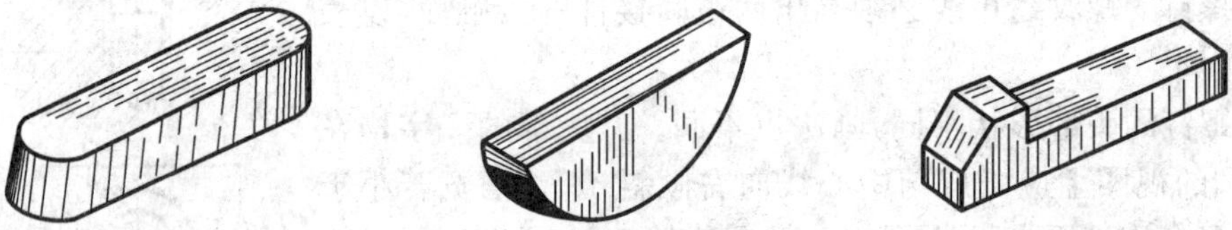

平键　　半圆键　　楔键

图 7-14 常用键的种类

常用键的形式,标记见表 7-3。键的结构和尺寸可根据标记从有关标准中查出。

表 7-3　　常用键的形式及标记示例

种类		图例	标记示例	说明
普通平键	A 型	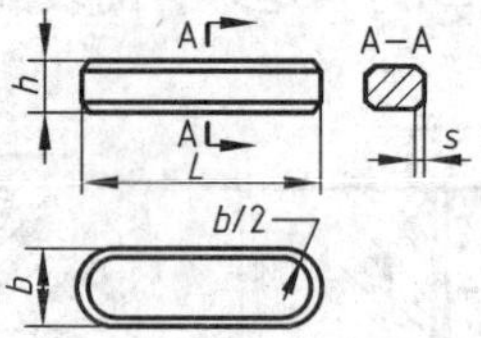	GB/T1096 键 12×8×100	A 型普通平键, $b = 12$ cm, $h = 8$ mm, $L = 100$ mm 标记中省略"A"
	B 型	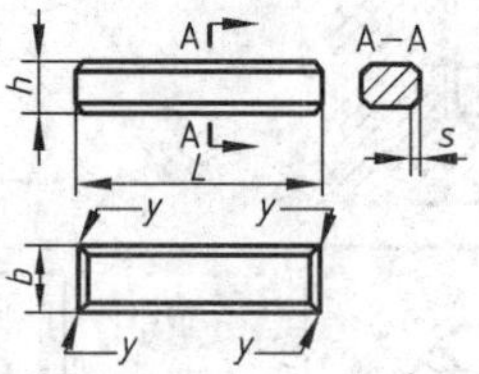	GB/T1096 键 B　12×8×100	B 型普通平键, $b = 12$ cm, $h = 8$ mm, $L = 100$ mm
	C 型	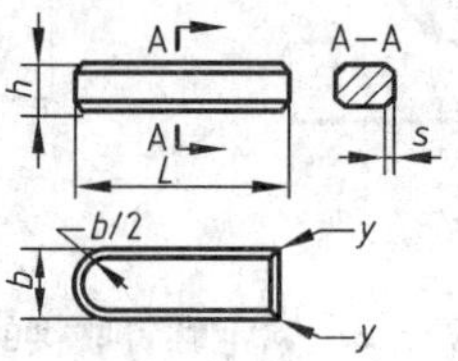	GB/T1096 键 C　12×8×100	C 型普通平键, $b = 12$ mm, $h =$ mm, $L = 100$ mm

续 表

种　类	图　例	标记示例	说　明
半圆型	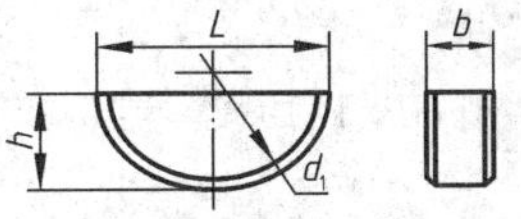	GB/T1099 键 5×25	半圆键， $b=5$ mm　$d_1=25$ mm
钩头楔键	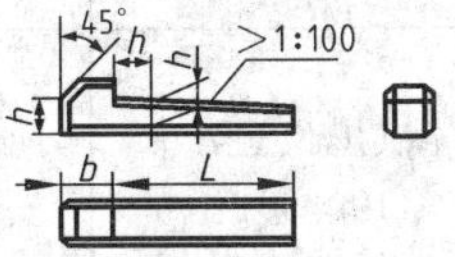	GB/T1565 键 12×100	钩头楔键， $b=12$ mm　$L=100$ mm

2. 键联接图的画法

普通平键的键槽断面尺寸可根据轴径 d 查附表得出，键槽的画法及尺寸注法如图 7-15 所示。

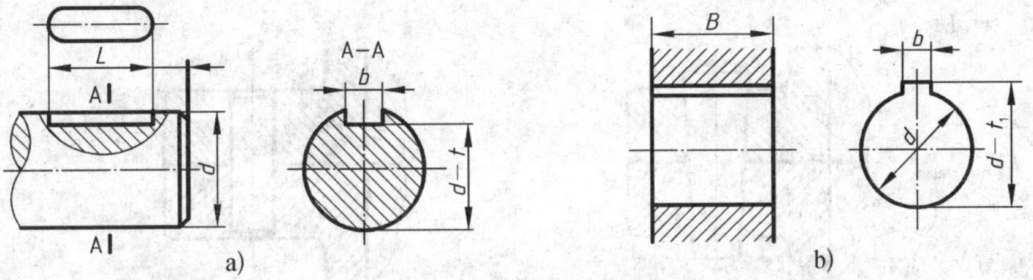

a)　　b)

图 7-15　轴和轴上零件键槽的画法及尺寸标注

键联接装配图如图 7-16 所示。平键与半圆键联接画法相似，其两侧面是工作面，应与轴和轮毂接触，只画一条线；键的底面与轴上键槽底面接触，也只画一条线；而键的顶面与轮毂上键槽的底面不接触，有一定间隙，需画出两条线。剖切平面通过键的对称平面作纵向剖切时，键按不剖绘制。

a)　　b)

图 7-16　键联接的装配画法

7.2.2　销联接

销主要用于零件之间的定位联接和防松，还可以做过载保护元件。

销也是标准件，常用的销有圆柱销、圆锥销和开口销。销的种类、标记见表 7-4。销的结构和尺寸可查阅有关标准。

销联接装配图画法如图 7-17 所示。当剖切平面通过销的轴线时，销按不剖绘制：

表 7-4　　销的种类及标记示例

种　类	图　例	标记示例	说　明
圆柱销	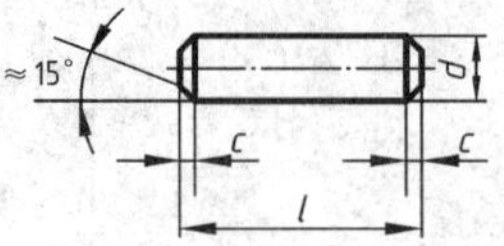	销 GB/T119.2 8×30	公称直径 $d=8$ mm、 长度 $l=30$ mm 的 A 型圆柱销
圆锥销	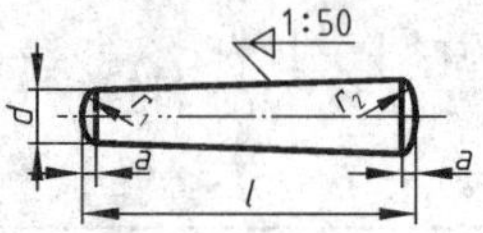	销 GB/T117 10×60	公称直径 $d=10$ mm、 长度 $l=60$ mm 的 A 型圆锥销
开口销	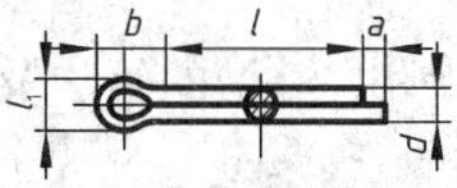	销 GB/T91 5×50	公称直径 $d=5$ mm、 长度 $l=50$ mm 的开口销

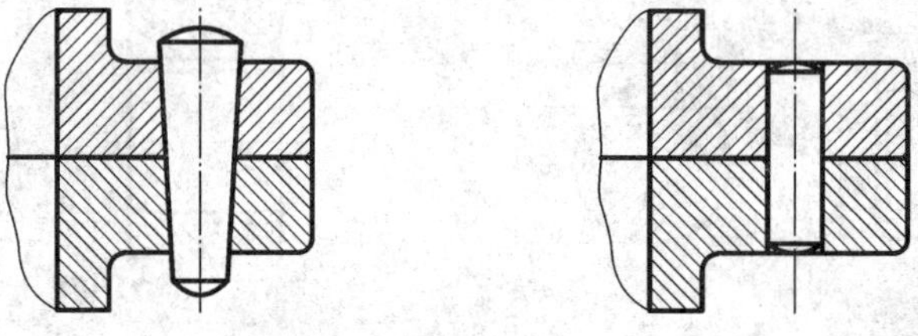

a)　　b)

图 7-17　销联接的装配画法

7.3 滚动轴承

滚动轴承的作用是支承轴与轴上传动件，并保持轴的旋转精度，减少相对转动零件间的摩擦和磨损。它具有结构紧凑，摩擦阻力小等特点，在机器设备中有着广泛的应用。

7.3.1　滚动轴承的结构类型及代号

滚动轴承由外圈、内圈、滚动体和保持架组成。外圈与机座孔配合，一般不转动，内圈与轴颈配合，随轴一起转动，滚动体在内、外圈滚道中滚动。保持架的作用是将滚动体均匀隔开。

滚动轴承的规格、型式很多，且都已标准化，按滚动体的形状可分为球轴承和滚子轴承；按所能承受载荷的方向可分为向心轴承和推力轴承。

向心轴承　主要承受径向载荷，如深沟球轴承、圆锥滚子轴承。

推力轴承　只能或主要承受轴向载荷，如推力球轴承。

为区别不同类型、尺寸、结构特点、精度等级和技术要求的轴承，国家标准规定用代号表示。滚动轴承代号由基本代号、前置代号和后置代号组成，其格式为：

前置代号	基本代号	后置代号

1. 基本代号

基本代号表示轴承的基本类型、结构和尺寸，由轴承类型代号、尺寸系列代号及内径代号构成，一般由五个数字或字母加四个数字组成，基本格式如下：

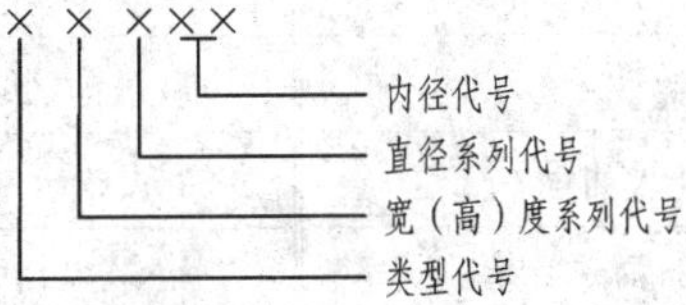

(1) 内径代号　表示轴承的公称内径，$10\,\text{mm} \leqslant d < 500\,\text{mm}$ 的内径代号见表 7-5，$d=$ 22 mm、28 mm、32 mm 的轴承直接用内径值表示，并与尺寸系列代号间用“/”隔开。

表 7-5　　滚动轴承内径代号

轴承公称内径/mm	10	12	15	17	代号×5
内径代号	00	01	02	03	04～09

(2) 尺寸系列代号　由直径系列代号和宽(高)度系列代号组成，主要作用是区别内径相同，而外径、宽(高)度不同的同类轴承。见表 7-6。

表 7-6　　滚动轴承尺寸系列代号

直径系列		向心轴承								推力轴承			
		宽度系列代号								高度系列代号			
		8	0	1	2	3	4	5	6	7	9	1	2
		宽度尺寸依次递增→								高度尺寸依次递减→			
		尺寸系列代号											
外径尺寸依次递增↓	7	—	—	17	—	37	—	—	—	—	—	—	—
	8	—	08	18	28	38	48	58	68	—	—	—	—
	9	—	09	19	29	39	49	59	69	—	—	—	—
	0	—	00	10	20	30	40	50	60	70	90	10	—
	1	—	01	11	21	31	41	51	61	71	91	11	—
	2	82	02	12	22	32	42	52	62	72	92	12	22
	3	83	03	13	23	33	—	—	—	73	93	13	23
	4	—	04	—	24	—	—	—	—	74	94	14	24
	5	—	—	—	—	—	—	—	—	—	95	—	—

(3) 类型代号　表示轴承的类型，用数字或字母表示，见表 7-7。

2. 前置代号

用于表达成套轴承各部分的结构形状特点，一般可省略。前置代号及含意可参阅 GB/T272—1993。

表 7－7　　　　　　　　滚动轴承类型代号

代　号	轴 承 类 型	代　号	轴 承 类 型
0	双列角接触球轴承	6	深沟球轴承
1	调心球轴承	7	角接触球轴承
2	调心滚子轴承和推力调心滚子轴承	8	推力圆柱滚子轴承
3	圆锥滚子轴承	N	圆柱滚子轴承
4	双列深沟球轴承	NN	双列或多列圆柱滚子轴承
5	推力球轴承	NA	滚针轴承

3. 后置代号

表示轴承内部结构、密封与防尘结构、保持架及材料、轴承材料、公差等级、游隙组别、配置安装等要求，具体含意可参阅轴承标准或设计手册。

滚动轴承代号标记示例：

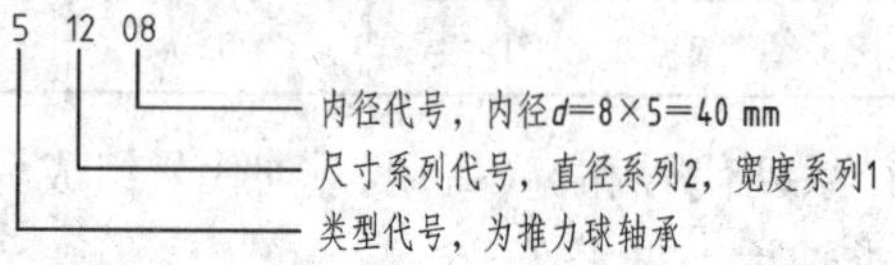

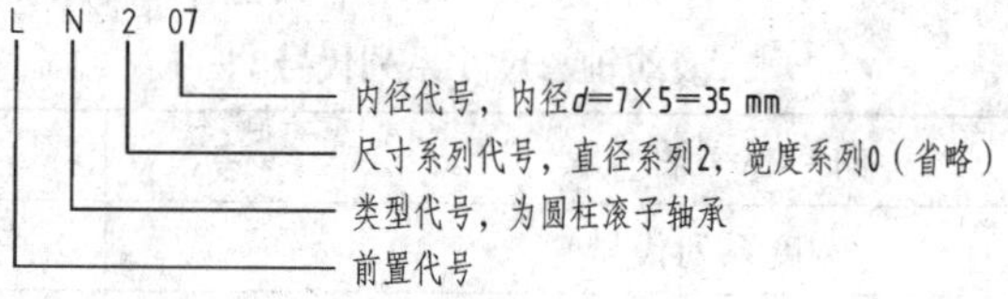

7.3.2　滚动轴承的画法

滚动轴承是标准件，不需画出零件图。在装配图中要表示滚动轴承时，可根据其代号从有关轴承标准中查出外径、内径、宽度等尺寸，然后按 GB/T4459.7—1998 中规定的简化画法或规定画法绘制。

绘制滚动轴承时应遵守如下基本规定：

(1) 表示滚动轴承的各种符号、矩形线框和轮廓线均应用粗实线画出。

(2) 画滚动轴承时矩形线框或外形轮廓的大小应与它的外形尺寸一致。

(3) 采用规定画法画剖视图时，滚动体不画剖面线，内、外圈剖面线应画成同方向、同间隔，用简化画法画剖视图，则一律不画剖面线。

(4) 用简化画法绘制滚动轴承，应采用通用画法或特征画法，但在同一图样中一般只采用一种画法。

① 通用画法　在剖视图中，当不需要确切地表示滚动轴承的外形轮廓、载荷特性、结构特征时，可用矩形线框及位于线框中央正立的十字形符号表示。

② 特征画法　在剖视图中，如需较形象地表示滚动轴承的结构特征时，可采用在矩形线框内画出其结构要素的方法表示。

(5) 必要时，在滚动轴承的产品图样、产品样本、产品标准，用户手册及产品使用说明书中可采用规定画法。一般规定画法绘制在轴的一侧，而另一侧按通用画法绘制。

表 7－8 为几种常用滚动轴承的简化画法和规定画法。

表 7－8　　　　　　　　常用滚动轴承的画法

轴承类型名称		深沟球轴承	圆锥滚子轴承	推力球轴承
结构图		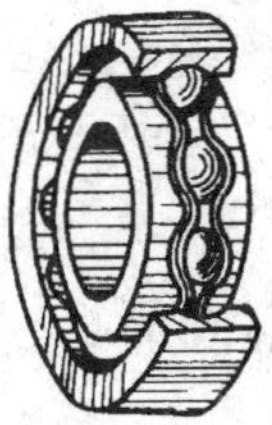	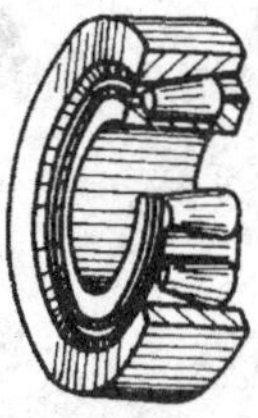	
简化画法	通用画法	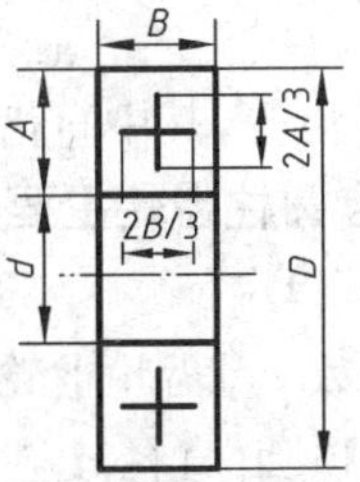	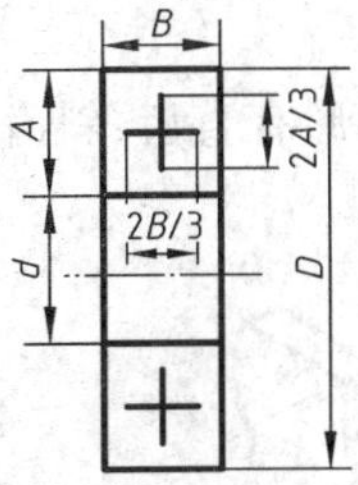	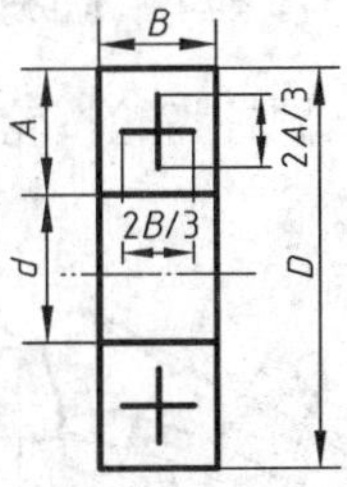
	特征画法	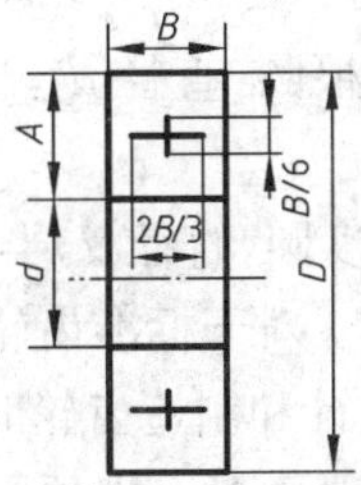	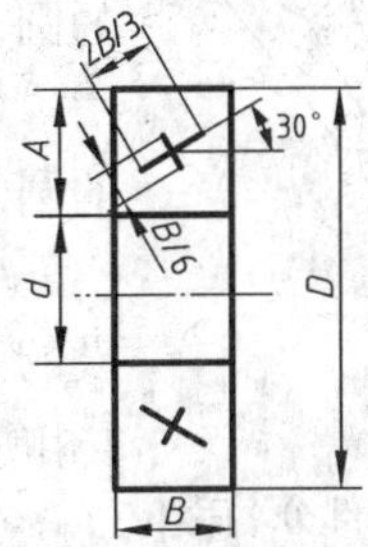	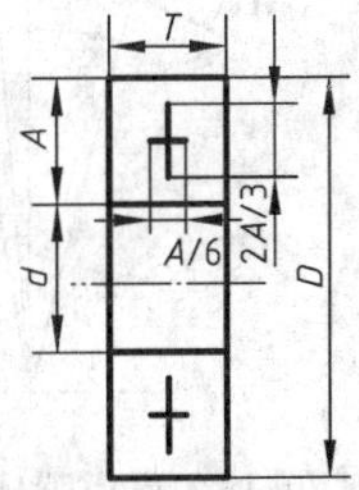
规定画法		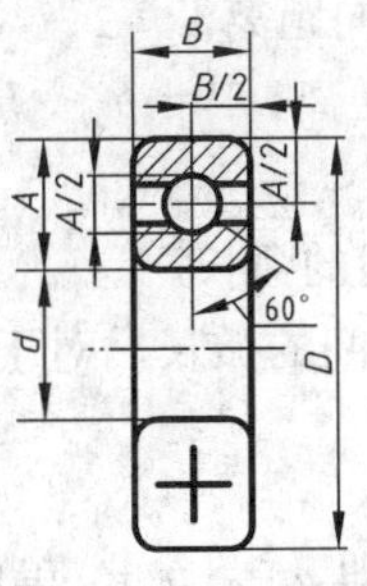	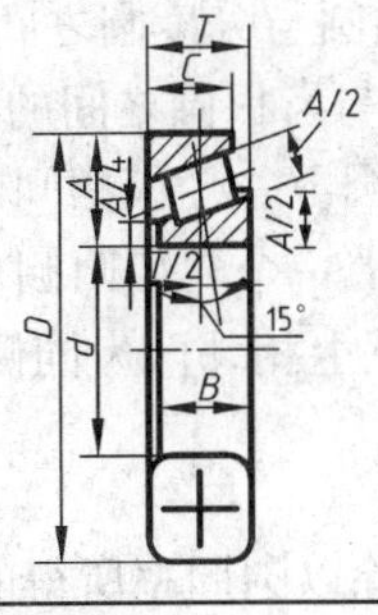	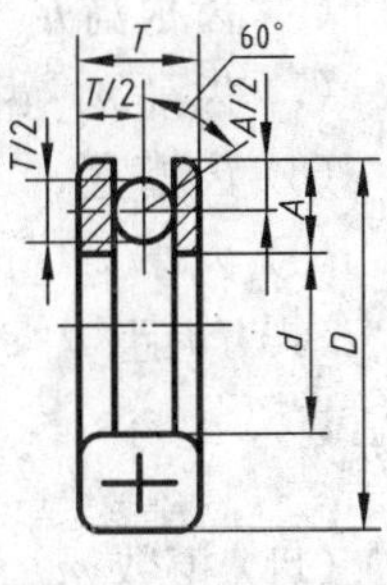

7.4 齿　　轮

齿轮传动在机器设备中是一种应用非常广泛的机械传动，它主要传递轴与轴之间的运动和动力，并可以实现变速和变向。根据两齿轮轴线间的位置不同可分圆柱齿轮传动、圆锥齿轮传动和蜗杆蜗轮传动三种常见类型，如图 7－18 所示。

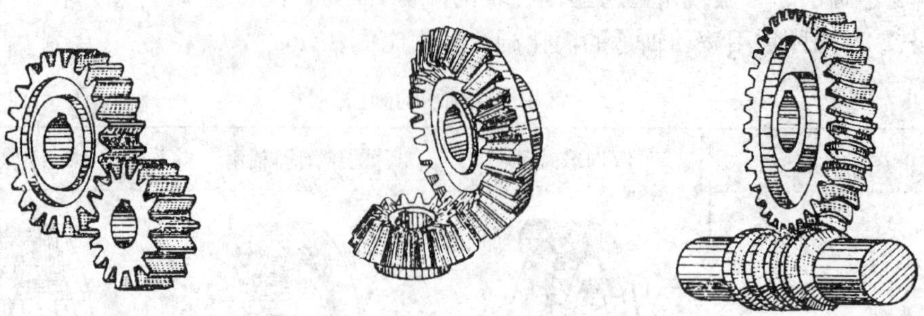

a) 圆柱齿轮　　b) 圆锥齿轮　　c) 蜗杆蜗轮

图 7－18　齿轮传动

7.4.1　圆柱齿轮

圆柱齿轮按轮齿的齿形有直齿、斜齿和人字齿等，其中直齿圆柱齿轮应用最广。

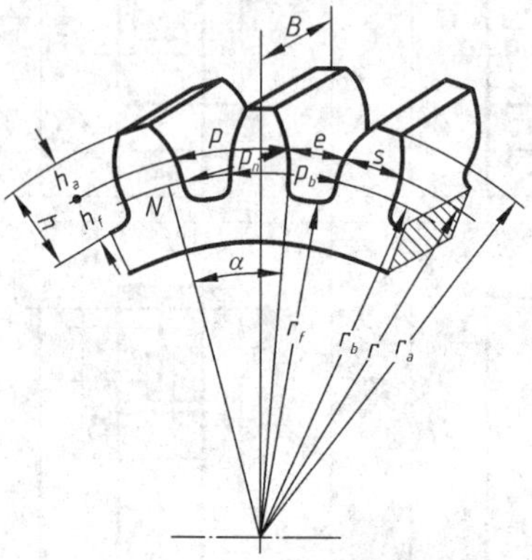

图 7－19　直齿圆柱齿轮各部分名称

1. 直齿圆柱齿轮主要参数、各部分名称及几何尺寸计算（图 7－19）

（1）齿数 z　齿轮上轮齿的个数。

（2）齿顶圆（直径 d_a，半径 r_a）　过齿轮的齿顶端部的圆。

（3）齿根圆（直径 d_f，半径 r_f）　过齿轮的齿根端部的圆。

（4）分度圆（直径 d，半径 r）　在齿顶与齿根之间假设的一个圆。对于标准齿轮，在该圆上，齿槽宽 e 与齿厚 s 相等，是设计和制造齿轮时的一个重要参数。

（5）齿顶高 h_a　齿顶圆与分度圆之间的径向距离。

（6）齿根高 h_f　齿根圆与分度圆之间的径向距离。

（7）齿高 h　齿顶圆与齿根圆之间的径向距离。$h = h_a + h_f$。

（8）齿槽宽 e　分度圆上一个齿槽间的弧长。

（9）齿厚 s　分度圆上一个轮齿两侧齿廓间的弧长。

（10）齿距 p　分度圆上相邻两齿同侧齿廓间的弧长。对于标准齿轮，$p = s + e$，$s = e = \frac{1}{2}p$。

（11）模数 m　齿距除以圆周率所得的商，即 $m = p/\pi$，单位为毫米(mm)。

由分度圆周长 $\pi d = pz$，可得

$$d = \frac{p}{\pi}z = mz$$

可见 m、z 确定了分度圆的大小，即决定了齿轮的大小。在齿数不变的情况下，模数越大，齿轮的轮齿越大，承载能力越强。一对相啮合的齿轮模数应相等。模数是齿轮尺寸计算中的重要参数。为便于齿轮的设计和制造，国家标准规定了模数的标准系列，见表 7－9。

表 7-9　　标准模数系列

第一系列	1　1.25　1.5　2　2.5　3　4　5　6　8　10　12　16　20　25　32　40　50
第二系列	0.35　0.7　0.9　1.75　2.25　2.75　(3.25)　3.5　(3.75)　4.5　5.5　(6.5)　7　9　(11)　14　18　22　28　36　45

注:应优先采用第一系列,其次是第二系列,括号内的模数尽可能不用。

(12) 压力角 α　相啮合的两齿轮轮齿齿廓在啮合点的受力方向与运动方向间的夹角,或称齿形角。标准齿轮压力角 $\alpha=20°$。

(13) 中心距 a　相啮合的两齿轮轴线间的距离。

直齿圆柱齿轮各部分尺寸计算公式见表 7-10。

表 7-10　　标准直齿圆柱齿轮各部分尺寸计算公式

名　称	代　号	计 算 公 式
分度圆直径	d	$d=mz$
齿顶圆直径	d_a	$d_a=m(z+2)$
齿根圆直径	d_f	$d_f=m(z-2.5)$
齿顶高	h_a	$h_a=m$
齿根高	h_f	$h_f=1.25m$
齿高	h	$h=h_a+h_f=2.25m$
中心距	a	$a=\frac{1}{2}(d_1+d_2)=\frac{1}{2}m(z_1+z_2)$

2. 圆柱齿轮的规定画法

1) 单个圆柱齿轮的规定画法

齿轮一般用两个视图表达,如图 7-20 所示。主视图通常采用剖视图绘制。按国家标准规定,齿顶圆和齿顶线用粗实线绘制,分度圆和分度线用细点画线绘制,齿根圆与齿根线用细实线绘制,但一般省略不画。在剖视图中,齿根线需用粗实线绘制,当剖切平面通过齿轮轴线时,轮齿部分一律按不剖处理。对于斜齿圆柱齿轮或人字形圆柱齿轮,主视图一般画成半剖视图或局部剖视图,在外形图上用三条方向一致的细实线表示齿线方向。除轮齿部分外,齿轮其他部分结构按其真实投影画出。

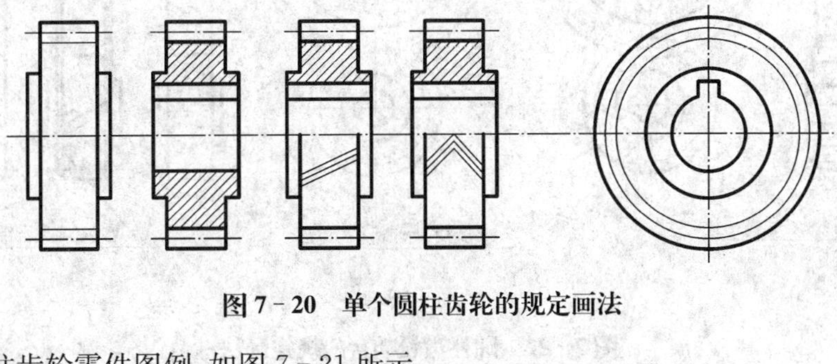

图 7-20　单个圆柱齿轮的规定画法

直齿圆柱齿轮零件图例,如图 7-21 所示。

2) 圆柱齿轮啮合的规定画法

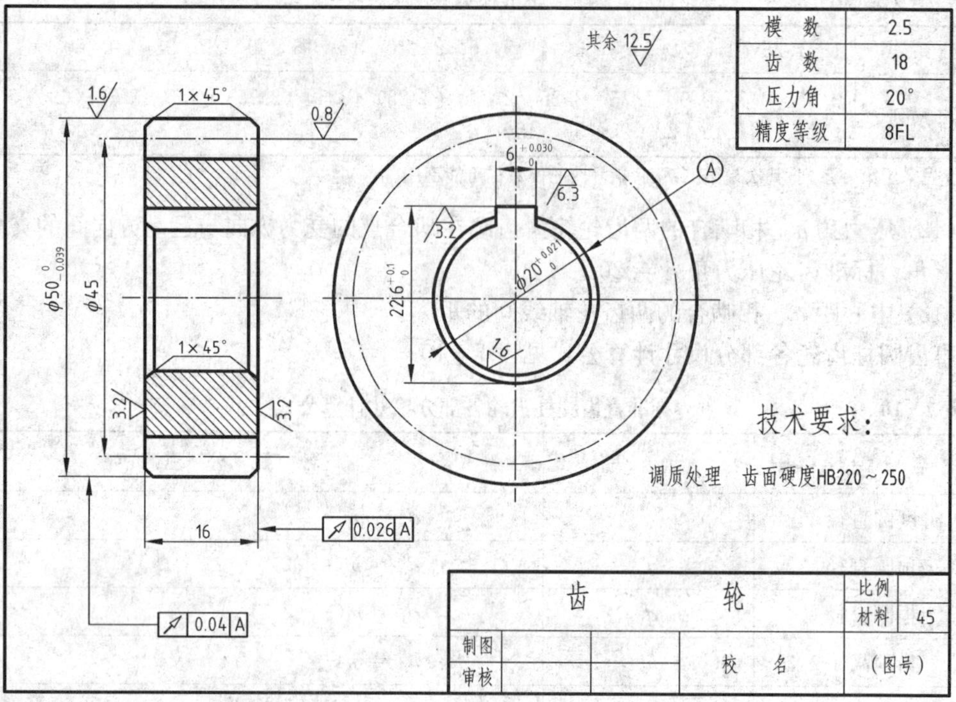

图 7-21 直齿圆柱齿轮零件图

两圆柱齿轮啮合时的规定画法如图 7-22 所示。两标准齿轮在相互啮合时,其分度圆相切。在投影为圆的视图中,啮合区内的齿顶圆用粗实线绘制,也可省略不画,如图 7-22a)、b)所示。在剖视图中两齿轮的分度线重合,用细点画线绘制;两齿根线用粗实线绘制;两齿顶线一条用粗实线绘制,另一条用虚线绘制或省略不画,如图 7-22a)所示。在投影为非圆的外形视图中,啮合区内分度线用粗实线绘制,齿顶线与齿根线不画,如图 7-22c)所示。啮合区以外的部分均按单个齿轮画法绘制。

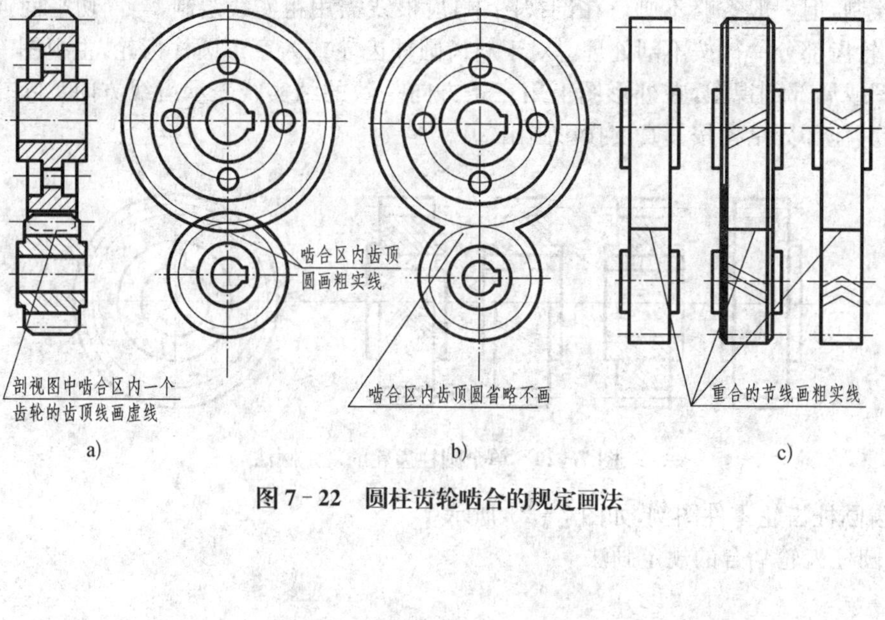

图 7-22 圆柱齿轮啮合的规定画法

7.4.2　直齿圆锥齿轮

圆锥齿轮传动传递的是垂直相交轴之间的运动和动力，按轮齿的齿形有直齿、斜齿和曲齿三种，其中直齿圆锥齿轮应用最广。

1. 直齿圆锥齿轮各部分名称及几何尺寸计算

由于锥齿轮的轮齿分布在圆锥面上，故轮齿一端大，一端小，模数也随之变化，为设计和制造方便，规定大端的模数为标准模数，各部分尺寸均为大端尺寸。

直齿圆锥齿轮各部分名称如图 7－23 所示，各部分尺寸计算公式见表 7－11。

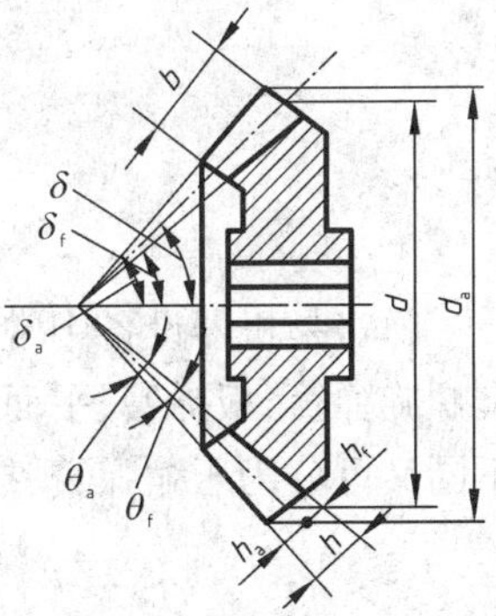

图 7－23　直齿圆锥齿轮各部分名称

表 7－11　　直齿圆锥齿轮各部分尺寸计算公式

名　称	代号	计 算 公 式	名　称	代号	计 算 公 式
分度圆直径	d	$d = mz$	齿　高	h	$h = h_a + h_f = 2.2m$
齿顶圆直径	d_a	$d_a = m(z + 2\cos\delta)$	分锥角	δ_1　δ_2	$\tan\delta_1 = \dfrac{z_1}{z_2}$　$\tan\delta_2 = \dfrac{z_2}{z_1}$
齿根圆直径	d_f	$d_f = (z - 2.4\cos\delta)$	顶锥角	δ_a	$\delta_a = \delta + \theta_a$（$\theta_a$ 为齿顶角）
齿顶高	h_a	$h_a = m$	根锥角	δ_f	$\delta_f = \delta - \theta_f$（$\theta_f$ 为齿根角）
齿根高	h_f	$h_f = 1.2m$			

2. 直齿圆锥齿轮的规定画法

1）单个圆锥齿轮的规定画法

如图 7－24 所示，主视图一般采用全剖视图，轮齿按不剖绘制，齿顶线、齿根线用粗实线绘制，分度线用细点画线绘制。在左视图中，大、小端的齿顶圆用粗实线绘制，大端的分度圆用细点画线绘制，大、小端的齿根圆和小端的分度圆均不必画出。其余部分按投影关系画出。

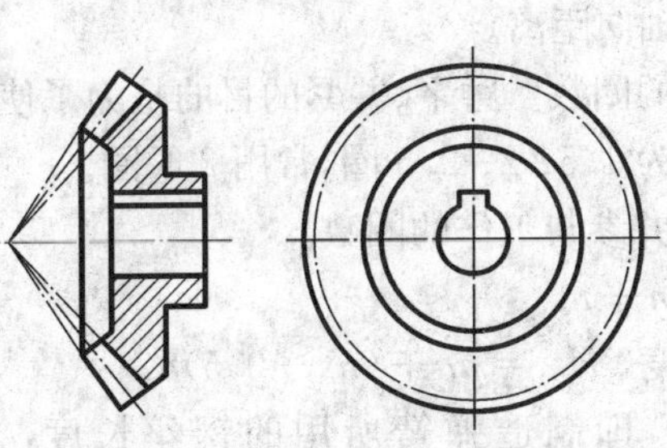

图 7－24　单个圆锥齿轮的规定画法

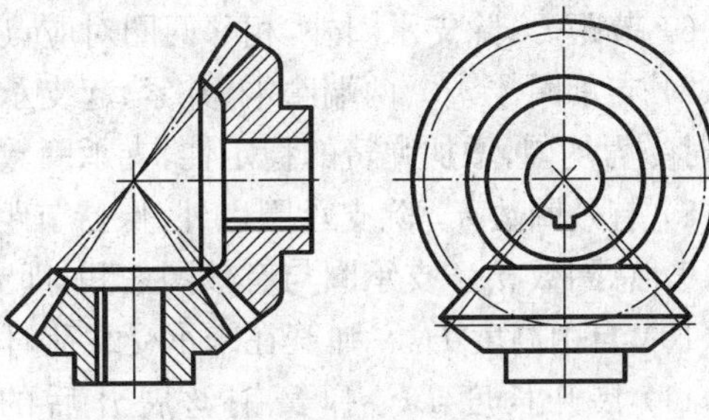

图 7－25　直齿圆锥齿轮啮合的规定画法

2）圆锥齿轮啮合的规定画法

两圆锥齿轮啮合时的规定画法如图 7－25 所示。两标准圆锥齿轮正确安装时，两分度圆锥相切，一般情况下锥顶相交于一点，轴线相交成 90°，此时两分锥角 δ_1、δ_2 互为余角，啮合区轮齿的画法与直齿圆柱齿轮相同。

7.5 弹　簧

弹簧是机器设备中常用的弹性元件，其作用是减震、夹紧、储能和测力等。弹簧的种类有螺旋弹簧、板弹簧、平面涡卷弹簧及蝶形弹簧等，其中圆柱螺旋弹簧应用最广，按受力性质不同又可分为压缩弹簧、拉伸弹簧和扭转弹簧等，如图 7-26 所示。

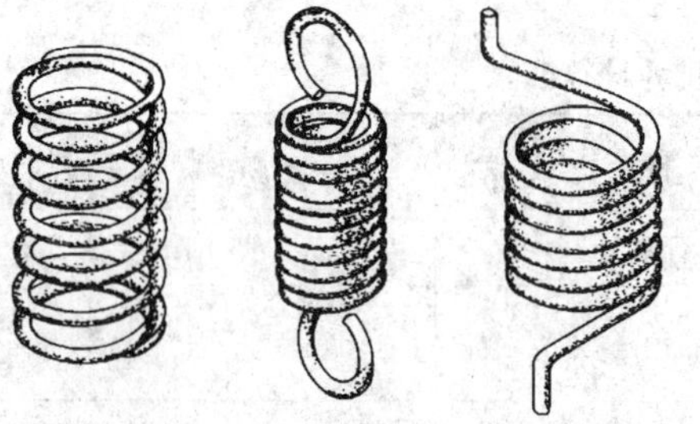

a) 压缩弹簧　b) 拉伸弹簧　c) 扭转弹簧

图 7-26　圆柱螺旋弹簧

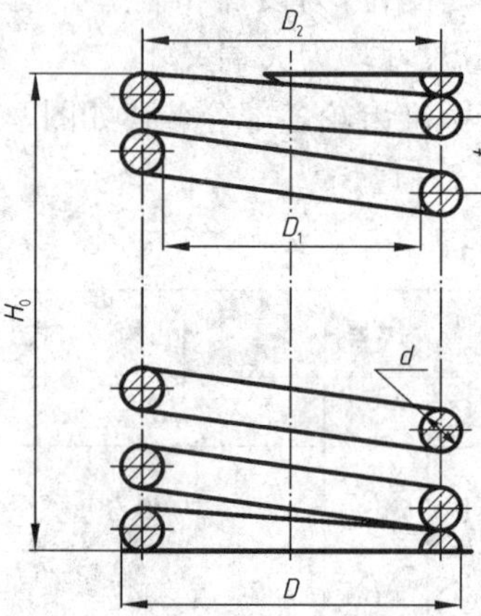

图 7-27　圆柱螺旋压缩弹簧各部分名称

7.5.1　圆柱螺旋压缩弹簧各部分名称及尺寸计算(图 7-27)

(1) 簧丝直径 d　制造弹簧的钢丝直径。

(2) 弹簧外径 D　弹簧的最大直径。

(3) 弹簧内径 D_1　弹簧的最小直径，$D_1 = D - 2d$。

(4) 弹簧中径 D_2　弹簧的平均直径，$D_2 = \frac{1}{2}(D + D_1)$。

(5) 旋向　弹簧螺旋线的旋向，有左旋和右旋之分。

(6) 节距 t　除支承圈外，相邻两圈对应点间的轴向距离。

(7) 支承圈数 n_2　两端磨平、并紧、起支承作用的圈数。磨平、并紧的目的是为了使弹簧工作时受力均匀，增加弹簧的稳定性，支承圈数一般为 1.5、2、2.5 圈，常用 2.5 圈。

(8) 有效圈数 n　除支承圈以外，保持节距相等并参与工作的圈数。

(9) 总圈数 n_1　支承圈与有效圈之和，即 $n_1 = n + n_2$。

(10) 自由高度 H_0　弹簧在未承受载荷时的高度，$H_0 = nt + (n_2 - 0.5)d$。

(11) 展开长度 L　弹簧钢丝展开后的长度，即制造弹簧所用的钢丝长度，$L = n_1\sqrt{(\pi D_2)^2 + t^2}$。

7.5.2　圆柱螺旋压缩弹簧的规定画法

弹簧可以画成剖视图，也可用视图或示意图表示，如图 7-28 所示。国家标准对弹簧的画法作了以下规定：

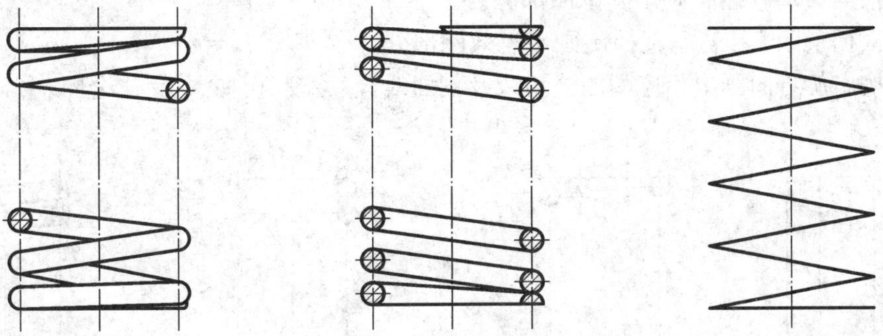

a) 视图　　b) 剖视图　　c) 示意图

图 7-28　圆柱螺旋压缩弹簧的规定画法

(1) 在平行于弹簧轴线的投影面的视图中，弹簧各圈的轮廓线画成直线。

(2) 有效圈在四圈以上的螺旋弹簧，除支承圈外，可以允许两端各画两圈，中间部分省略不画，只画簧丝中心线，并可适当缩短图形长度，但要注明弹簧自由高度 H_0。

(3) 无论旋向如何，螺旋弹簧均可画成右旋，但左旋弹簧不管画成左旋还是右旋，都必须在技术要求中注明旋向"左"字。

(4) 在装配图中，被弹簧挡住的结构一律不画出，可见轮廓线应画到弹簧的外轮廓线或弹簧钢丝剖面的中心线(弹簧中径)为止，如图 7-29a)所示。

(5) 弹簧被剖切时，若簧丝直径 $d \leqslant 2$ mm，其断面允许涂黑或采用示意画法，如图 7-29b)、c)所示。

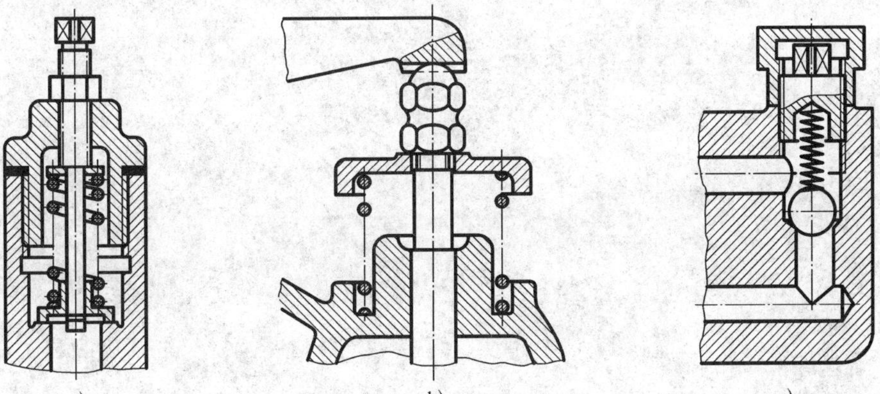

a)　　b)　　c)

图 7-29　装配图中弹簧的规定画法

7.5.3　圆柱螺旋压缩弹簧的作图步骤

两端并紧且磨平的圆柱螺旋压缩弹簧，不论支承圈数多少都可按支承圈为 2.5，磨平圈为 1.5 绘制。

绘制圆柱螺旋压缩弹簧的已知条件通常为：簧丝直径 d、弹簧外径 D、节距 t、有效圈数 n、支承圈数 n_2(或总圈数 n_1)或旋向，其作图步骤如下(图 7-30)：

(1) 计算弹簧中径 D_2、自由高度 H_0，作出矩形 $ABCD$。

(2) 根据簧丝直径 d 画出支承圈部分。

(3) 根据节距 t 和簧丝直径 d 画出有效圈部分。

(4) 按右旋方向画出相应圈的公切线及剖面线,然后校对,加深,完成全图。

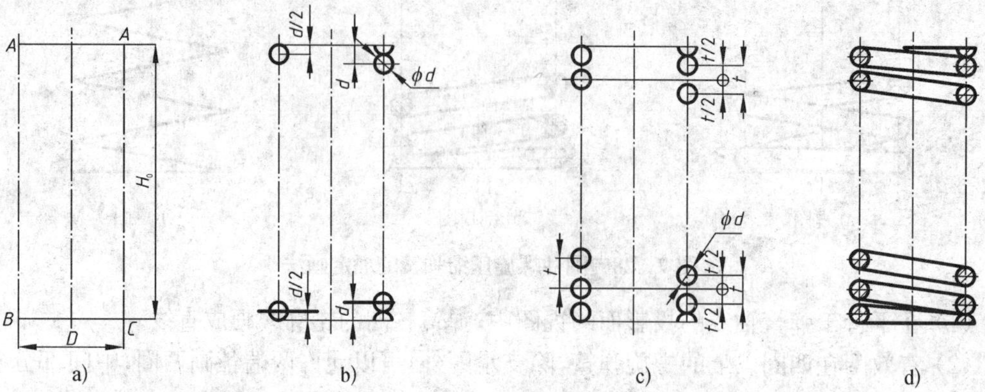

图 7-30　圆柱螺旋压缩弹簧的作图步骤

第8章 装配图

表达机器或部件的工作原理、结构性能和各零件间的装配联接关系等内容的图样称为装配图。

本章主要介绍装配图的内容、表达方法、部件测绘、装配图的画法及看装配图并拆画零件图等方面知识。

8.1 装配图的作用和内容

8.1.1 装配图的作用

在设计机器时，一般先根据产品的工作原理图画出装配草图，由装配草图整理成装配图，然后再据装配图进行零件设计，并画出零件图。在制造机器设备时，先按零件图加工制造出零件，然后再把加工制造的零件按装配图进行组装与调试。装配图是制定装备工艺规程进行装配和检验的标准依据。在机器使用和维修时，也需要通过装配图来了解机器的工作原理和构造。所以，装配图和零件图一样，也是生产中重要的技术文件。

8.1.2 装配图的内容

如图 8－1 所示为一滑动轴承的装配轴测图，图 8－2 所示为滑动轴承的装配图。由此可以看出一张完整的装配图必须具有下列内容。

1. 一组视图

用各种表达方式准确完整、清楚简便地表达出机器或部件的工作原理、部件结构、零件之间的装配关系、联接方式和零件的主要结构形状等。

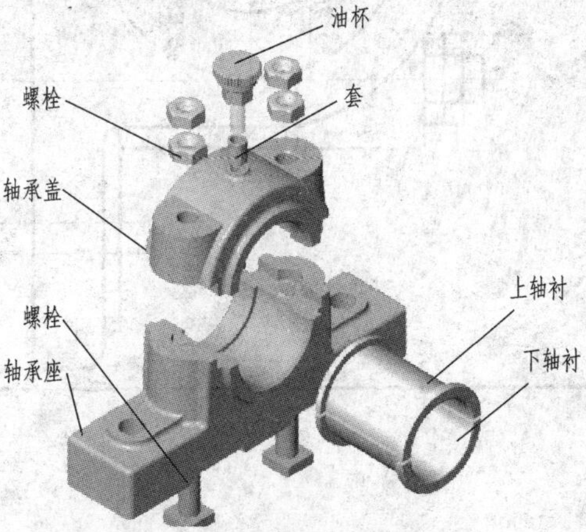

图 8－1　滑动轴承轴测图

如图 8－1 是滑动轴承的装配轴测图，它直观地表示了滑动轴承的外形结构，但不能清晰地表示出各零件的装配关系。图 8－2 是滑动轴承的装配图，图中采用了三个基本视图，由于结构基本对称，所以三个视图均采用了半剖视，

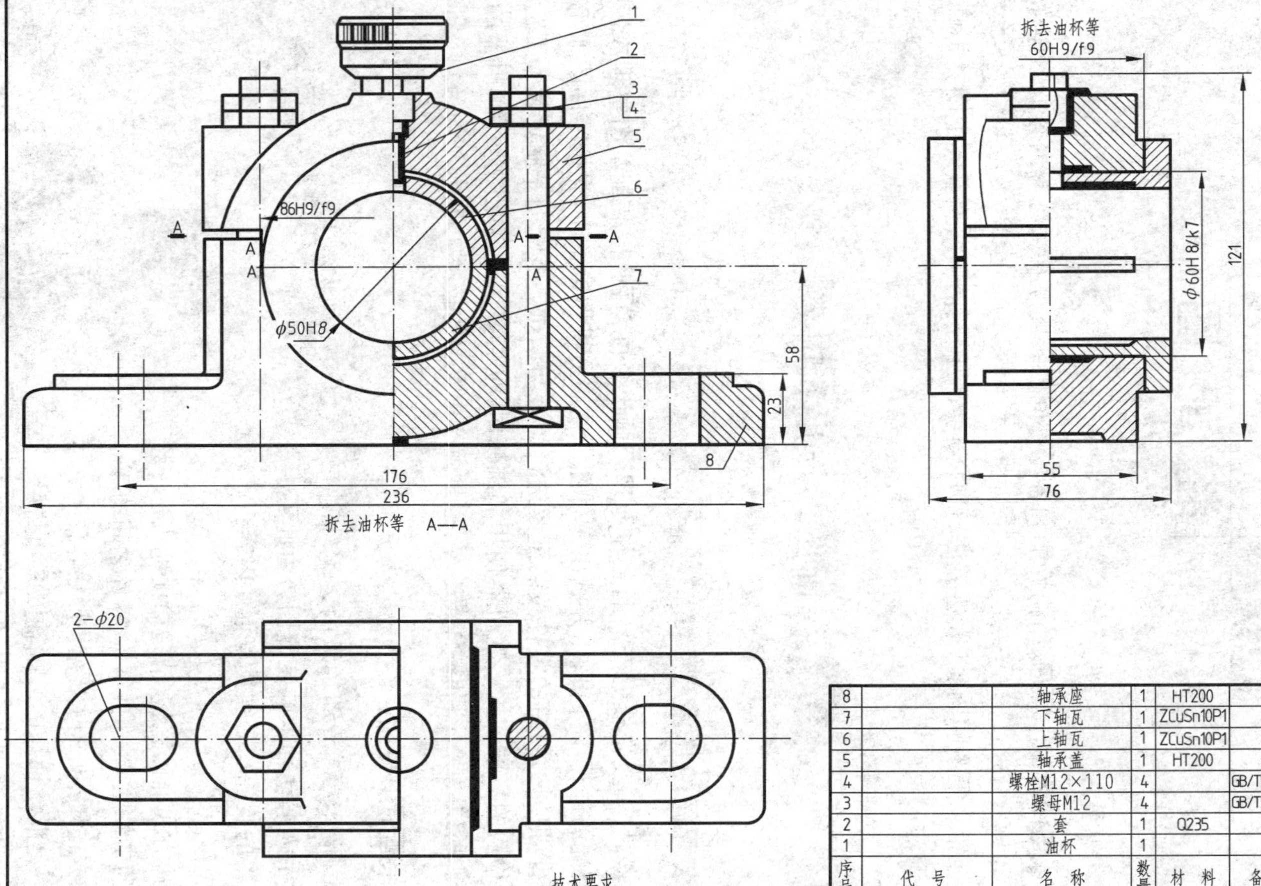

技术要求

涂色检查：

轴承座与轴瓦的接触面不小于50%；

轴承盖与上轴瓦的接触面不小于40%。

序号	代号	名称	数量	材料	备注
8		轴承座	1	HT200	
7		下轴瓦	1	ZCuSn10P1	
6		上轴瓦	1	ZCuSn10P1	
5		轴承盖	1	HT200	
4		螺栓M12×110	4		GB/T5782-2000
3		螺母M12	4		GB/T5782-2000
2		套	1	Q235	
1		油杯	1		

设计		(日期)		(校名)
校核			比例 1:1	滑动轴承
审核				
班级	学号		共 张 第 张	(图样代号)

8－2　滑动轴承的装配图

这就比较清楚地表示了轴承盖、轴承座和上、下轴衬的装配关系。

2. 必要尺寸

装配图上应注出机器或部件有关性能、规格、安装、外形、配合和联接等方面的尺寸。图8-2所示滑动轴承的装配图中，轴孔直径$\phi 50H8$为规格尺寸，176、58、$2x\ \phi 20$等为安装等尺寸，90°，$\phi 60\dfrac{H8}{k7}$、$86\dfrac{H9}{f9}$等为装配尺寸，236、121为总体尺寸。

3. 技术要求

用文字或符号来说明机器或部件的性能、装配、检验、调试和使用等方面所必须满足的技术条件。装配后要进行接触面涂色检查。

4. 零件的序号、明细栏和标题栏

用来说明零件名称、数量、材料、标准规格和标准代号以及部件名称、比例、主要负责人员名单等，供组织管理生产、备料、存档查阅使用。

8.2 装配图的表达方法

装配图的表达方法和零件图基本相同，都是通过各种视图、剖视图和断面图等来表示的。所以，表达零件的各种方法在表达机器或部件时也完全适用。但由于装配图是表达若干零件所组成的部件，所以除了选用前面所讨论的各种表达方法外，还有一些表达机器或部件的特殊表达方法和规定画法。

8.2.1 装配图规定画法

(1) 相邻两零件的接触面画一条线，非接触面，不论间隙多小，均画两条线，并留有间隙，如图8-3所示。

(2) 相邻两零件的剖面线相反，或方向一致，但间隔不同。在同一装配图的不同视图中，同一零件的剖面线方向相同、间隔相等。

在图样中，宽度等于或小于2 mm的狭小剖面，可用涂黑代替剖面线，如图8-3中的垫片的画法。

(3) 对于螺纹紧固件以及轴、连杆、手柄、球、键、销等实心零件，若剖切平面通过其轴线或对称平面时，则这些零件按不剖绘制。如需特别表明零件的构造，如键槽、销孔等，则可用局部剖视图来表示。

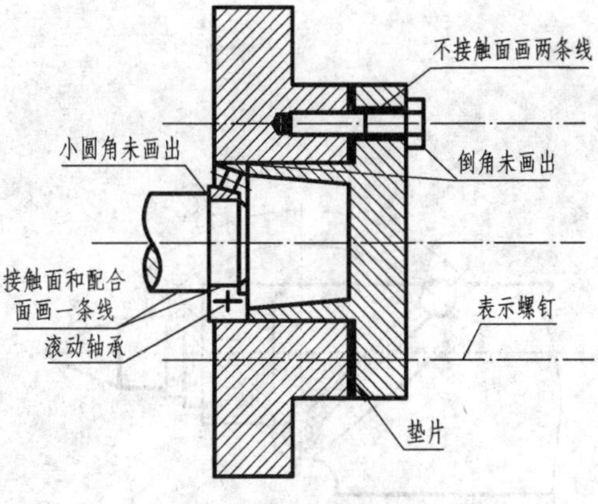

图8-3 规定画法、简化画法和夸大画法

8.2.2 装配图的特殊规定和简化画法

1. 装配图画法的特殊规定

1) 沿结合面剖切

为清楚地表达内部结构，可假想沿某些零件的结合面剖切，此时零件的结合面不画剖面线。如图 8-2 所示。

2）拆卸画法

因为是很多零件装配在一起，在画某一个剖视图时，难免出现一个或几个零件遮挡其他零件或部件结构的情况，这时可假想拆去一个或几个零件后绘制图形，但图形上方应注写“拆去 xx”字样。如图 8-2 的 A—A 剖视图所示。

3）假想画法

为表示机器或部件与相邻部件的安装、联接关系时可用双点画线画出相邻部件的轮廓。如图 8-4 所示，假想轮廓的剖面区域内不画剖面线。

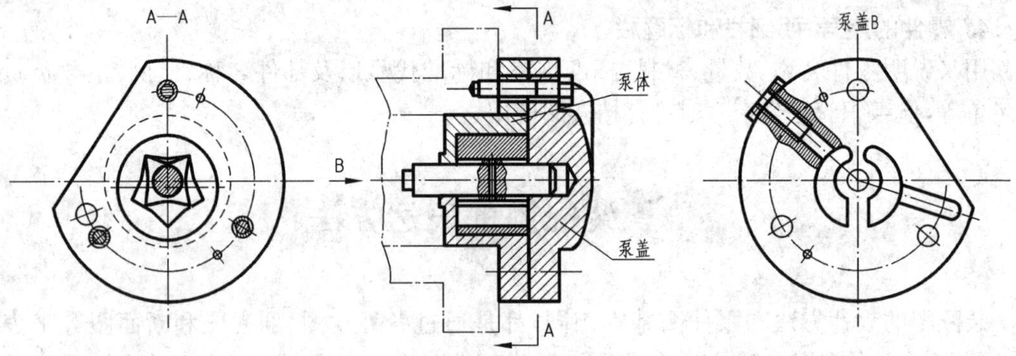

a) 沿结合面刨切画法　　b) 假想画法　　c) 零件单独表法

图 8-4　转子油泵

假想画法还用来表示运动零件的运动范围或极限位置。按其运动的一个极限位置绘制图形，再用细双点画线画出另一个极限位置的图形。如图 8-5 所示。

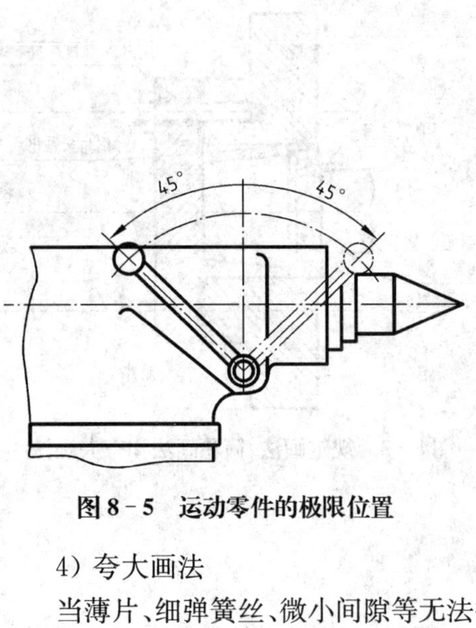

图 8-5　运动零件的极限位置

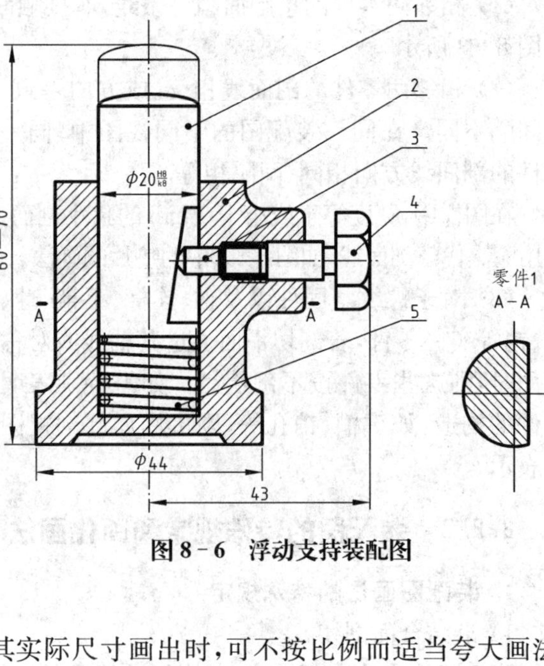

图 8-6　浮动支持装配图

4）夸大画法

当薄片、细弹簧丝、微小间隙等无法按其实际尺寸画出时，可不按比例而适当夸大画法。如图 8-3 所示的垫片。

5）单独零件视图的画法

在装配图中当某个零件的结构形状未表达清楚，会给看图造成一定的困难时，可单独画出某个零件的视图。如图 8-6 所示。但必须在所画视图的上方标注出该零件的视图名称，在相应视图的附近用箭头指明投影方向，并注上同样的字母。

2. 装配图的简化画法

(1) 在装配图中，对于若干相同的零件组，允许详细画出其中的一组或几组，其余的只需在其装配位置画出轴线位置即可。如图 8-3 所示。

(2) 在装配图中的滚动轴承的剖视图中，允许画出对称图形的一半，另一半画出其轮廓，并画出重点相交的两条。

(3) 在装配图中，对薄的垫片等不易画出的零件可将其涂黑。如图 8-3 所示。

(4) 在装配图中，零件的工艺结构如小圆角、倒角、退刀槽、拔模斜度等可不画出。如图 8-3所示。

8.3 装配图的标注及技术要求、零件序号、明细栏及标题栏

装配图是表达零部件的装配关系，而不直接用于零件的制造生产。因此，在装配图上无需注出各组成零件的全部尺寸。一般只需标注规格或性能尺寸、装配尺寸、安装尺寸、外形尺寸和其他重要尺寸。

8.3.1 装配图的标注

1. 表示部件的性能或规格的尺寸

它是设计和选用部件时的主要依据。如图 8-2 中滑动轴承的轴孔直径ϕ50H8 就是规格尺寸。

2. 装配尺寸

用来保证部件功能精度和正确装配的尺寸。这类尺寸一般包括：

(1) 配合尺寸　表示零件间配合性质的尺寸。如图 8-2 中的尺寸$\phi 60\,\frac{H8}{k7}$、$60\,\frac{H9}{f9}$等。

(2) 相对位置尺寸　表示装配时零件间要保证的相对位置尺寸。常见的有重要轴距、孔的中心距和间隙等。如图 8-2 中，轴承孔中心高尺寸 58，两联接螺孔的中心距尺寸 100±0.3。

3. 安装尺寸

表示部件安装到其他零部件或基座上所需的尺寸。如图 8-2 中，轴承座底板上安装孔及其位置的尺寸ϕ24 和 204。

4. 外形尺寸

表示部件的外形轮廓尺寸，即总长、总宽和总高尺寸，它表明部件所占空间的大小，以供产品包装、运输和安装时参考。如图 8-2 中的尺寸 236、76 和 121。

5. 其他重要尺寸

在装配图中，除上述四类尺寸外，有时还应标出如运动零件的活动范围。如图 8-5 所示中手柄运动范围 90°。

必须注意,并不是每张装配图必须全部标出上述各类尺寸的,有时装配图上同一尺寸往往有几种意义,因此装配图上应标注哪些尺寸要根据具体情况进行具体分析。

8.3.2 技术要求

装配图中的技术要求主要是指对装配体的性能要求,以及在装配、安装、调试、检验、使用和维修等方面的要求或注意事项。如图 8-2 中技术要求就是装配要求。技术要求一般注写在图纸下方的空白处。如有必要也可以另编技术文件,作为图样的附件。

8.3.3 零件序号编排方法

在生产中,为方便图纸管理、生产准备、机器装备和看懂装配图,对装配图上各零部件都要编注序号和代号。序号是为了看图方便而编制的,代号是该零件或部件的图号或国家标准代号。零部件图的序号和代号要与明细栏中的序号和代号相一致。

(1) 序号编写位置要以主视图周围区域为主,用顺时针或逆时针方向按水平或垂直方向排列整齐,不要混乱,尽量使序号间隔相等。如图 8-2 所示。

(2) 同一种零件在装配图上只编写一个序号,数量在明细表中填明,标准化组件如滚动轴承、电动机等可看作一个整体编注一个序号。

(3) 指引线用细实线画出,并从零件的可见轮廓线范围内引出,在末端画出一个小黑点,另一端画出一细水平线或小圆圈,在水平线之上或小圆圈之内编号如图 8-7a)、b)、c)所示。

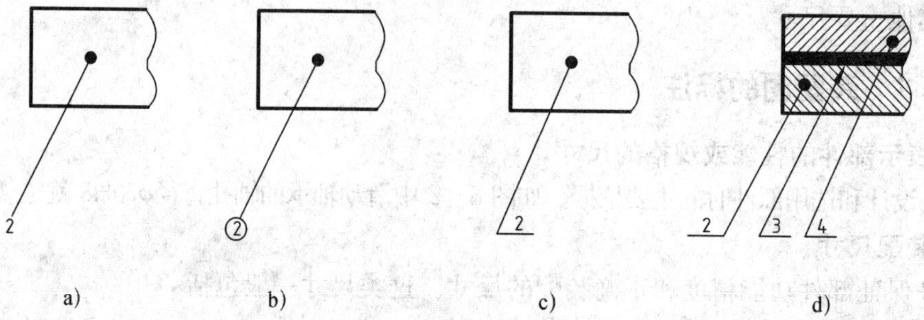

图 8-7 序号的组成

(4) 指引线末端不便画出圆点时(如很薄的零件或涂黑的断面),可在指引线末端画出箭头,箭头指向该零件的轮廓线。如图 8-7d)所示。

(5) 指引线不要与轮廓线或剖面线等图线平行,指引线之间不允许相交,但指引线允许弯折一次。如图 8-8 所示。

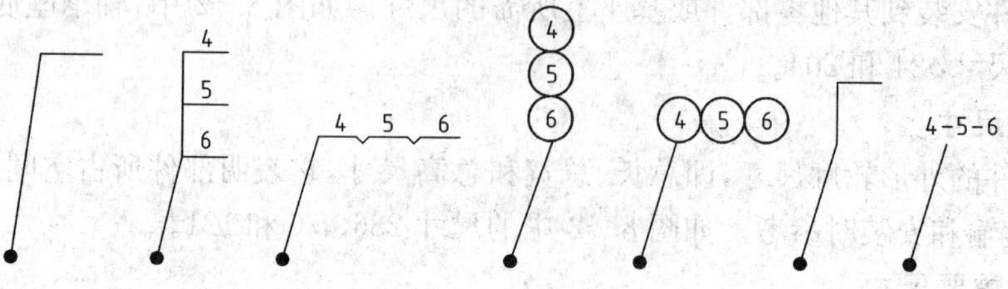

图 8-8 指引线及其画法

(6) 序号数字应比装配图中的尺寸数字大一号或大两号。

(7) 对于紧固件或装配关系清楚的零件组可采用公共的指引线。如图 8-9 所示。

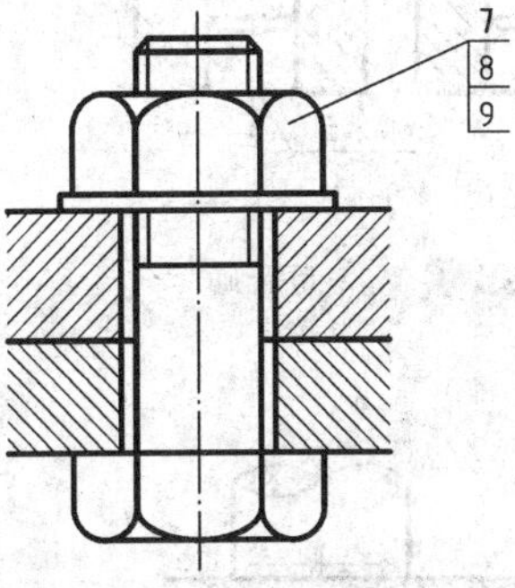

图 8-9　零件组序号的表示

2				
1				
序号	名　称	数量	材料	备注

(图名)		比　例	
		共　张	第　张
制图		(日期)	(校名)
审核		(日期)	系　　班

图 8-10　标题栏及明细栏

8.3.4　标题栏及明细栏

供学习时使用的明细栏和标题栏的格式如图 8-10 所示，各工厂企业有时也有各自的标题栏、明细栏格式。明细栏内容包括：零件序号、代号、名称、数量、材料和备注等。绘制和填写标题栏、明细栏应注意以下问题。

(1) 明细栏和标题栏的分界线是粗实线，明细栏的外框竖线是粗实线，明细栏的横线和内部竖线均为细实线(包括最上一条横线)。

(2) 序号应自上而下顺序填写，如向上延伸位置不够，可以在标题栏紧靠左边自下而上延续。

(3) 标准件的国标代号可写入备注栏。

8.4　装配图结构的合理性简介

为保证机器或部件能顺利装备，并达到设计规定的性能要求，而且拆装方便，必须使零件的装配结构满足装配工艺要求。所以在设计绘制装配图时应考虑合理的装配工艺结构问题。了解零部件上一些有关装配的工艺结构和常见装置，也可使图样中零部件的装配结构画得更为合理。在读装配图时，有助于理解零件的装配关系和零件的结构形状。

8.4.1　接触面与配合面的结构

(1) 两零件的接触面：在同一方向上只允许有一对平面接触。如图 8-11 所示，这样既保证了零件间接触良好，又降低了零件的加工要求。若要求两对平行面同时接触，就会造成零件加工困难，实际上达不到，在使用上也没必要。

(2) 两零件有一对直角相交的表面接触时，在转角处应制出倒角、倒圆和砂轮越程槽等结构，以保证两接触面接触良好。如图 8-12 所示。

8.4.2　螺纹联接的合理结构

为保证紧固件有良好的接触表面，在被联接的零件上作出凸台或沉孔。如图 8-13 所示。

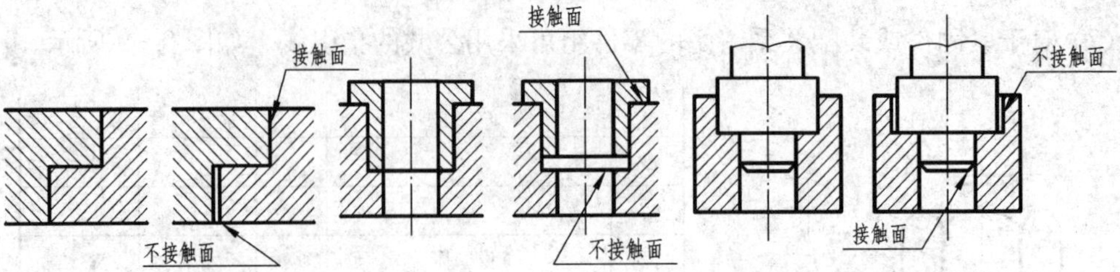

a) 错误　b) 正确　c) 错误　d) 正确　e) 错误　f) 正确

图 8－11　接触面与配合面的结构

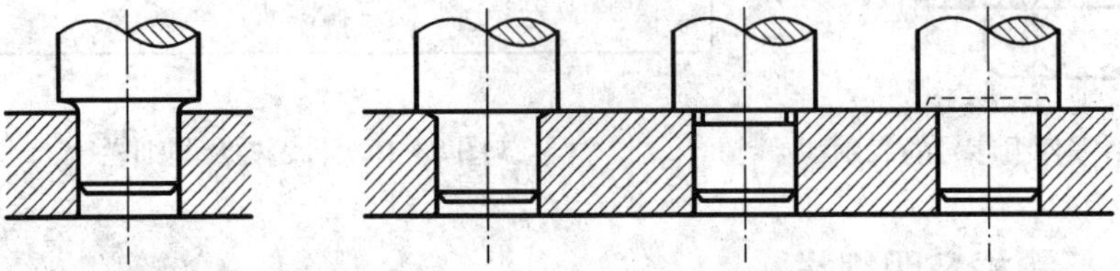

a) 不正确　b) 正确

图 8－12　轴与孔端面接触处的结构

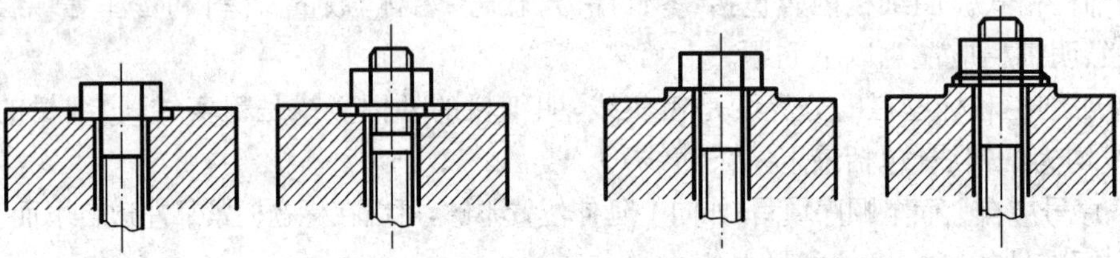

a) 沉孔　b) 凸台

图 8－13　螺纹联接

8.4.3　紧固件防松结构

机器运转过程中，由于受到振动或冲击，螺纹紧固件可能发生松动或脱落，有时甚至会造成严重事故。所以，在这些机构中必须有防松结构，如图 8－14 所示是几种常用防松结构。

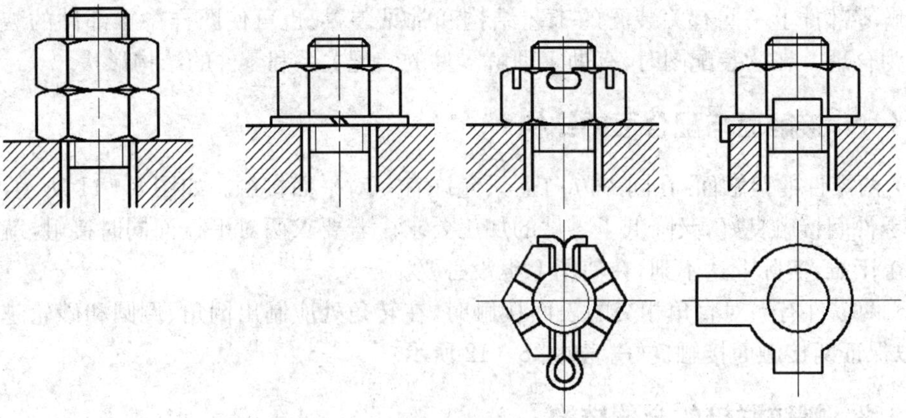

a) 双螺母防松　b) 弹簧垫圈防松　c) 开口销防松　d) 止动垫圈防松

图 8－14　防松结构

8.4.4 密封结构

为防止外部的灰尘和水分进入轴承和轴承的润滑剂渗漏，滚动轴承要进行密封。常见的密封方法如图 8－15 所示。

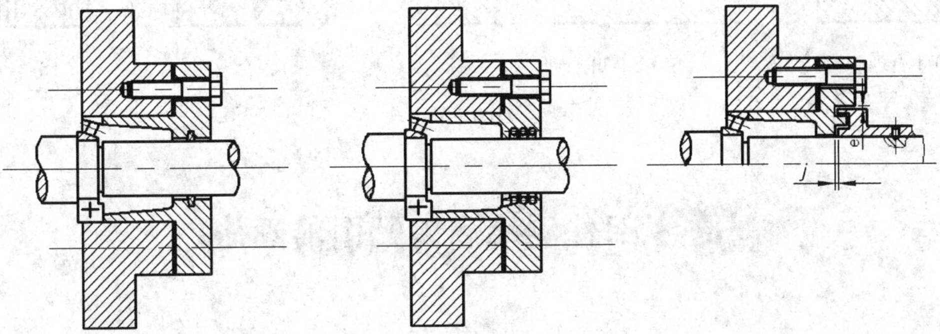

a) 毛毡圈式密封　　b) 油沟式密封　　c) 迷宫式密封

图 8－15　密封结构

8.4.5 方便拆装的结构

（1）为保证两零件在装拆前后的装配精度，通常用圆柱销定位，为加工和拆装方便，应尽量将销孔加工成通孔。如图 8－16 所示。

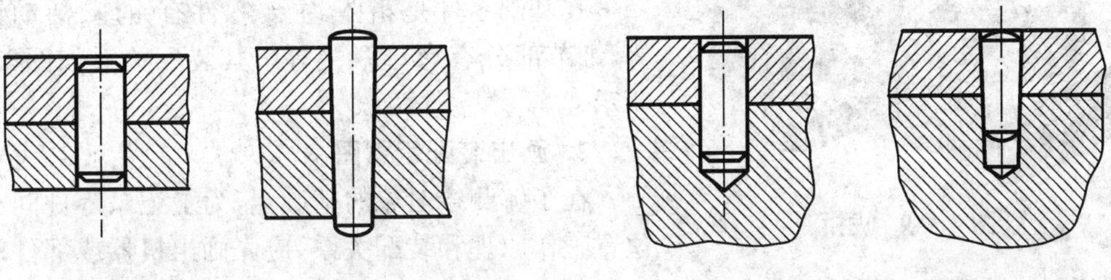

a) 合理　　b) 不合理

图 8－16

（2）滚动轴承常用轴肩或孔肩定位，为方便滚动轴承的拆卸，轴肩或孔肩的高度应小于轴承内圈或外圈的厚度。如图 8－17 所示。

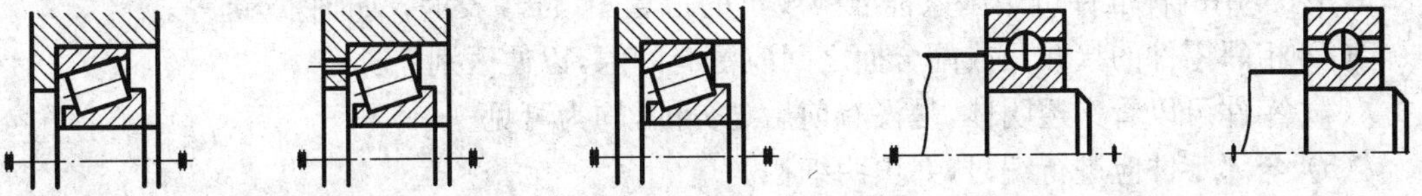

a) 不合理　　b) 合理　　c) 合理　　d) 不合理　　e) 合理

图 8－17

（3）当零件用螺丝紧固件联接时，应考虑到装拆的可能性。如图 8－18 所示。

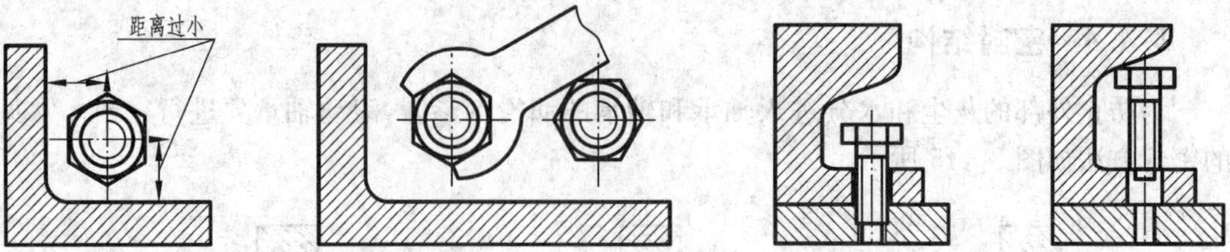

a) 不合理　b) 合理　c) 不合理　d) 合理

图 8 - 18

8.5 部件测绘和装配图的画法

8.5.1 部件测绘

根据现有部件或机器进行测量和绘图的过程，称为部件测绘。在新产品设计，引进先进技术以及对原有设备进行技术改造和维修时，有时需要对现有的机器或零件、部件进行测绘，画出其装配图、零件图。因此，掌握测绘技术对工程技术，具有重要的意义。

1. 了解分析部件结构

部件测绘时，首先对部件进行研究分析，了解其工作原理、结构特点和部件中各零件的装配关系。

其基础零件是箱体，主要零件有钳座、活动钳块等，细节部分有螺母联接等。其装配关系如图8 - 19所示。

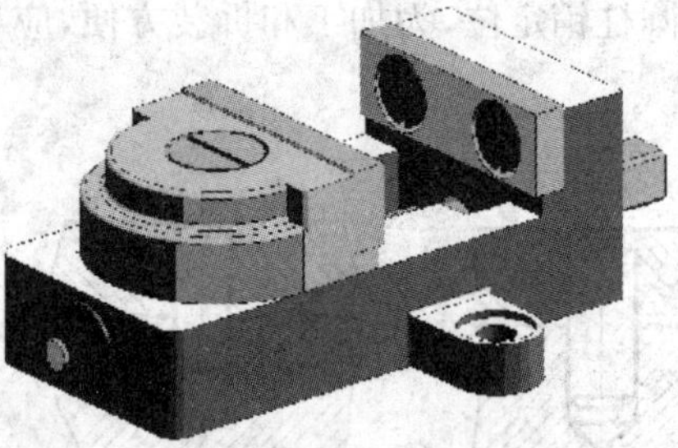

图 8 - 19　虎钳

2. 画出装配示意图

在了解测绘对象的基础上，为了记录零件间相对位置工作原理和装配关系，应先画出机器或部件的装配示意图。装配示意图是用来表示部件中各零件的相对位置、装配和连接关系，是部件拆卸后重新装配和画装配图的依据。图 8 - 20 所示为虎钳的装配示意图，从图 8 - 20 中可以看出装配图有以下特点。

(1) 装配示意图只用简单的符号和线条表达部件中各零件的大致形状和装配关系。

(2) 一般零件可用简单图形画出其大致轮廓。形状简单的零件如螺钉、轴等可用单线表示，其中，常用的标准件可用国家标准中规定的示意图、符号表示。如轴承、键等。

(3) 相邻零件的接触面或配合面之间应留有间隙，以便区别。

(4) 零件可以看作透明体，是没有前后之分的，均为可见。

(5) 全部零件应进行编号，并填明细栏。

如虎钳示意图 8 - 20 中的嵌座 4、螺杆 8 和钳口板 9，也可用单线来表示零件的基本特征。画装配示意图时，一般从主要零件入手，然后按装配顺序再把其他零件逐个画上。通常对各零件的表达不受前后层次、可见与不可见的限制。尽可能地把所有零件集中画一个视图上。

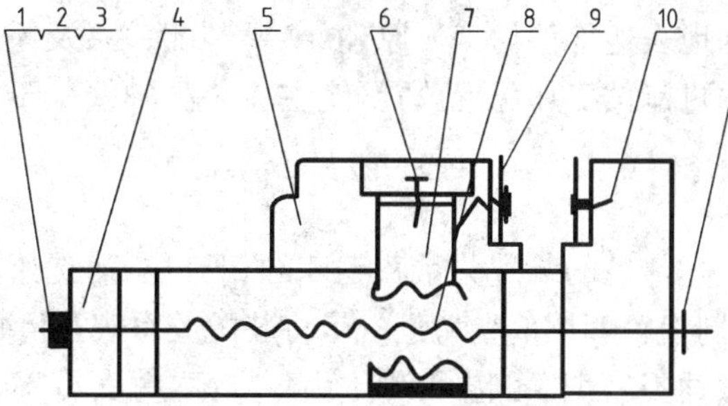

序号	名　称	数量	材料	附　注
11	垫圈	1	Q235	
10	螺钉	4	Q235	GB/T68-2000
9	钳口板	2	45	
8	螺杆	1	45	
7	螺母	1	Q275	Tr18×4
6	螺钉	1	Q235	
5	活动钳块	1		
4	钳座	1		
3	垫圈10	1	Q235	GB/T97.2-1985
2	销	1	Q235	GB/T91-2000
1	螺母M10	1	Q235	GB/T6178-2000

钳座		比例	
		件数	1
		重量	
制图			
描图			
审核			

图 8-20　虎钳的装配示意图

3. 拆卸零件

装配示意图画好后，开始拆卸零件。在拆卸零件时应注意以下特点：

(1) 选用合适的拆卸工具，注意拆卸顺序，不采用破坏性的拆卸方法。对于不可拆连接(如焊接、铆接等)尽量不拆，对于配合精度要求高的零件或过盈配合，尽量不拆，以免破坏其配合精度，并可省测绘时间。

(2) 对于拆下的零件要及时按顺序编号，并挂上相应的号签，妥善保管，防止混乱和丢失，特别是防止螺钉、垫圈、键、销等小零件丢失。

(3) 对重要的精度较高的零、部件，要防止碰伤、变形和生锈，以便再装时仍能保证其性能要求。

8.5.2　装配图的画法

1. 装配图的视图选择

装配图的作用是表达机器或部件的工作原理、装配关系以及主要零件的结构形状。视图选择的目的是以最少的视图完整清晰地表达出机器或部件的装配关系和工作原理。其一般步骤为：

1) 进行部件分析

对要绘制的机器或部件的工作原理、装配关系及主要零件形状，零件与零件之间的相对位置、定位方式等进行深入细致的分析。

2）确定主视图方向

主视图的选择应较好地表达部件的工作原理、主要装配关系及零件的相对位置、形状和结构特征、连接关系，并尽可能按工作位置放置，使主要装配轴线处于水平或垂直关系，以便于画图。

3）确定其他视图

针对主视图还没有表达清楚的装配关系和零件的相对位置，选用其他视图给予补充（剖视、断面、拆去某些零件、剖视中套用剖视），进一步将装配关系表达清楚。

确定机器或部件的表达方案时，可以多设计几套方案，每套方案一般均有优缺点，通过分析再选择比较理想的表达方案。

虎钳装配图的表达方案：主视图采用了全剖视图，它表达了虎钳的主要装配干线的装配关系、工作原理、装配结构和零件形状。左视图采用两个平行平面剖切的"A—A"局部剖视，补充表达了虎钳的工作原理及某零件的结构形状。俯视图采用局部剖视，突出表达了零件1和2、零件10和11之间的装配关系及虎钳的外部形状。如图8-25所示。

2. 装配关系的画图步骤

确定表达方案后，就可着手画图，画图时必须遵循以下步骤：

1）选比例、定图幅、布图、绘制基础零件的轮廓线

应尽可能采用1∶1的比例，这样有利于想象物体的形状和大小，需要采用放大或缩小的比例时必须采用GB/T14690—1993推荐的比例。确定比例后，然后从主视图的基础零件的轮廓线入手绘制。如图8-21所示，绘制虎钳的装配图就是从中心线和基准线开始的。

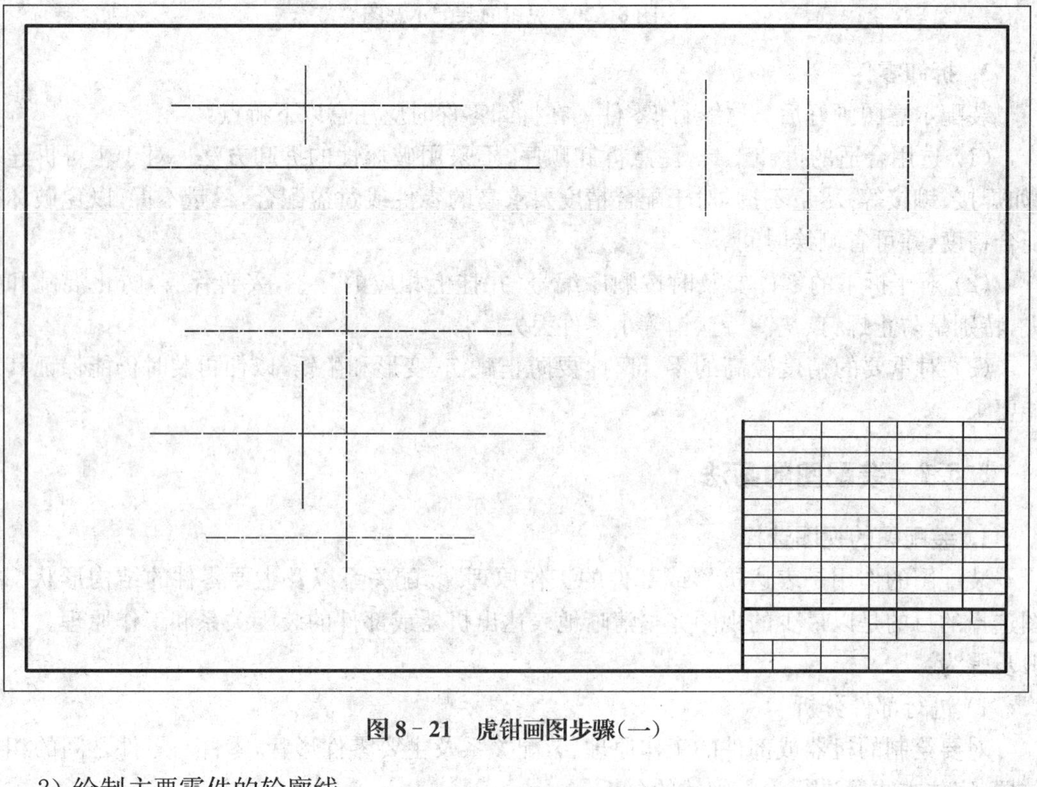

图8-21　虎钳画图步骤(一)

2）绘制主要零件的轮廓线

虎钳的主要零件是嵌座、活动钳口和螺杆。画出螺杆的主要轮廓线后，接着画嵌座、活动钳口的轮廓线。如图 8－22 所示。

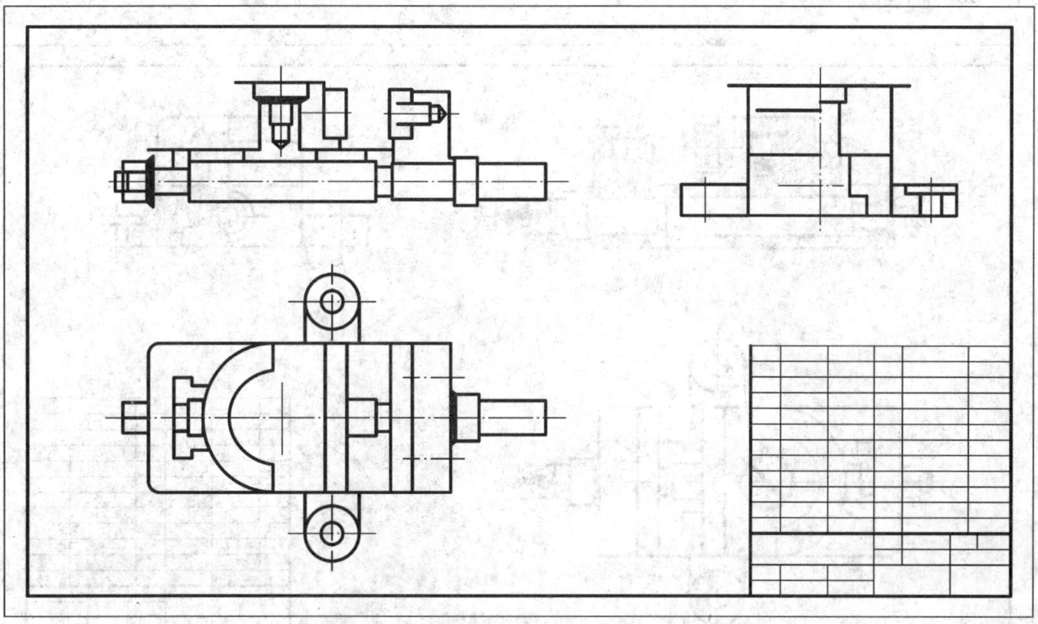

图 8－22　虎钳画图步骤(二)

3）绘制细部件及结构

画出虎钳的主要零件的基本轮廓线之后，可继续绘制详细部件、零件的结构：如螺钉、连接、压板、销、手柄等。如图 8－23 所示。

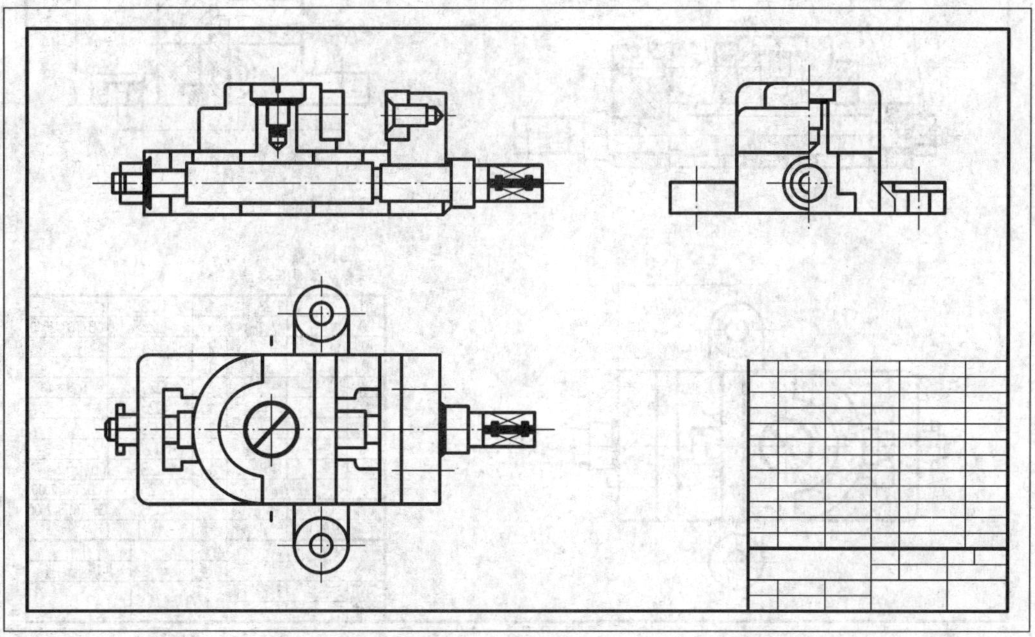

图 8－23　虎钳画图步骤(三)

4）整理、标注、填写

整理加深，标注尺寸，编号，填写明细栏和标题栏，写出技术要求，完成全图。如图8－24、图 8－25 所示。

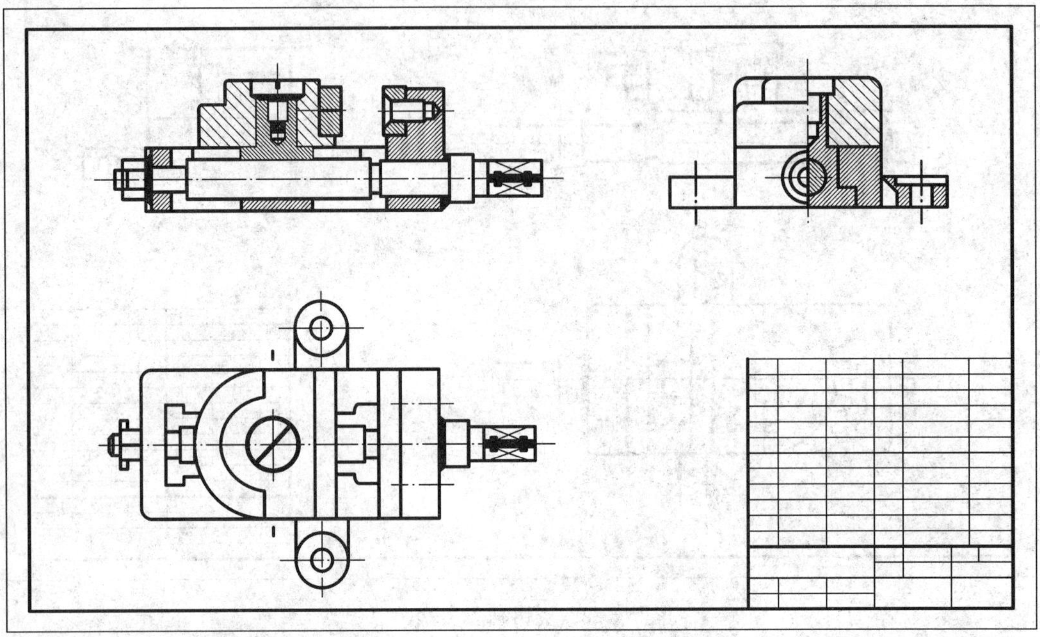

图 8－24　虎钳画图步骤(四)

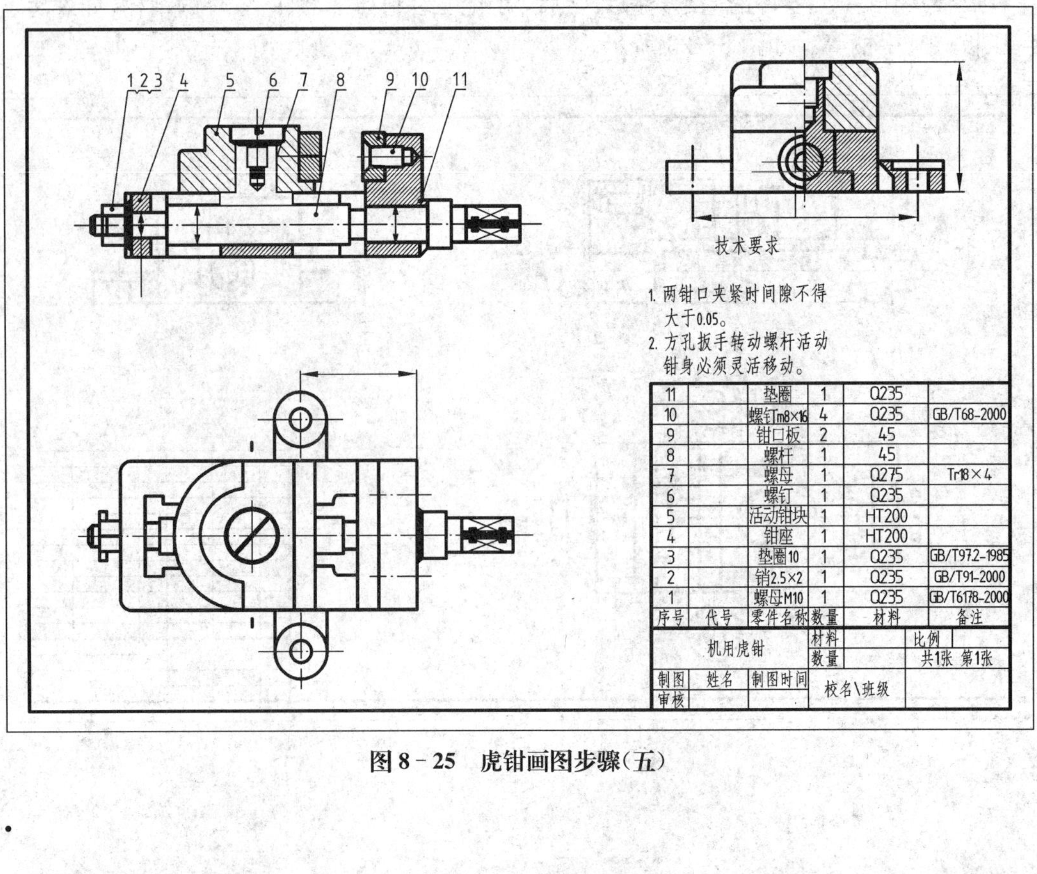

图 8－25　虎钳画图步骤(五)

8.6 读装配图和由装配图拆画零件图

在产品设计、装配、检验、使用维修及技术交流中，都需要阅读装配图。读装配图应特别注意从机器或部件中分离出每一个零件的名称，并分析其主要结构形状、作用和工作原理，以及同其他零件的相对位置和装配关系以及拆装顺序。然后再将各个零件合在一起，分析机器或部件的作用、工作原理及防松、润滑、密封等系统的原理和结构等，在机械设备的设计、制造、装配、使用、维修以及技术交流中，经常要遇到看装配图的问题。工程技术人员必须具备熟练地看装配图和由装配图拆画零件图的能力。本节主要介绍看装配图和由装配图拆画零件图的方法和步骤。

8.6.1 读装配图的方法和步骤

结合图 8－26 球心阀装配图来说明看装配图的方法和步骤。

1. 概括了解

看装配图，首先通过看标题栏、明细栏了解机器或部件的名称、所有零件的名称，并在视图中找到所表示的相应零件及其所在的位置，对机器或部件的整体有一个概括的了解。

如图 8－26 所示的装配图，从标题栏和明细栏中可以了解到该部件的名称是球心阀，共

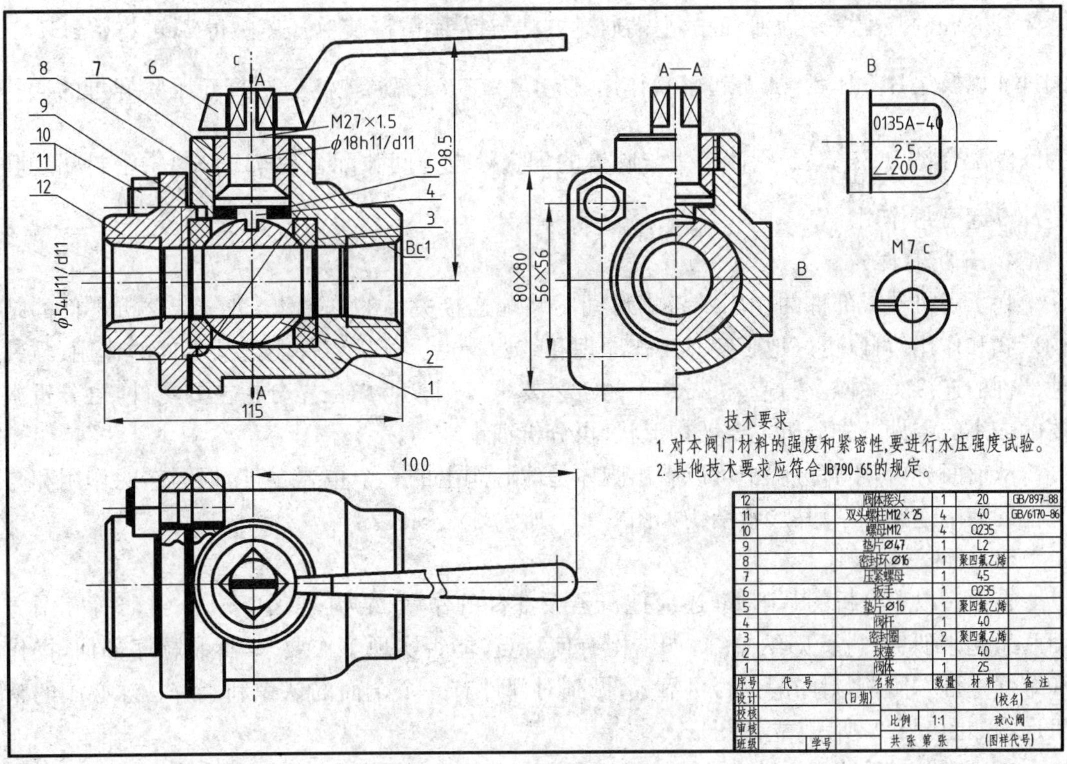

序号	代号	名称	数量	材料	备注
12		阀体接头	1	20	GB/897-88
11		双头螺柱M12×25	4	40	GB/6170-86
10		螺母M12	4	Q235	
9		垫片Ø47	1	L2	
8		密封环Ø16	1	聚四氟乙烯	
7		压紧螺母	1	45	
6		扳手	1	Q235	
5		垫片Ø16	1	聚四氟乙烯	
4		阀杆	1	40	
3		密封圈	2	聚四氟乙烯	
2		球塞	1	40	
1		阀体	1	25	

设计		(日期)		(校名)
校核			比例 1:1	球心阀
审核				
班级	学号		共 张 第 张	(图样代号)

图 8－26 球心阀装配图

有 12 种不同的零件和组合体构成。在视图中分别找出相应的零件及其位置。它安装在流体管路上，用于控制管路的开启、关闭及调节管路中流体的流量。

2. 分析视图，了解工作原理

首先了解采用了哪些视图、剖视等表达方法，并结合标注的尺寸，想象出主要零件的主要结构形状。对剖视图找出剖切位置，弄清各视图之间的投影关系及其所表达的重点内容，这是看懂装配图的一个重要环节。看图时应先从反映工作原理的视图入手，分析机器或部件中零件的运动情况，从而了解工作原理。图 8－26 所示的球心阀装配图采用了三个基本视图和局部视图。主视图为全剖视，主要表达了球心阀两条装配干线上的各零件装配关系及其结构。俯视图基本是外形图，用局部剖视表明了阀体 1 与阀体接头 12 的连接方法。左视图 A—A 半剖视，反映了阀杆 4 与球塞 2 的装配关系及阀体接头与阀体连接时所用四个双头螺栓的分布情况及阀体和阀体接头的端面形状。B 向视图用于说明在阀体上应制出的字样。零件 7C 向视图用于显示压紧螺母的顶端刻有槽口，说明该槽口用于装卸时旋转螺母 7。

其工作原理是：旋转扳手 6，通过阀杆上端的方榫带动阀杆转动；阀杆带动球塞旋转，使阀内通道逐渐变小。当阀杆转过 90°后，球阀便处于关闭状态。

3. 了解各零件间的装配关系

首先从传动系统入手，弄清各零件间的装配连接关系，也可以从主要装配干线入手，分析各零件间互相配合的松紧程度、连接和定位方式以及运动的润滑、密封形式等内容，然后逐步扩大到其他装配干线。

球心阀的装配关系为：阀杆的上端通过方榫与扳手相配；旋紧压紧螺母 7，可将密封环 8、阀杆 4 以及垫片 5 压紧，从而起密封作用，防止$\phi 54\dfrac{H11}{d11}$流通泄露。阀杆 5 压紧螺母的通孔为间隙配合$\left(\phi 16\dfrac{H11}{d11}\right)$。阀体接头与阀体的配合处也为间隙配合$\left(\phi 54\dfrac{H11}{d11}\right)$。密封圈 3 和垫片 9 起密封作用。

4. 分析零件

在了解机器或部件的作用及各零件间的装配连接关系的基础上，进一步分析零件的结构形状和作用，可以更好地了解其工作原理和结构特点。分析零件主要从零件的作用、与其他部件的连接关系以及铸造、机械加工的工艺要求等因素考虑。先分析主要零件，再分析次要的或小的零件。先分析主要结构形状，再分析细小结构。

从前面分析，了解过程中可以看出阀体是球心阀上的一个重要零件，根据它的作用和与其他的装配连接关系，其形状结构如图 8－27 所示球心阀体。

5. 归纳总结

在通过以上分析的基础上，还应把机器或部件的作用、结构、装配、操作、维修等几个方面联系起来研究，进行归纳总结，如结构有何特点，能否实现工作要求，拆装顺序如何，操作和维修是否方便，密封防漏是否可靠等，做到对部件有一个全面的认识和了解。球心阀的整机形状如图 8－28 所示(立体图)。

通过以上对看装配图的方法和步骤介绍可知，要完全看懂装配图，除掌握上面介绍的一般方法外，还必须要具备一定的专业知识和机器常识。因此，通过后续课程的学习，还可以

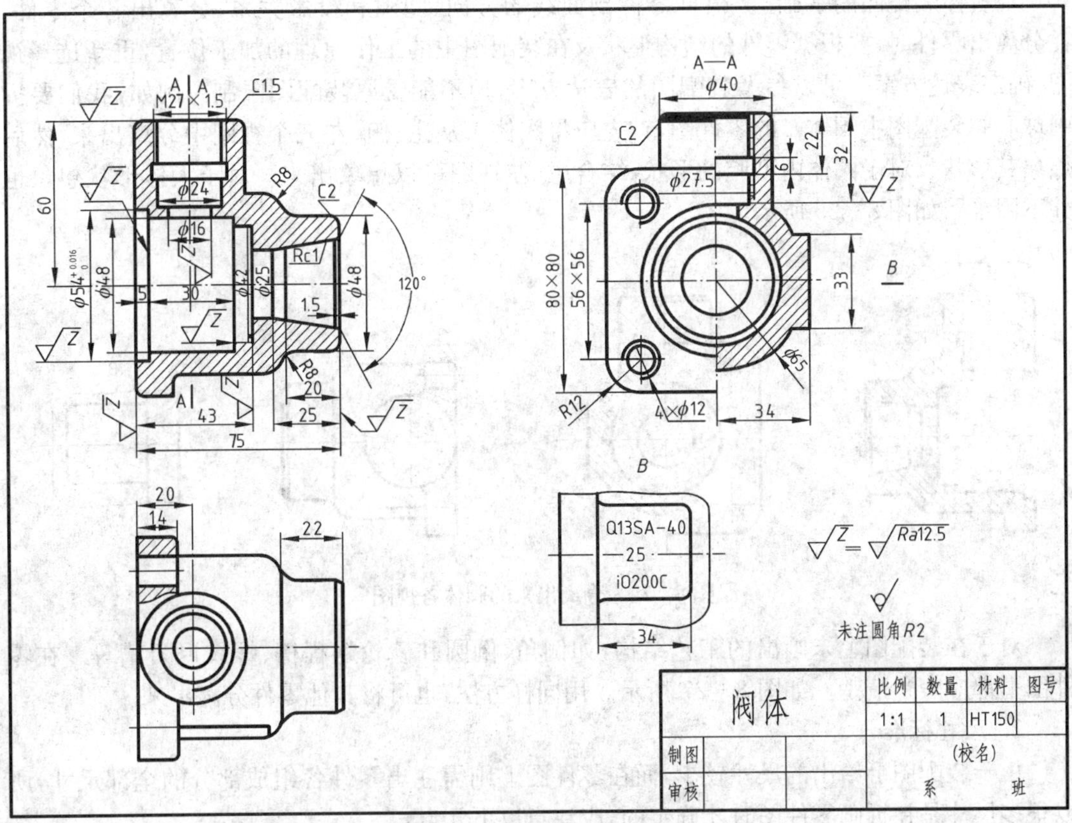

图 8-27 阀体零件图

图 8-28 球心阀立体图

不断提高分析和看装配图的能力。

8.6.2 由装配图拆画零件图

在设计过程中，一般是先画出装配图，再根据装配图把这个零件图的视图由整个装配图中分离出来，然后想象其结构形状。对于表达不清的地方要根据整个机器或部件的工作原理进行补充，然后画出零件图。这种由装配图画出零件图的过程称为拆画零件图。

拆画零件图要在看懂装配图的基础上进行，并按零件图的内容和要求画出零件工作图。拆画零件图的方法和步骤如下：

1. 看懂装配图，分离零件，画零件图

首先根据图 8-26 所示，把球心阀的装配图看懂，由哪些零部件构成，其工作原理、结构特点及总体形状如图 8-28 球心阀立体图所示。

在看懂装配图的基础上，根据零件剖面线的方向、间隙和投影关系，分离出各个零件。在分离出零件时，要根据零件的结构形状及在装配图中的工作原理的加工位置，重新选择视图，确定表达方案。可以参考装配图的表达方案，但不能受原装配图限制。例如：我们要拆画球心阀装配图中阀体 1 的零件图，首先应将阀体 1 从主、俯、左三个视图中分离出来，然后想象其形状。对于阀体内型腔的形状，结合主、左视图可以想象出来。对于大体形状想象也并不困难。如图 8－29 所示。

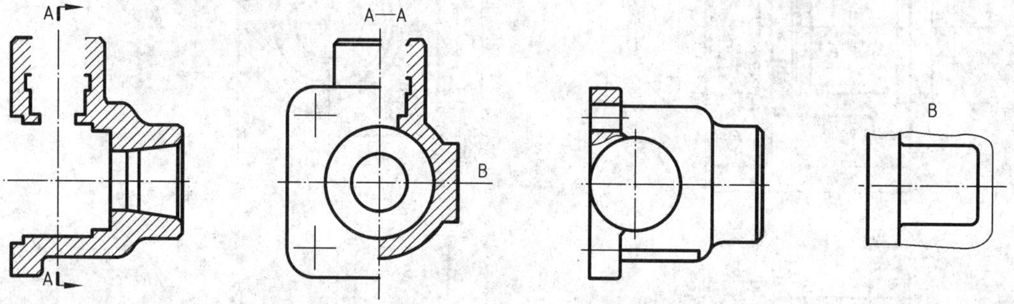

图 8－29　分离出来的阀体各视图

对于在装配图上未画出的工艺结构，如倒角、倒圆和砂轮越程槽、螺纹退刀槽等。在零件图上都应表达清楚。如图 8－27 所示。用同样方法，也可将其他零件分离出来。

2. 尺寸标准

由于装配图上给出的尺寸较少，而在零件图上则需注出零件各组成部分的全部尺寸，所以很多尺寸是在拆画零件图时才确定的，应注意以下几点：

(1) 装配图上的尺寸，除了某些外形尺寸和装配时要求通过调整来保证的尺寸(如间隙尺寸)等不能作为零件图的尺寸外，其他尺寸一般都能直接移注到零件图中去。

(2) 某些设计时计算的尺寸(如齿轮啮合的中心距)及查阅标准手册而确定的尺寸(如键槽等尺寸)，应按计算所得数据及查表值准确标注，不得圆整。

(3) 除上述尺寸外，零件的一般结构尺寸，可按比例从装配图上直接量取，并作适当圆整。

(4) 标注零件各表面粗糙度、形状公差及技术要求时，应结合零件各部分的功能、作用及要求，合理选择精度要求，同时还应使标注数据符合有关标准。阀体尺寸标注如图 8－27 所示。

3. 技术要求

零件各加工表面的粗糙度数值和其他技术要求，应根据零件的作用、装配关系和装配图上提出的有关要求来确定。

图 8－29 是从装配图中分离出来的阀体各视图。

附 录

一、螺纹及螺纹紧固件

附表 1-1　普通螺纹直径与螺距系列(GB/T193—2003)、基本尺寸(GB/T196—2003)摘编　(mm)

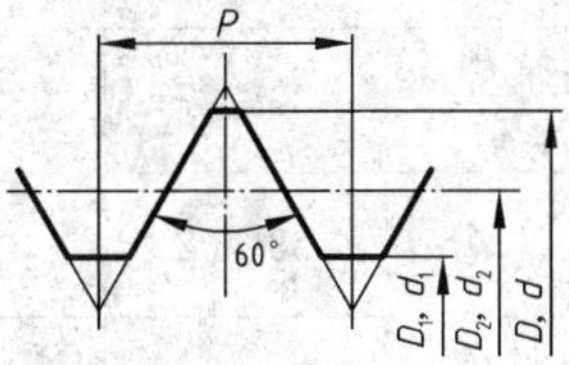

标 记 示 例

公称直径为 24 mm,螺距为 3 mm,右旋粗牙普通螺纹:M24

公称直径为 24 mm,螺距为 1.5 mm,左旋细牙普通螺纹:M24×1.5 LH

公称直径 D、d		螺距 P		粗牙中径 D_2、d_2	粗牙小径 D_1、d_1
第一系列	第二系列	粗牙	细牙		
3		0.5	0.35	2.675	2.459
	3.5	(0.6)		3.110	2.850
4		0.7	0.5	3.545	3.242
	4.5	(0.75)		4.013	3.688
5		0.8		4.480	4.134
6		1	0.75, (0.5)	5.350	4.917
8		1.25	1, 0.75, (0.5)	7.188	6.647
10		1.5	1.25, 1, 0.75, (0.5)	9.026	8.376
12		1.75	1.5, 1.25, 1, (0.75), (0.5)	10.863	10.106
	14	2	1.5, (1.25)*, 1, (0.75), (0.5)	12.701	11.835
16		2	1.5, 1, (0.75), (0.5)	14.701	13.835

续　表

公称直径 D、d		螺　距 P		粗牙中径 D_2、d_2	粗牙小径 D_1、d_1
第一系列	第二系列	粗　牙	细　　牙		
	18	2.5	2, 1.5, 1, (0.75), (0.5)	16.376	15.294
20		2.5		18.376	17.294
	22	2.5	2, 1.5, (0.75), (0.5)	20.376	19.294
24		3	2, 1, 5, 1, (0.75)	22.051	20.752
	27	3	2, 1.5, 1, (0.75)	25.051	23.752
30		3.5	(3), 2, 1.5, 1, (0.75)	27.727	26.211
	33	3.5	(3), 2, 1.5, (1), (0.75)	30.727	29.211
36		4	3, 2, 1.5, (1)	33.402	31.670
	39	4		36.402	34.670
42		4.5	(4), 3, 2, 1.5, (1)	39.077	37.129
	45	4.5		42.077	40.129
48		5		44.752	42.587
	52	5		48.752	46.587
56		5.5	4, 3, 2, 1.5, (1)	52.428	50.046
	60	5.5		56.428	54.046
64		6		60.103	57.505
	68	6		64.103	61.505

注:① 优先选用第一系列,括号内尺寸尽可能不用,第三系列未列入。

② * M14×1.25 仅用于火花塞。

附表 1-2　　梯形螺纹基本尺寸(GB/T5796.3—2005)摘编　　(mm)

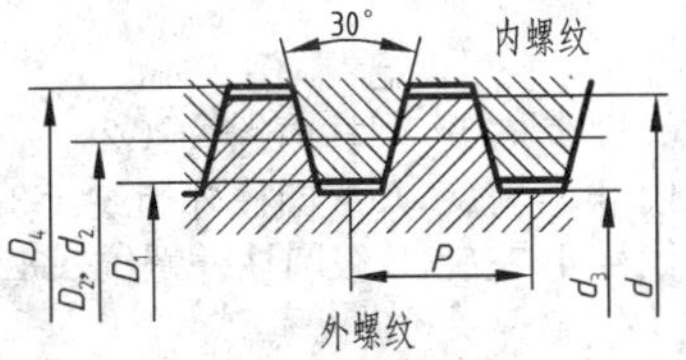

标 记 示 例

公称直径 28 mm、螺距 5 mm、中径公差带代号为 7H 的单线右旋梯形内螺纹：Tr28×5—7H

公径直径 28 mm、导程 10 mm、螺距 5 mm、中径公差带代号为 8e 的双线左旋梯形外螺纹：Tr28×10(P5)LH—8e

内外螺纹旋合所组成的螺纹副的标记为：Tr24×8—7H/8e

公称直径		螺距	中径	大径	小径	
第一系列	第二系列	P	$d_2=D_2$	D_4	d_3	D_1
8		1.5	7.25	8.30	6.20	6.50
	9	1.5	8.25	9.30	7.20	7.50
		2	8.00	9.50	6.50	7.00
10		1.5	9.25	10.30	8.20	8.50
		2	9.00	10.50	7.50	8.00
	11	2	10.00	11.50	8.50	9.00
		3	9.50	11.50	7.50	8.00
12		2	11.00	12.50	9.50	10.00
		3	10.50	12.50	8.50	9.00
	14	2	13.00	14.50	11.50	12.00
		3	12.50	14.50	10.50	11.00
16		2	15.00	16.50	13.50	14.00
		4	14.00	16.50	11.50	12.00
	18	2	17.00	18.50	15.50	16.00
		4	16.00	18.50	13.50	14.00
20		2	19.00	20.50	17.50	18.00
		4	18.00	20.50	15.50	16.00
	22	3	20.50	22.50	18.50	19.00
		5	19.50	22.50	16.50	17.00
		8	18.00	23.00	13.00	14.00
24		3	22.50	24.50	20.50	21.00
		5	21.50	24.50	18.50	19.00
		8	20.00	25.00	15.00	16.00

公称直径		螺距	中径	大径	小径	
第一系列	第二系列	P	$d_2=D_2$ D_1	D_4	d_3	D_1
	26	3	24.50	26.50	22.59	23.00
		5	23.50	26.50	20.50	21.00
		8	22.00	27.00	17.00	18.00
28		3	26.50	28.50	24.50	25.00
		5	25.50	28.50	22.50	23.00
		8	24.00	29.00	19.00	20.00
	30	3	28.50	30.50	26.50	27.00
		6	27.00	31.00	23.00	24.00
		10	25.00	31.00	19.00	20.00
32		3	30.50	32.50	28.50	29.00
		6	29.00	33.00	25.00	26.00
		10	27.00	33.00	21.00	22.00
	34	3	32.50	34.50	30.50	31.00
		6	31.00	35.00	27.00	28.00
		10	29.00	35.00	23.00	24.00
36		3	34.50	36.50	32.50	33.00
		6	33.00	37.00	29.00	30.00
		10	31.00	37.00	25.00	26.00
	38	3	36.50	38.50	34.50	35.00
		7	34.50	39.00	30.00	31.00
		10	33.00	39.00	27.00	28.00
40		3	38.50	40.50	36.50	37.00
		7	36.50	41.00	32.00	33.00
		10	35.00	41.00	29.00	30.00

附表 1-3　　55°非密封管螺纹(GB/T7307—2001)摘编　　(mm)

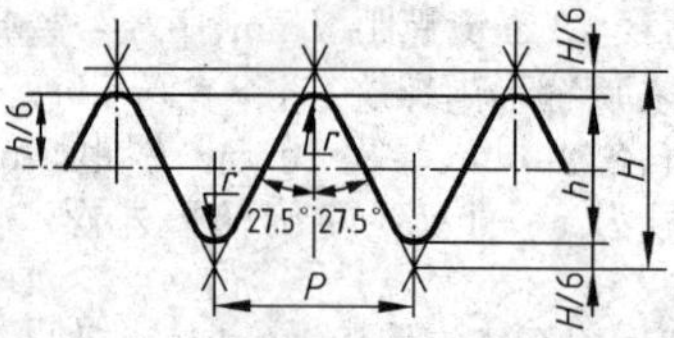

标记示例

尺寸代号 2,右旋,圆柱内螺纹:G2

尺寸代号 3,右旋,A 级圆柱外螺纹:G3A

尺寸代号 4,左旋,B 级圆柱外螺纹:G4B LH

尺寸代号	每 25.4 mm 内所含的牙数 n	螺距 P	牙高 h	基本直径		
				大径 $d=D$	中径 $d_2=D_2$	小径 $d_1=D_1$
1/16	28	0.907	0.581	7.723	7.142	6.561
1/8	28	0.907	0.581	9.728	9.147	8.566
1/4	19	1.337	0.856	13.157	12.301	11.445
3/8	19	1.337	0.856	16.662	15.806	14.950
1/2	14	1.814	1.162	20.955	19.793	18.631
3/4	11	1.814	1.162	26.441	25.279	24.117
1	11	2.309	1.479	33.249	31.770	30.291
1¼	11	2.309	1.479	41.910	40.431	38.952
1½	11	2.309	1.479	47.803	46.324	44.845
2	11	2.309	1.479	59.614	58.135	56.656
2½	11	2.309	1.479	75.184	73.705	72.226
3	11	2.309	1.479	87.884	86.405	84.926
4	11	2.309	1.479	113.030	111.551	110.072
5	11	2.309	1.479	138.430	136.951	135.472
6	11	2.309	1.479	163.830	162.351	160.872

附表 1-4　55°密封管螺纹　第 1 部分　圆柱内螺纹与圆锥外螺纹（GB/T7306.1—2000）
第 2 部分　圆锥内螺纹与圆锥外螺纹（GB/T7306.2—2000）　摘编　（mm）

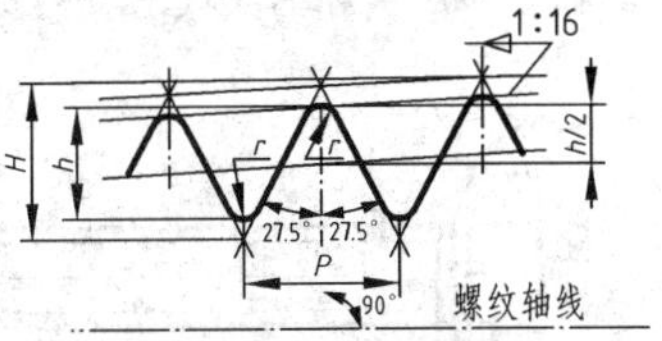

圆锥螺纹的设计牙型

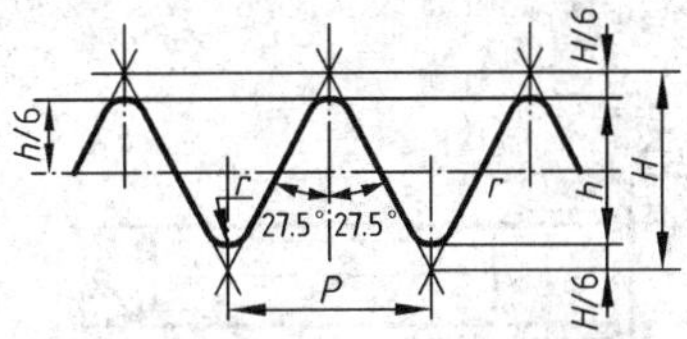

圆柱内螺纹的设计牙型

标记示例

GB/T7306.1—2000

尺寸代号 3/4，右旋，圆柱内螺纹：$R_P 3/4$

尺寸代号 3，右旋，圆锥外螺纹：$R_1 3$

尺寸代号 3/4，左旋，圆柱内螺纹：$R_P 3/4LH$

右旋圆锥外螺纹、圆柱内螺纹螺纹副：$P_R/R_1 3$

标记示例

GB/T7306.2—2000

尺寸代号 3/4，右旋，圆锥内螺纹：$R_c 3/4$

尺寸代号 3，右旋，圆锥外螺纹：$R_2 3$

尺寸代号 3/4，左旋，圆锥内螺纹：$R_c 3/4LH$

右旋圆锥内螺纹、圆锥外螺纹螺纹副：$R_c/R_2 3$

尺寸代号	每 25.4 m 内所含的牙数 n	螺距 P	牙高 h	基准平面内的基本直径			基准的基本距离	外螺纹的有效螺纹不小于
				大径（基准直径）$d = D$	中径 $d_2 = D_2$	小径 $d_1 = D_1$		
1/16	28	0.907	0.581	7.723	7.142	6.561	4	6.5
1/8	28	0.907	0.581	9.728	9.147	8.566	4	6.5
1/4	19	1.337	0.856	13.157	12.301	11.445	6	9.7
3/8	19	1.337	0.856	16.662	15.806	14.950	6.4	10.1
1/2	14	1.814	1.162	20.955	19.793	18.631	8.2	13.2
3/4	14	1.814	1.162	26.441	25.279	24.117	9.5	14.5
1	11	2.309	1.479	33.249	31.770	30.291	10.4	16.8
1¼	11	2.309	1.479	41.910	40.431	38.952	12.7	19.1
1½	11	2.309	1.479	47.803	46.324	44.845	12.7	19.1
2	11	2.309	1.479	59.614	58.135	56.656	15.9	23.4
2½	11	2.309	1.479	75.184	73.705	72.226	17.5	26.7
3	11	2.309	1.479	87.884	86.405	84.926	20.6	29.8
4	11	2.309	1.479	113.030	111.551	110.072	25.4	35.8
5	11	2.309	1.479	138.430	136.951	135.472	28.6	40.1
6	11	2.309	1.479	163.830	162.351	160.872	28.6	40.1

附表 1-5　　六角头螺栓(GB/T5782～5783—2000)摘编　　(mm)

六角头螺栓 A 级和 B 级(GB/T5782—2000)　　六角头螺栓　全螺纹　A 级和 B 级(GB/T5783—2000)

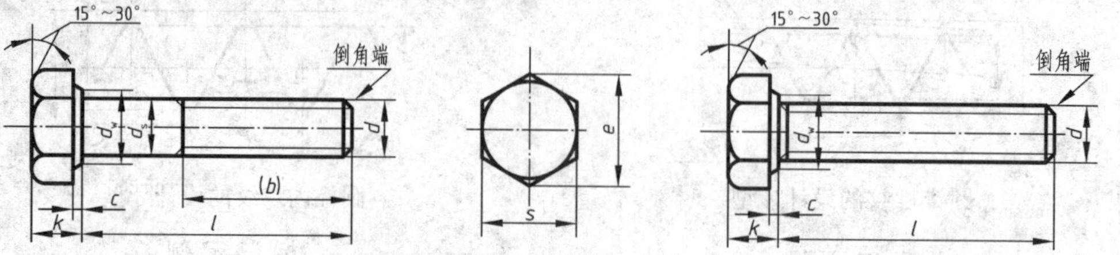

标 记 示 例

螺纹规格 d = M12、公称长度 l = 80 mm、性能等级为 8.8 级、表面氧化、产品等级为 A 级的六角头螺栓：螺栓 GB/T5782 M12×80

螺纹规格 d = M12、公称长度 l = 80 mm、性能等级为 8.8 级、表面氧化、全螺纹、产品等级为 A 级的六角头螺栓：螺栓 GB/T5783 M12×80

螺纹规格 d		M4	M5	M6	M8	M10	M12	M16	M20	M24	M30	M36	M42	M48
螺距 P		0.7	0.8	1	1.25	1.5	1.75	2	2.5	3	3.5	4	4.5	5
b 参考	$l \leqslant 125$	14	16	18	22	26	30	38	46	54	66	—	—	—
	$125 < l \leqslant 200$	20	22	24	28	32	36	44	52	60	72	84	96	108
	$l > 200$	33	35	37	41	45	49	57	65	73	85	97	109	121
c_{max}		0.4	0.5		0.6			0.8					1	
k		2.8	3.5	4	5.3	6.4	7.5	10	12.5	15	18.7	22.5	26	30
d_{smax}		4	5	6	8	10	12	16	20	24	30	36	42	48
s_{max}		7	8	10	13	16	18	24	30	36	46	55	65	75
e_{min}	A	7.66	8.79	11.05	14.38	17.77	20.03	26.75	33.53	39.98	—	—	—	—
	B	7.50	8.63	10.89	14.2	17.59	19.85	26.17	32.95	39.55	50.85	60.79	71.3	82.6
d_{wmin}	A	5.88	6.88	8.88	11.63	14.63	16.63	22.49	28.19	33.61	—	—	—	—
	B	5.74	6.74	8.74	11.47	14.47	16.47	22	27.7	33.25	42.75	51.11	59.95	69.4
l 范围	GB/T5782	25～40	25～50	30～60	40～80	45～100	50～120	65～160	80～200	90～240	110～300	140～360	160～440	180～480
	GB/T5783	8～40	10～50	12～60	16～80	20～100	25～120	30～150	40～150	50～150	60～200	70～200	80～200	90～200
l 系列	GB/T5782	25～65(5 进位)、70～160(10 进位)、180～480(20 进位)												
	GB/T5783	8、10、12、16、18、20～65(5 进位)、70～160(10 进位)、180、200												

注：① 末端按 GB/T2—1985 规定；
② 螺纹公差：6g。

附表 1-6　　双头螺柱(GB/T897～900—1988)摘编　　(mm)

$b_m = 1d$ (GB/T897—1988)　　$b_m = 1.5d$ (GB/T899—1988)

$b_m = 1.25d$ (GB/T898—1988)　　$b_m = 2d$ (GB/T900—1988)

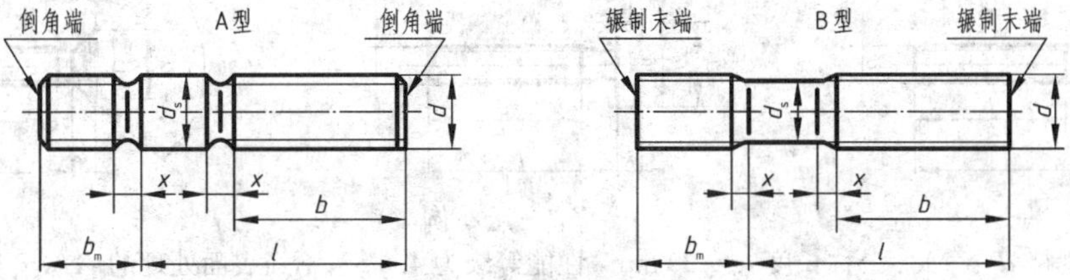

标　记　示　例

两端均为粗牙普通螺纹，$d = 10$ mm，$l = 50$ mm，性能等级为 4.8 级、B 型、$b_m = 1d$ 的双头螺柱：螺柱 GB/T 897M10×50

旋入机体一端为粗牙普通螺纹，旋螺母一端为螺距 $P = 1$ mm 的细牙普通螺纹，$d = 10$ mm，$l = 50$ mm，性能等级为 4.8 级、A 型、$b_m = 1d$ 的双头螺柱：螺柱 GB/T897 AM10-M10×1×50

螺纹规格 d		M4	M5	M6	M8	M10	M12	M16	M20	M24	M30	M36	M42	M48
b_m	GB/T897	—	5	6	8	10	12	16	20	24	30	36	42	48
	GB/T898	—	6	8	10	12	15	20	25	30	38	45	52	60
	GB/T899	6	8	10	12	15	18	24	30	36	45	54	65	72
	GB/T900	8	10	12	16	20	24	32	40	48	60	72	84	96
x		1.5P												
$\frac{l}{b}$		$\frac{16\sim22}{8}$	$\frac{16\sim22}{10}$	$\frac{20\sim22}{10}$	$\frac{20\sim22}{12}$	$\frac{25\sim28}{14}$	$\frac{25\sim30}{16}$	$\frac{30\sim38}{20}$	$\frac{35\sim40}{25}$	$\frac{45\sim50}{30}$	$\frac{60\sim65}{40}$	$\frac{65\sim75}{45}$	$\frac{70\sim80}{50}$	$\frac{80\sim90}{60}$
		$\frac{25\sim40}{14}$	$\frac{25\sim50}{16}$	$\frac{25\sim30}{14}$	$\frac{25\sim30}{16}$	$\frac{30\sim38}{16}$	$\frac{32\sim40}{20}$	$\frac{40\sim55}{30}$	$\frac{45\sim65}{35}$	$\frac{55\sim75}{45}$	$\frac{70\sim90}{50}$	$\frac{80\sim110}{60}$	$\frac{85\sim110}{70}$	$\frac{95\sim110}{80}$
				$\frac{32\sim75}{18}$	$\frac{32\sim90}{22}$	$\frac{40\sim120}{26}$	$\frac{45\sim120}{30}$	$\frac{60\sim120}{38}$	$\frac{70\sim120}{46}$	$\frac{80\sim120}{54}$	$\frac{95\sim120}{60}$	$\frac{120}{78}$	$\frac{120}{90}$	$\frac{120}{102}$
						$\frac{130}{32}$	$\frac{130\sim180}{36}$	$\frac{130\sim200}{44}$	$\frac{130\sim180}{52}$	$\frac{130\sim200}{60}$	$\frac{130\sim200}{72}$	$\frac{130\sim200}{84}$	$\frac{130\sim200}{96}$	$\frac{130\sim200}{108}$
											$\frac{210\sim250}{85}$	$\frac{210\sim300}{97}$	$\frac{210\sim300}{109}$	$\frac{210\sim300}{121}$
l 系列		16、(18)、20、(22)、25、(28)、30、(32)、35、(38)、40、45、50、(55)、60、(65)、70、(75)、80、(85)、90、(95)、100、110、120、130、140、150、160、170、180、190、200、210、220、230、240、250、260、280、300												

附表 1－7　　螺钉(GB/T65、67、68—2000)摘编　　(mm)

开槽圆柱头螺钉(GB/T65—2000)

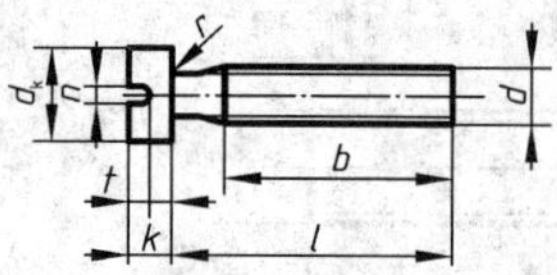

开槽盘头螺钉(GB/T67—2000)

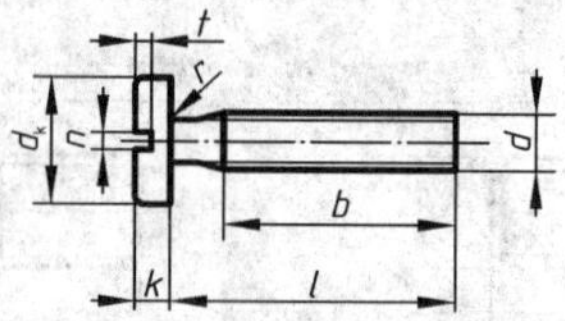

开槽沉头螺钉(GB/T68—2000)

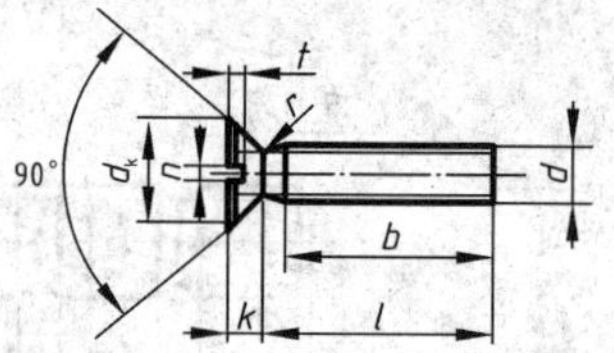

标 记 示 例

螺纹规格 d = M8、公称长度 l = 20 mm，性能等级为 4.8 级，不经表面处理的 A 级开槽圆柱头螺钉：螺钉 GB/T65 M8×20

螺纹规格 d		M2	M2.5	M3	M4	M5	M6	M8	M10
GB/T65—2000	d_k	3.8	4.5	5.5	7	8.5	10	13	16
	k	1.4	1.8	2.0	2.6	3.3	3.9	5	6
	t_{min}	0.5	0.6	0.7	1	1.2	1.4	1.9	2.4
	r_{min}	0.1	0.1	0.1	0.2	0.2	0.25	0.4	0.4
	l	3～25	3～25	4～30	5～40	6～50	8～60	10～80	12～80
	全螺纹时最大长度	30	30	30	40	40	40	40	40
GB/T67—2000	d_k	4	5	5.6	8	9.5	12	16	20
	k	1.3	1.5	1.8	2.4	3	3.6	4.8	6
	t_{min}	0.5	0.6	0.7	1	1.2	1.4	1.9	2.4
	r_{min}	0.1	0.1	0.1	0.2	0.2	0.25	0.4	0.4
	l	3～20	3～25	4～30	5～40	6～50	8～60	10～80	12～80
	全螺纹时最大长度	30	30	30	40	40	40	40	40
GB/T68—2000	d_k	3.8	4.7	5.5	8.4	9.3	11.3	15.8	18.3
	k	1.2	1.5	1.65	2.7	2.7	3.3	4.65	5
	t_{min}	0.6	0.75	0.85	1.3	1.4	1.6	2.3	2.6
	r_{min}	0.5	0.6	0.8	1	1.3	1.5	2	2.5
	l	3～20	4～25	5～30	6～40	8～50	8～60	10～80	12～80
	全螺纹时最大长度	30	30	30	45	45	45	45	45
n		0.5	0.6	0.8	1.2	1.2	1.6	2	2.5
b		25			38				
l(系列)		2.5、3、4、5、6、8、10、12、(14)、16、20、25、30、35、40、45、50、(55)、60、(65)、70、(75)、80							

附表 1－8　　六角螺母(GB/T6170－2000，GB/T41—2000)摘编　　(mm)

Ⅰ形六角螺母 A 和 B 级(GB/T6170—2000)　　六角螺母 C 级(GB/T41—2000)

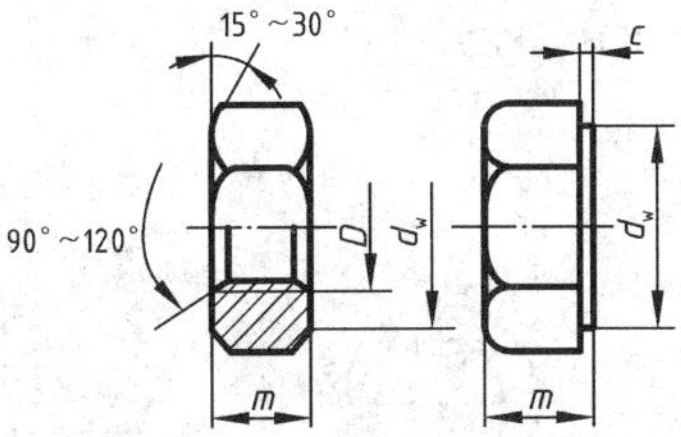

A和B级

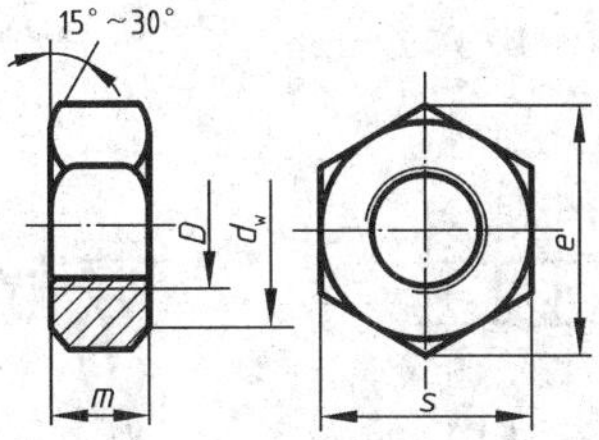

C级

标　记　示　例

螺纹规格 D＝M12、性能等级为 8 级、不经表面处理、产品等级为 A 级的Ⅰ型六角螺母：螺母 GB/T 6170 M12

螺纹规格 D＝M12、性能等级为 5 级、不经表面处理、产品等级为 C 级的六角螺母：螺母 GB/T41

螺纹规格 D		M4	M5	M6	M8	M10	M12	M16	M20	M24	M30	M36	M42	M48
螺距 P		0.7	0.8	1	1.25	1.5	1.75	2	2.5	3	3.5	4	4.5	5
c_{max}		0.4	0.5		0.6			0.8					1	
s_{max}		7	8	10	13	16	18	24	30	36	46	55	65	75
e_{min}	GB/T 6170	7.66	8.79	11.05	14.38	17.77	20.03	26.75	32.95	39.55	50.85	60.79	71.3	82.6
	GB/T41	—	8.63	10.89	14.2	17.59	19.85	26.17	32.95	39.55	50.85	60.79	71.3	82.6
m_{max}	GB/T 6170	3.2	4.7	5.2	6.8	8.4	10.8	14.8	18	21.5	25.6	31	34	38
	GB/T41	—	5.6	6.4	7.9	9.5	12.2	15.9	19	22.3	26.4	31.9	34.9	38.9
d_{wmin}	GB/T 6170	5.9	6.9	8.9	11.6	14.6	16.6	22.5	27.7	33.3	42.8	51.1	60	69.5
	GB/T41	—	6.7	8.7	11.5	14.5	16.5	22	27.7	33.3	42.8	51.1	60	69.5

注：① A 级用于 $D \leqslant 16$ 的螺母；B 级用于 $D > 16$ 的螺母；C 级用于 M5～M64 的螺母；

② 螺纹规格为 M8～M64、细牙、A 级和 B 级的Ⅰ型六角螺母，请查阅 GB/T6171—2000。

附表 1-9　　**垫圈**　　(mm)

小垫圈(GB/T848—1985)　平垫圈 A 级(GB/97.1—2002)　平垫圈倒角型 A 级 (GB/T97.2—2002)
标准型弹簧垫圈(GB/T93—1987)　　轻型弹簧垫圈(GB/T859—1987)

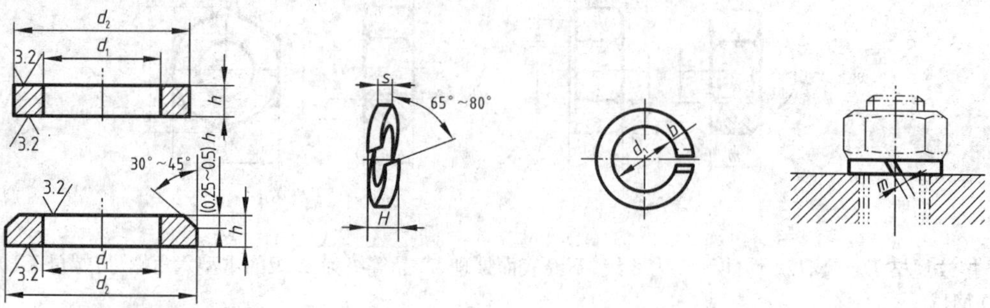

标 记 示 例

标准系列,规格 8 mm,性能等级为 140 HV 级、不经表面处理的平垫圈:垫圈 GB/T97.1 8

规格 16 mm,材料为 65 Mn、表面氧化的标准型弹簧垫圈:垫圈 GB/T93 16

规格尺寸 *d*（螺纹大径）		3	4	5	6	8	10	12	16	20	24	30	36
GB/T848—1985	d_1	3.2	4.3	5.3	6.4	8.4	10.5	13	17	21	25	31	37
	d_2	6	8	9	11	15	18	20	28	34	39	50	60
	h	0.5	0.5	1	1.6	1.6	1.6	2	2.5	3	4	4	5
GB/T97.1—2002	d_1	3.2	4.3	5.3	6.4	8.4	10.5	13	17	21	25	31	37
	d_2	7	9	10	12	16	20	24	30	37	44	56	66
	h	0.5	0.8	1	1.6	1.6	2	2.5	3	3	4	4	5
GB/T97.2—2002	d_1	3.2	4.3	5.3	6.4	8.4	10.5	13	17	21	25	31	37
	d_2	—	—	10	12	16	20	24	30	37	44	56	66
	h	—	—	1	1.6	1.6	2	2.5	3	3	4	4	5
GB/T93—1987	d_1	3.1	4.1	5.1	6.1	8.1	10.2	12.2	16.2	20.2	24.5	30.5	36.5
	s	0.8	1.1	1.3	1.6	2.1	2.6	3.1	4.1	5	6	7.5	9
	H	1.6	2.2	2.6	3.2	4.2	5.2	6.2	8.2	10	12	15	18
GB/T859—1987	d_1	3.1	4.1	5.1	6.1	8.1	10.2	12.2	16.2	20.2	24.5	30.5	—
	s	0.6	0.8	1.1	1.3	1.6	2	2.5	3.2	4	5	6	—
	H	1.2	1.6	2.2	2.6	3.2	4	5	6.4	8	10	12	—

二、键与销

附表 2-1　　普通平键键槽的尺寸与公差(GB/T1095—2003)摘编　　(mm)

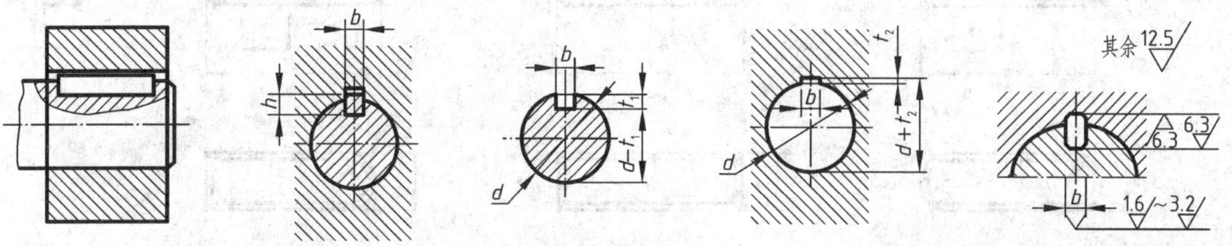

注:在工作图中,轴槽深用($d-t_1$)或 t_2 标注,轮毂槽深度用($d+t_1$)标注

<table>
<tr><th>轴</th><th>键</th><th colspan="12">键槽</th></tr>
<tr><th rowspan="4">公称直径 d</th><th rowspan="4">公称尺寸 b×h</th><th colspan="6">宽度 b</th><th colspan="4">深度</th><th colspan="2" rowspan="3">半径 r</th></tr>
<tr><th rowspan="2">公称</th><th colspan="5">极限偏差</th><th colspan="2">轴 t1</th><th colspan="2">轴 t2</th></tr>
<tr><th colspan="2">正常联接</th><th>紧密联接</th><th colspan="2">松联接</th><th>基本</th><th>极限</th><th>基本</th><th>极限</th></tr>
<tr><th>尺寸</th><th>轴 N9</th><th>毂 JS9</th><th>轴和毂 P9</th><th>轴 H9</th><th>毂 D10</th><th>尺寸</th><th>偏差</th><th>尺寸</th><th>偏差</th><th>min</th><th>max</th></tr>
<tr><td>自 6~8</td><td>2×2</td><td>2</td><td rowspan="2">−0.004
−0.029</td><td rowspan="2">±0.0125</td><td rowspan="2">−0.006
−0.031</td><td rowspan="2">+0.025
0</td><td rowspan="2">+0.060
+0.020</td><td>1.2</td><td rowspan="5">+0.10</td><td>1</td><td rowspan="5">+0.10</td><td rowspan="3">0.08</td><td rowspan="3">0.16</td></tr>
<tr><td>>8~10</td><td>3×3</td><td>3</td><td>1.8</td><td>1.4</td></tr>
<tr><td>>10~12</td><td>4×4</td><td>4</td><td rowspan="3">0
−0.030</td><td rowspan="3">±0.015</td><td rowspan="3">−0.012
−0.042</td><td rowspan="3">+0.030
0</td><td rowspan="3">+0.078
+0.030</td><td>2.5</td><td>1.8</td></tr>
<tr><td>>12~17</td><td>5×5</td><td>5</td><td>3.0</td><td>2.3</td><td rowspan="3">0.16</td><td rowspan="3">0.25</td></tr>
<tr><td>>17~22</td><td>6×6</td><td>6</td><td>3.5</td><td>2.8</td></tr>
<tr><td>>22~30</td><td>8×7</td><td>8</td><td rowspan="2">0
−0.036</td><td rowspan="2">±0.018</td><td rowspan="2">−0.015
−0.051</td><td rowspan="2">+0.036
0</td><td rowspan="2">+0.098
+0.040</td><td>4.0</td><td rowspan="10">+0.20</td><td>3.3</td><td rowspan="10">+0.20</td></tr>
<tr><td>>30~38</td><td>10×8</td><td>10</td><td>5.0</td><td>3.3</td><td rowspan="5">0.25</td><td rowspan="5">0.40</td></tr>
<tr><td>>38~44</td><td>12×8</td><td>12</td><td rowspan="4">0
−0.043</td><td rowspan="4">±0.0215</td><td rowspan="4">−0.018
−0.061</td><td rowspan="4">+0.043
0</td><td rowspan="4">+0.120
+0.050</td><td>5.0</td><td>3.3</td></tr>
<tr><td>>44~50</td><td>14×9</td><td>14</td><td>5.5</td><td>3.8</td></tr>
<tr><td>>50~58</td><td>16×10</td><td>16</td><td>6.0</td><td>4.3</td></tr>
<tr><td>>58~65</td><td>18×11</td><td>18</td><td>7.0</td><td>4.4</td></tr>
<tr><td>>65~75</td><td>20×12</td><td>20</td><td rowspan="4">0
−0.052</td><td rowspan="4">±0.026</td><td rowspan="4">−0.022
−0.074</td><td rowspan="4">+0.052
0</td><td rowspan="4">+0.149
+0.065</td><td>7.5</td><td>4.9</td><td rowspan="5">0.40</td><td rowspan="5">0.60</td></tr>
<tr><td>>75~85</td><td>22×14</td><td>22</td><td>9.0</td><td>5.4</td></tr>
<tr><td>>85~95</td><td>25×14</td><td>25</td><td>9.0</td><td>5.4</td></tr>
<tr><td>>95~110</td><td>28×16</td><td>28</td><td>10.0</td><td>6.4</td></tr>
<tr><td>>110~130</td><td>32×18</td><td>32</td><td rowspan="4">0
−0.062</td><td rowspan="4">±0.031</td><td rowspan="4">−0.026
−0.088</td><td rowspan="4">+0.062
0</td><td rowspan="4">+0.180
+0.080</td><td>11.0</td><td rowspan="4">+0.30</td><td>7.4</td><td rowspan="4">+0.30</td></tr>
<tr><td>>130~150</td><td>36×20</td><td>36</td><td>12.0</td><td>8.4</td><td rowspan="3">+0.70</td><td rowspan="3">1.0</td></tr>
<tr><td>>150~170</td><td>40×22</td><td>40</td><td>13.0</td><td>9.4</td></tr>
<tr><td>>170~200</td><td>45×25</td><td>45</td><td>15.0</td><td>10.4</td></tr>
</table>

注:① $d-t_1$ 和 $d+t_2$ 两组组合尺寸的极限偏差按相应的 t_1 和 t_2 的极限偏差选取,但($d-t_1$)极限偏差应取负号(—)。

② 轴的直径不在本标准所列,仅供参考。

附表 2-2　　普通平键的尺寸与公差(GB/T1096—2003)摘编　　(mm)

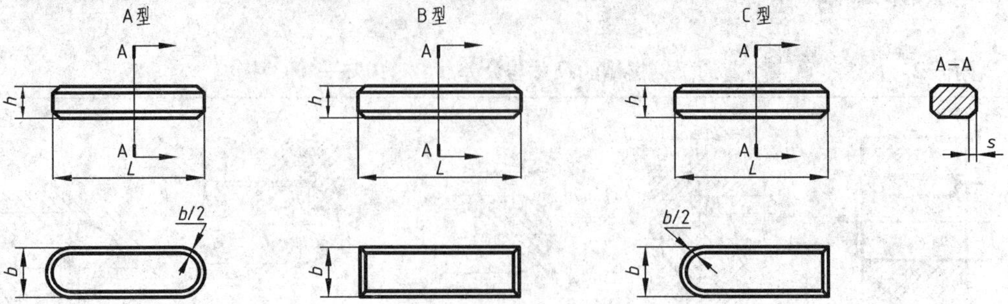

标 记 示 例

宽度 $b=16$ mm、高度 $h=10$ mm、长度 $L=100$ mm 普通 A 型平键:GB/T1096　键 16×10×100

宽度 $b=16$ mm、高度 $h=10$ mm、长度 $L=100$ mm 普通 B 型平键:GB/T1096　键 B16×10×100

宽度 $b=16$ mm、高度 $h=10$ mm、长度 $L=100$ mm 普通 C 型平键:GB/T1096　键 C16×10×100

宽度 b	基本尺寸	2	3	4	5	6	8	10	12	14	16	18	20	22
宽度 b	极限偏差(h8)	0 −0.014		0 −0.018			0 −0.022		0 −0.027				0 −0.033	
高度 h	基本尺寸	2	3	4	5	6	7	8	8	9	10	11	12	14
高度 h	极限偏差 矩形(h11)	—		—			0 −0.090					0 −0.110		
高度 h	极限偏差 方形(h8)	0 −0.014		0 −0.018			—					—		
倒角或倒圆 s		0.16～0.25			0.25～0.40			0.40～0.60					0.60～0.80	
长度 L 基本尺寸	极限偏差(h14)													
6	0 −0.36			—	—	—	—	—	—	—	—	—	—	—
8					—	—	—	—	—	—	—	—	—	—
10						—	—	—	—	—	—	—	—	—
12	0 −0.48					—	—	—	—	—	—	—	—	—
14							—	—	—	—	—	—	—	—
16							—	—	—	—	—	—	—	—
18								—	—	—	—	—	—	—
20	0 −0.52							—	—	—	—	—	—	—
22		—			标准				—	—	—	—	—	—
25		—							—	—	—	—	—	—
28		—								—	—	—	—	—
32	0 −0.62	—								—	—	—	—	—
36		—									—	—	—	—
40		—	—								—	—	—	—
45		—	—					长度				—	—	—
50		—	—	—									—	—

续 表

56	0 −0.74	—	—	—										—
63		—	—	—	—									
70		—	—	—	—									
80		—	—	—	—	—								
90	0 −0.87	—	—	—	—	—					范围			
100		—	—	—	—	—	—							
110		—	—	—	—	—	—							
125	0 −1.00	—	—	—	—	—	—	—						
140		—	—	—	—	—	—	—						
160		—	—	—	—	—	—	—	—					
180		—	—	—	—	—	—	—	—	—				
200	0 −1.15	—	—	—	—	—	—	—	—	—	—			
220		—	—	—	—	—	—	—	—	—	—	—		
250		—	—	—	—	—	—	—	—	—	—	—	—	

附表 2-3　　圆锥销(GB/T117—2000)摘编　　(mm)

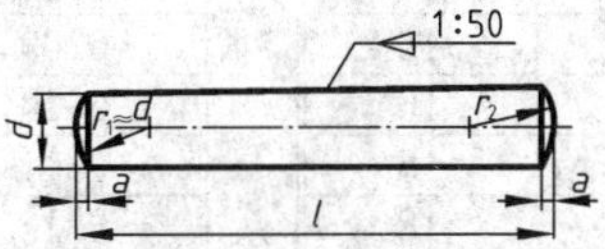

标记示例

公称直径 $d=6$ mm、公称长度 $l=30$ mm、材料为 35 钢、热处理硬度 28～30HRC、表面氧化处理的 A 型圆锥销:销 GB/T117 6×30

d(h10)	2	2.5	3	4	5	6	8	10	12	16	20	25
a≈	0.25	0.3	0.4	0.5	0.63	0.8	1.0	1.2	1.6	2.0	2.5	3.0
l 范围	10～35	10～35	12～45	14～55	18～60	22～90	22～120	26～160	32～180	40～200	45～200	50～200
l 系列	2、3、4、5、6～32(2 进位)、35～100(5 进位)、120～200(20 进位)											

附表 2-4　　圆柱销(GB/T119.1—2000)摘编　　(mm)

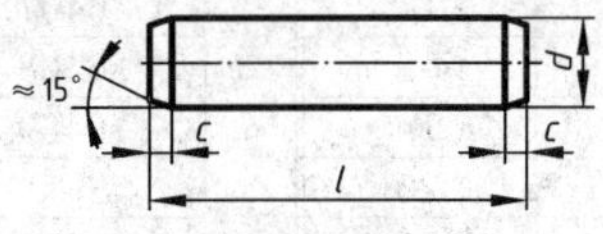

标记示例

公称直径 $d=6$ mm、公差为 m6、公称长度 $l=30$ mm、材料为钢、不经淬火、不经表面处理的圆柱销:销 GB/T119.1 6m6×30

d 公称	2	2.5	3	4	5	6	8	10	12	16	20	25
c≈	0.35	0.40	0.5	0.63	0.8	1.2	1.6	2.0	2.5	3.0	3.5	4.0
l 范围	6～20	6～24	8～30	8～40	10～50	12～60	14～80	18～95	22～140	26～180	35～200	50～200
l 系列	2、3、4、5、6～32(2 进位)、35～100(5 进位)、120～200(20 进位)											

三、滚动轴承

附表 3-1　　深沟球轴承(GB/T276—1994)摘编　　(mm)

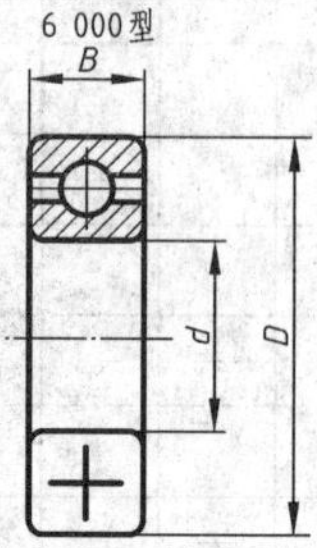

标记示例

尺寸代号为(0)2、内径代号为06的深沟球轴承:滚动轴承 6206 GB/T276—1994

系列	轴承代号	外形尺寸 d	外形尺寸 D	外形尺寸 B	系列	轴承代号	外形尺寸 d	外形尺寸 D	外形尺寸 B
	6004	20	42	12		6304	20	52	15
	6005	25	47	12		6305	25	62	17
	6006	30	55	13		6306	30	72	19
	6007	35	62	14		6307	35	80	21
	6008	40	68	15		6308	40	90	23
	6009	45	75	16		6309	45	100	25
	6010	50	80	16		6310	50	110	27
10系列	6011	55	90	18	03系列	6311	55	120	29
	6012	60	95	18		6312	60	130	31
	6013	65	100	18		6313	65	140	33
	6014	70	110	20		6314	70	150	35
	6015	75	115	20		6315	75	160	37
	6016	80	125	22		6316	80	170	39
	6017	85	130	22		6317	85	180	41
	6018	90	140	24		6318	90	190	43
	6019	95	145	24		6319	95	200	45
	6020	100	150	24		6320	100	215	47
	6204	20	47	14		6404	20	72	19
	6205	25	52	15		6405	25	80	21
	6206	30	62	16		6406	30	90	23
	6207	35	72	17		6407	35	100	25
	6208	40	80	18		6408	40	110	27
	6209	45	85	19		6409	45	120	29
	6210	50	90	20		610	50	130	31
02系列	6211	55	100	21	04系列	6411	55	140	33
	6212	60	110	22		6412	60	150	35
	6213	65	120	23		6413	65	160	37
	6214	70	125	24		6414	70	180	42
	6215	75	130	25		6415	75	190	45
	6216	80	140	26		6416	80	200	48
	6217	85	150	28		6417	85	210	52
	6218	90	160	30		6418	90	225	54
	6219	95	170	32		6419	95	240	55
	6220	100	180	34		6420	100	250	58

附表 3-2　　圆锥滚子轴承(GB/T297—1994)摘编　　(mm)

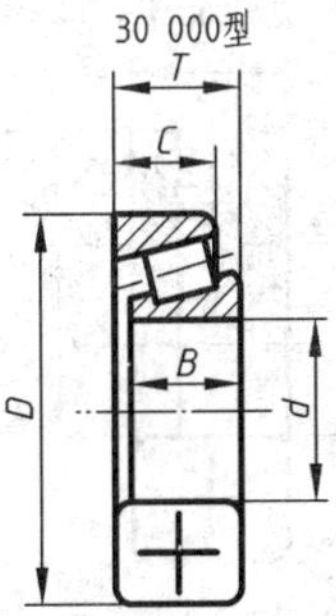

标记示例

尺寸系列代号为 03、内径代号为 12 的圆锥滚子轴承:滚动轴承 30312 GB/T297—1994

轴承代号		外形尺寸					轴承代号		外形尺寸				
		d	*D*	*T*	*B*	*C*			*d*	*D*	*T*	*B*	*C*
02系列	30204	20	47	15.25	14	12	22系列	32204	20	47	19.25	18	15
	30205	25	52	16.25	15	13		32205	25	52	19.25	18	16
	30206	30	62	17.25	16	14		32206	30	62	21.25	20	17
	30207	35	72	18.25	17	15		32207	35	72	24.25	23	19
	30208	40	80	19.75	18	16		32208	40	80	24.75	23	19
	30209	45	85	20.75	19	16		32209	45	85	24.75	23	19
	30210	50	90	21.75	20	17		32210	50	90	24.75	23	19
	30211	55	100	22.75	21	18		32211	55	100	26.75	25	21
	30212	60	110	23.75	22	19		32212	60	110	29.75	28	24
	30213	65	120	24.75	23	20		32213	65	120	32.75	31	27
	30214	70	125	26.25	24	21		32214	70	125	33.25	31	27
	30215	75	130	27.25	25	22		32215	75	130	33.25	31	27
	30216	80	140	28.25	26	22		32216	80	140	35.25	33	28
	30217	85	150	30.50	28	24		32217	85	150	38.50	36	30
	30218	90	160	32.50	30	26		32218	90	160	42.50	40	34
	30219	95	170	34.50	32	27		32219	95	170	45.50	43	37
	30220	100	180	37	34	29		32220	100	180	49	46	39
03系列	30304	20	52	16.25	15	13	23系列	32304	20	52	22.25	21	18
	30305	25	62	18.25	17	15		32305	25	62	25.25	24	20
	30306	30	72	20.75	19	16		32306	30	72	28.75	27	23
	30307	35	80	22.75	21	18		32307	35	80	32.75	31	25
	30308	40	90	25.25	23	20		32308	40	90	35.25	33	27
	30309	45	100	27.25	25	22		32309	45	100	38.25	36	30
	30310	50	110	29.25	27	23		32310	50	110	42.25	40	33
	30311	55	120	31.50	29	25		32311	55	120	45.50	43	35
	30312	60	130	33.50	31	26		32312	60	130	48.50	46	37
	30313	65	140	36	33	28		32313	65	140	51	48	39
	30314	70	150	38	35	30		32314	70	150	54	51	42
	30315	75	160	40	37	31		32315	75	160	58	55	45
	30316	80	170	42.50	39	33		32316	80	170	61.50	58	48
	30317	85	180	44.50	41	34		32317	85	180	63.50	60	49
	30318	90	190	46.50	43	36		32318	90	190	67.50	64	53
	30319	95	200	49.50	45	38		32319	95	200	71.50	67	55
	30320	100	215	51.50	47	39		32320	100	215	77.50	73	60

附表 3-3　　推力球轴承(GB/T301—1995)摘编　　(mm)

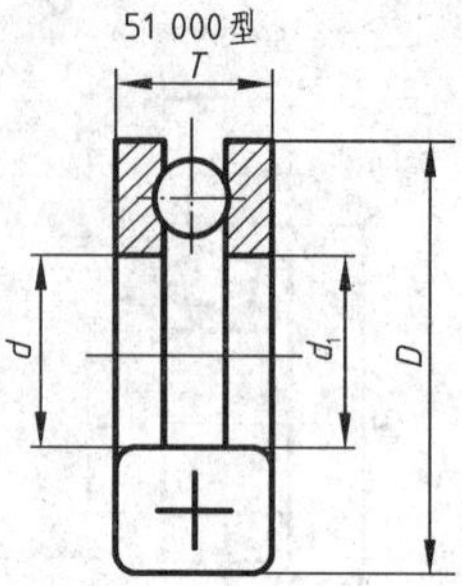

标 记 示 例

尺寸系列代号为 13、内径代号为 10 的推力球轴承:滚动轴承 51310 GB/T301—1995

轴承代号		外形尺寸				轴承代号		外形尺寸			
		d	*D*	*T*	d_{1min}			*d*	*D*	*T*	d_{1min}
11系列	51104	20	35	10	21	13系列	51304	20	47	18	22
	51105	25	42	11	26		51305	25	52	18	27
	51106	30	47	11	32		51306	30	60	21	32
	51107	35	52	12	37		51307	35	68	24	37
	51108	40	60	13	42		51308	40	78	26	42
	51109	45	65	14	47		51309	45	85	28	47
	51110	50	70	14	52		51310	50	95	31	52
	51111	55	78	16	57		51311	55	105	35	57
	51112	60	85	17	62		51312	60	110	35	62
	51113	65	90	18	67		51313	65	115	36	67
	51114	70	95	18	72		51314	70	125	40	72
	51115	75	100	19	77		51315	75	135	44	77
	51116	80	105	19	82		51316	80	140	44	82
	51117	85	110	19	87		51317	85	150	49	88
	51118	90	120	22	92		51318	90	155	50	93
	51120	100	135	25	102		51320	100	170	55	103
12系列	51204	20	40	14	22	14系列	51405	25	60	24	27
	51205	25	47	15	27		51406	30	70	28	32
	51206	30	52	16	32		51407	35	80	32	37
	51207	35	62	18	37		51408	40	90	36	42
	51208	40	68	19	42		51409	45	100	39	47
	51209	45	73	20	47		51410	50	110	43	52
	51210	50	78	22	52		51411	55	120	48	57
	51211	55	90	25	57		51412	60	130	51	62
	51212	60	95	26	62		51413	65	140	56	68
	51213	65	100	27	67		51414	70	150	60	73
	51214	70	105	27	72		51415	75	160	65	78
	51215	75	110	27	77		51416	80	170	68	83
	51216	80	115	28	82		51417	85	180	72	88
	51217	85	125	31	88		51418	90	190	77	93
	51218	90	135	35	93		51420	100	210	85	103
	51220	100	150	38	103		51422	110	230	95	113

四、轴的基本偏差数值

附表 4－1　　轴的基本偏差数值(摘自 GB/T1800. 3—1998)

基本尺寸/mm		基本偏差数值																														
		上偏差 es												下偏差 ei																		
		所有标准公差等级												IT5和IT6	IT7	IT8	IT4至IT7	≤IT3 >IT7	所有标准公差等级													
大于	至	a	b	c	cd	d	e	ef	f	fg	g	h	js	j			k		m	n	P	r	s	t	u	v	x	y	z	za	zb	zc
—	3	−270	−140	−60	−34	−20	−14	−10	−6	−4	−2	0	偏差=±$\frac{IT_n}{2}$，式中IT_n是IT数值	−2	−4	−6	0	0	+2	+4	+6	+10	+14		+18		+20		+26	+32	40	+60
3	6	−270	−140	−70	−46	−30	−20	−14	−10	−6	−4	0		−2	−4		+1	0	+4	+8	+12	+15	+19		+23		+28		+35	+42	+50	+80
6	10	−280	−150	−80	−56	−40	−25	−18	−13	−8	−5	0		−2	−5		+1	0	+6	+10	+15	+19	+23		+28		+34		+42	+52	+67	+97
10	14	−290	−150	−95		−50	−32		−16		−6	0		−3	−6		+1	0	+7	+12	+18	+23	+28		+33		+40		+50	+64	+90	+130
14	18																									+39	+45		+60	+77	+180	+150
18	24	−300	−160	−110		−65	−40		−20		−7	0		−4	−8		+2	0	+8	+15	+22	+28	+35		+41	+47	+54	+63	+73	+98	+136	+188
24	30																							+41	+48	+55	+64	+75	+88	+118	+160	+218
30	40	−310	−170	−120		−80	−50		−25		−9	0		−5	−10		+2	0	+9	+17	+26	+34	+43	+48	+60	+68	+80	+94	+112	+148	+200	+274
40	50	−320	−180	−130																				+54	+70	+81	+97	+114	+136	+180	+242	+325
50	65	−340	−190	−140		−100	−60		−30		−10	0		−7	−12		+2	0	+11	+20	+32	+41	+53	+66	+87	+102	+122	+144	+172	+226	+300	+405
65	80	−360	−200	−150																		+43	+59	+75	+102	+120	+146	+174	+210	+274	+360	+480
80	100	−380	−220	−170		−120	−72		−36		−12	0		−9	−15		+3	0	+13	+23	+37	+51	+71	+91	+124	+146	+178	+214	+258	+335	+445	+585
100	120	−410	−240	−180																		+54	+79	+104	+144	+172	+210	+254	+310	+400	+525	+690
120	140	−460	−260	−200		−145	−85		−43		−14	0		−11	−18		+3	0	+15	+27	+43	+63	+92	+122	+170	+202	+248	+300	+365	+470	+620	+800
140	160	−520	−280	−210																		+65	+100	+134	+190	+228	+280	+340	+415	+535	+700	+900
160	180	−580	−310	−230																		+68	+108	+146	+210	+252	+310	+380	+465	+600	+780	+1 000
180	200	−660	−340	−240		−170	−100		−50		−15	0		−13	−21		+4	0	+17	+31	+50	+77	+122	+166	+236	+284	+350	+425	+520	+670	+880	+1 150
200	225	−740	−380	−260																		+80	+130	+180	+258	+310	+385	+470	+575	+740	+960	+1 250
225	250	−820	−420	−280																		+84	+140	+196	+284	+340	+425	+520	+640	+820	+1 050	+1 350
250	280	−920	−480	−300		−190	−110		−56		−17	0		−16	−26		+4	0	+20	+34	+56	+94	+158	+218	+315	+385	+475	+580	+710	+920	+1 200	+1 550
280	315	−1 050	−540	−330																		+98	+170	+240	+350	+425	+525	+650	+790	+1 000	+1 300	+1 700

续 表

基本尺寸/mm		基本偏差数值																														
		上偏差 es												下偏差 ei																		
		所有标准公差等级												IT5和IT6	IT7	IT8	IT4至IT7	≤IT3 >IT7	所有标准公差等级													
大于	至	a	b	c	cd	d	e	ef	f	fg	g	h	js	j			k		m	n	P	r	s	t	u	v	x	y	z	za	zb	zc
315	355	−1 200	−600	−360		−210	−125		−62		−18	0		−18	−28		+4	0	+21	+37	+62	+108	+190	+268	+390	+475	+590	+730	+900	+1 150	+1 500	+1 900
355	400	−1 350	−680	−400																		+114	+208	+294	+435	+530	+660	+820	+1 000	+1 300	+1 650	+2 100
400	450	−1 500	−760	−440		−230	−135		−68		−20	0		−20	−32		+5	0	+23	+40	+68	+126	+232	+330	+490	+595	+740	+920	+1 100	+1 450	+1 850	+2 400
450	500	−1 650	−840	−480																		+132	+252	+360	+540	+660	+820	+1 000	+1 250	+1 600	+2 100	+2 600
500	560					−260	−145		−76		−22	0					0	0	+26	+44	+78	+150	+280	+400	+600							
560	630																					+155	+310	+450	+660							
630	710					−290	−160		−80		−24	0					0	0	+30	+50	+88	+175	+340	+500	+740							
710	800																					+185	+380	+560	+840							
800	900					−320	−170		−86		−26	0					0	0	+34	+56	+100	+210	+430	+620	+940							
900	1 000																					+220	+470	+680	+1 050							
1 000	1 120					−350	−195		−98		−28	0					0	0	+40	+66	+120	+250	+520	+780	+1 150							
1 120	1 250																					+260	+580	+840	+1 300							
1 250	1 400					−390	−220		−110		−30	0					0	0	+48	+78	+140	+300	+640	+960	+1 450							
1 400	1 600																					+330	+720	+1 050	+1 600							
1 600	1 800					−430	−240		−120		−32	0					0	0	+58	+92	+170	+370	+820	+1 200	+1 850							
1 800	2 000																					+400	+920	+1 350	+2 000							
2 000	2 240					−480	−260		−130		−34	0					0	0	+68	+110	+195	+440	+1 000	+1 500	+2 300							
2 240	2 500																					+460	+1 100	+1 650	+2 500							
2 500	2 800					−520	−290		−145		−38	0					0	0	+76	+135	+240	+550	+1 250	+1 900	+2 900							
2 800	3 150																					+580	+1 400	+2 100	+3 200							

注:① 基本尺寸小于或等于 1 mm 时,基本偏差 a 和 b 均不采用;② 公差带 js7 至 js11,若 ITn 数值是奇数,则取偏差=±IT(n−1)/2。

五、孔的基本偏差数值

附表 5 - 1　　孔的基本偏差数值(摘自 GB/T1800. 3—1998)

基本尺寸/mm		基本偏差数值																					
		下偏差 EI												上偏差 ES									
		所有标准公差等级												IT6	IT7	IT8	≤IT8	>IT8	≤IT8	>IT8	≤IT8	>IT8	≤IT7
大于	至	A	B	C	CD	D	E	EF	F	FG	G	H	JS	J			K		M		N		P至ZC
—	3	+270	+140	+60	+34	+20	+14	+10	+6	+4	+2	0	偏差=$\pm\frac{ITn}{2}$，式中 ITn 是IT数值	+2	+4	+6	0	0	−2	−2	−4	−4	在大于IT7的相应数值上增加一个Δ值
3	6	+270	+140	+70	+46	+30	+20	+14	+10	+6	+4	0		+5	+6	+10	−1+Δ		−4+Δ	−4	−10+Δ	0	
6	10	+280	+150	+80	+56	+40	+25	+18	+13	+8	+5	0		+5	+8	+12	−1+Δ		−6+Δ	−6	−10+Δ	0	
10	14	+290	+150	+95		+50	+32		+16		+6	0		+6	+10	+15	−1+Δ		−7+Δ	−7	−12+Δ	0	
14	18																						
18	24	+300	+160	+110		+65	+40		+20		+7	0		+8	+12	+20	−2+Δ		−8+Δ	−8	−15+Δ	0	
24	30																						
30	40	+310	+170	+120		+80	+50		+25		+9	0		+10	+14	+24	−2+Δ		−9+Δ	−9	−17+Δ	0	
40	50	+320	+180	+130																			
50	65	+340	+190	+140		+100	+60		+30		+10	0		+13	+18	+28	−2+Δ		−11+Δ	−11	−20+Δ	0	
65	80	+360	+200	+150																			
80	100	+380	+220	+170		+120	+72		+36		+12	0		+16	+22	+34	−3+Δ		−13+Δ	−13	−23+Δ	0	
100	120	+410	+240	+180																			
120	140	+460	+260	+200		+145	+85		+43		+14	0		+18	+26	+41	−3+Δ		−15+Δ	−15	−27+Δ	0	
140	160	+520	+280	+210																			
160	180	+580	+310	+230																			
180	200	+660	+340	+240		+170	+100		+50		+15	0		+22	+30	+47	−4+Δ		−17+Δ	−17	−31+Δ	0	
200	225	+740	+380	+260																			
225	250	+820	+420	+280																			
250	280	+920	+480	+300		+190	+110		+56		+17	0		+25	+36	+55	−4+Δ		−20+Δ	−20	−34+Δ	0	
280	315	+1 050	+540	+330																			

基本尺寸/mm		上偏差 ES												Δ值					
		标准公差等级大于 IT7												标准公差等级					
大于	至	P	R	S	T	U	V	X	Y	Z	ZA	ZB	ZC	IT3	IT4	IT5	IT6	IT7	IT8
—	3	−6	−10	−14		−18		−20		−26	−32	−40	−60	0	0	0	0	0	0
3	6	−12	−15	−19		−23		−28		−35	−42	−50	−80	1	1.5	1	3	4	6
6	10	−15	−19	−23		−28		−34		−42	−52	−67	−97	1	1.5	2	3	6	7
10	14	−18	−23	−28		−33		−40		−50	−64	−90	−130	1	2	3	3	7	9
14	18						−39	−45		−60	−77	−108	−150						
18	24	−22	−28	−35		−41	−47	−54	−63	−73	−98	−136	−188	1.5	2	3	4	8	12
24	30				−41	−48	−55	−64	−75	−88	−118	−160	−218						
30	40	−26	−34	−43	−48	−60	−68	−80	−94	−112	−148	−200	−274	1.5	3	4	5	9	14
40	50				−54	−70	−81	−97	−114	−136	−180	−242	−325						
50	65	−32	−41	−53	−66	−87	−102	−122	−144	−172	−226	−300	−405	2	3	5	6	11	16
65	80		−43	−59	−75	−102	−120	−146	−174	−210	−274	−360	−480						
80	100	−37	−51	−71	−91	−124	−146	−178	−214	−258	−335	−445	−585	2	4	5	7	13	19
100	120		−54	−79	−104	−144	−172	−210	−254	−310	−400	−525	−690						
120	140	−43	−63	−92	−122	−170	−202	−248	−300	−365	−470	−620	−800	3	4	6	7	15	23
140	160		−65	−100	−134	−190	−228	−280	−340	−415	−535	−700	−900						
160	180		−68	−108	−146	−210	−252	−310	−380	−465	−600	−780	−1 000						
180	200	−50	−77	−122	−166	−236	−284	−350	−425	−520	−670	−880	−1 150	3	4	6	9	17	26
200	225		−80	−130	−180	−258	−310	−385	−470	−575	−740	−960	−1 250						
225	250		−84	−140	−196	−284	−340	−425	−520	−640	−820	−1 050	−1 350						
250	280	−56	−94	−158	−218	−315	−385	−475	−580	−710	−920	−1 200	−1 550	4	4	7	9	20	29
280	315		−98	−170	−240	−350	−425	−525	−650	−790	−1 000	−1 300	−1 700						

续 表

基本尺寸/mm		基本偏差数值																																		Δ值					
		下偏差 EI												上偏差 ES																											
		所有标准公差等级												IT6	IT7	IT8	≤IT8	>IT8	≤IT8	>IT8	≤IT8	>IT8	≤IT7	标准公差等级大于 IT7												标准公差等级					
大于	至	A	B	C	CD	D	E	EF	F	FG	G	H	JS	J			K		M		N		P至ZC	P	R	S	T	U	V	X	Y	Z	ZA	ZB	ZC	IT3	IT4	IT5	IT6	IT7	IT8
315	355	+1 200	+600	+360		+210	+125		+62		+18	0		+29	+39	+60	−4+Δ		−21+Δ	−21	−37+Δ	0		−62	−108	−190	−268	−39	−475	−590	−730	−900	−1 150	−1 500	−1 900	4	5	7	11	21	32
355	400	+1 350	+680	+400																					−114	−208	−294	−435	−530	−660	−820	−1 000	−1 300	−1 650	−2 100						
400	450	+1 500	+760	+440		+230	+135		+68		+20	0		+33	+43	66	−5+Δ		−23+Δ	−23	−40+Δ	0		−68	−126	−232	−330	−490	−595	−740	−920	−1 100	−1 450	−1 850	−2 400	5	5	7	13	23	34
450	500	+1 650	+840	+480																					−132	−252	−360	−540	−660	−820	−1 000	−1 250	−1 600	−2 100	−2 600						
500	560					+260	+145		+76		+22	0					0		−26		−44			−78	−150	−280	−400	−600													
560	630																								−155	−310	−450	−660													
630	710					+290	+160		+80		+24	0					0		−30		−50			−88	−175	−340	−500	−740													
710	800																								−185	−380	−560	−8 −840													
800	900					+32	+170		+86		+26	0					0		−34		−56			−100	−210	−430	−620	−940													
900	1 000																								−220	−470	−680	−1 050													
1 000	1 120					+350	+195		+98		+28	0					0		−40		−66			−120	−250	−520	−780	−1 150													
1 120	1 250																								−260	−580	−840	−1 350													
1 250	1 400					+390	+220		+110		+30	0					0		−48		−78			−140	−300	−640	−960	−1 450													
1 400	1 600																								−330	−720	−1 050	−1 600													
1 600	1 800					+430	+240		+120		+32	0					0		−58		−92			−170	−370	−820	−1 200	−1 850													
1 800	2 000																								−400	−920	−1 350	−2 000													
2 000	2 240					+480	+260		+130		+34	0					0		−68		−110			−195	−440	−1 000	−1 500	−2 300													
2 240	2 500																								−460	−1 100	−1 650	−2 500													
2 500	2 800					+520	+290		+145		+38	0					0		−76		−135			−240	−550	−1 250	−1 900	−2 900													
2 800	3 150																								−580	−1 400	−210	−3 200													

注：① 基本尺寸小于或等于 1 mm 时，基本偏差 A 和 B 及大于 IT8 的 N 均不采用；

② 公差带 JS7 至 JS11，若 ITn 数值是奇数，则取偏差＝±IT$(n-1)/2$。

参考文献

[1] 国家质量技术监督局. 中华人民共和国国家标准　机械制图[S]. 北京:中国标准出版社,2006.
[2] 国家质量技术监督局. 中华人民共和国国家标准　机械制图[S]. 北京:中国标准出版社,2004.
[3] 国家质量技术监督局. 中华人民共和国国家标准　技术制图图纸幅面和格式[S]. 北京:中国标准出版社,1994.
[4] 国家质量技术监督局. 中华人民共和国国家标准　技术制图标题栏[S]. 北京:中国标准出版社,1990.
[5] 国家质量技术监督局. 中华人民共和国国家标准　技术制图比例[S]. 北京:中国标准出版社,1994.
[6] 国家质量技术监督局. 中华人民共和国国家标准　技术制图字体[S]. 北京:中国标准出版社,1994.
[7] 刘力. 机械制图[M]. 北京:高等教育出版社,2004.
[8] 钱可强. 机械制图[M]. 北京:高等教育出版社,2005.
[9] 张素芳. 机械制图与 AutoCAD 基础[M]. 西安:西北大学出版社,2005.
[10] 王成刚,张佑林,赵奇平. 工程图学简明教程[M]. 武汉:武汉理工大学出版社,2004.
[11] 寇世瑶. 机械制图[M]. 北京:高等教育出版社,2004.
[12] 夏华生. 机械制图[M]. 3 版. 北京:高等教育出版社,1998.
[13] 李跃兵,钟震坤. 机械制图[M]. 湖南:中南大学出版社,2008.
[14] 郑淑玲. 机械制图[M]. 北京:北京交通大学出版社,2007.
[15] 王五一. 机械制图[M]. 武汉:中国地质大学出版社,2007.
[16] 李澄,吴天生,闻百桥. 机械制图[M]. 北京:高等教育出版社,2004.